はじめて学ぶリー群

——線型代数から始めよう

井ノ口順一 著

現代数学社

リー環の標記で用いるドイツ文字（フラクトゥール体）

アルファベット	大文字	小文字	日本語表記
A, a	𝔄	𝔞	アー
B, b	𝔅	𝔟	ベー
C, c	ℭ	𝔠	ツェー
D, d	𝔇	𝔡	デー
E, e	𝔈	𝔢	エー
F, f	𝔉	𝔣	エフ
G, g	𝔊	𝔤	ゲー
H, h	ℌ	𝔥	ハー
I, i	ℑ	𝔦	イー
J, j	𝔍	𝔧	ヨット
K, k	𝔎	𝔨	カー
L, l	𝔏	𝔩	エル
M, m	𝔐	𝔪	エム
N, n	𝔑	𝔫	エヌ
O, o	𝔒	𝔬	オー
P, p	𝔓	𝔭	ペー
Q, q	𝔔	𝔮	クー
R, r	ℜ	𝔯	エール
S, s	𝔖	𝔰	エス
T, t	𝔗	𝔱	テー
U, u	𝔘	𝔲	ウー
V, v	𝔙	𝔳	ファオ
W, w	𝔚	𝔴	ヴェー
X, x	𝔛	𝔵	イクス
Y, y	𝔜	𝔶	イプスィロン
Z, z	ℨ	𝔷	ツェット

はじめに

数学や理論物理学を学ぶ上でリー群（Lie 群）の知識が必要になることがしばしばある．大学の授業では学ぶ機会がなかなかないにも関わらず大学院生になると「当然知ってるよね」と言われがちな知識でもある．おおまかにいうとリー群は「２つの要素に対し積が定まる」という性質と「微分積分が行える」という性質を備えていて両者が噛み合っているものである．

この本ではリー群のなかでも微分幾何学や理論物理学で使われることの多い線型リー群について初歩（の初歩）を解説する．リー群およびリー環の表現論の入門書はこれまで数多く出版されており，定評の確立した教科書も知られている．

線型代数，微分積分，初歩の群論を学べばリー群論・リー環論の初等理論は手の届く位置にある．とは言うものの独学でリー群・リー環について学ぶとき線型代数とのギャップで戸惑う読者も少なくない．

この本は，それらの入門書と「初歩の線型代数」の間のギャップを埋めることを目的としている．やさしめに書かれた線型代数の教科書では学びにくい双対空間，対称双線型形式などが（単純）リー環を扱う上で活用される．このような学びにくい（あるいは学び損ねた）線型代数の知識についてページを割いて丁寧に解説していることがこの本の特徴である．この意味で，この本は「本格的にリー群・リー環について学ぶための線型代数の本」とも言うことができる．

説明はできるだけ丁寧に行っているが，章が進むにつれ，少しづつ加速したり飛躍したり，検証を読者に委ねることを増やしている．また数学専攻でない読者（おもに物理専攻の読者や数理工学，形状処理，CG 技術者）も想定して位相空間論や多様体論を駆使する内容は思い切って割愛し「使うリー群論」を目指して執筆した．数学専攻の読者，とくにリー群・リー環を本格的に活用する読者はこの本でリー群・リー環へのレディネスを形成し本格的な教科書へと進んでほしい．

将来，本格的にリー群・リー環について学ぼうと考えている読者に役立つよう工夫した．抽象概念を理解する上で具体例の考察は欠かせない．そこで例を豊富に用意した．とくに幾何学においてリー群がどう活躍しているかを最後の２つの章で紹介している．この２章はこの本の特色といえる．幾何学を学ぶためにリー群の知識を身につけたい読者はぜひ最後の２つの章を読み通してほしい．

この本では行列のつくるリー群（線型リー群）の基本事項を解説する．とくに線型リー群から「リー環」とよばれる対象がどのように定まるかを詳しく解説する．

リー環，とくに複素単純リー環やルート系については姉妹書『はじめて学ぶリー環』(以下『リー環』と略称）で解説する．リー群とリー環の双方の知識を必要とする読者はこの本（第 II 部）に続けて『リー環』を読んでいただければと思う．２冊を通して「コンパクト半単純リー群」の基礎事項が学べるように執筆した．

この本は「リー群の芽生え」のタイトルで雑誌『現代数学』に連載した記事(2016 年 4 月号から 12 月号）に大幅に加筆し，3 次元リー群の幾何を付け加えたものである．連載の機会をくださった上に，内容について幾度となく検討していただいた現代数学社，富田淳さんに厚く御礼を申し上げる．多くの助言をくださった落合啓之先生（九州大学）に深く感謝したい．

2017 年 7 月

井ノ口順一

［付記］第 3 刷にあたり，第 1 刷，第 2 刷にあった誤植を訂正し，読者から寄せられた質問を反映した修正を行った．種々のご指摘をくださった井川治先生(京都工芸繊維大学）に御礼申し上げる．　2020 年 12 月

目次

第 I 部
リー群とリー環の芽生え

1 平面の回転群

1.1 直交座標

(x, y) を座標にもつ数平面 $\mathbb{R}^2(x, y)$ を考えよう．

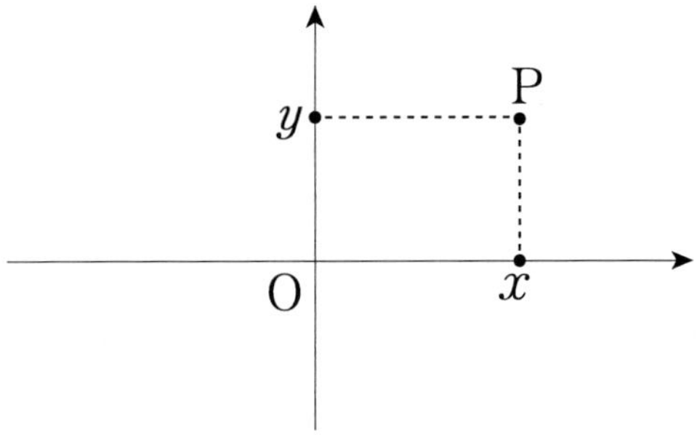

図 1.1　数平面

2 点 $\mathrm{P}(x, y)$ と $\mathrm{Q}(u, v)$ の間の距離は

$$\mathrm{d}(\mathrm{P}, \mathrm{Q}) = \sqrt{(x-u)^2 + (y-v)^2} \tag{1.1}$$

で与えられる．

記号の約束　原点 $\mathrm{O}(0, 0)$ を始点とする $\mathrm{P}(x, y)$ の位置ベクトルを $\boldsymbol{p} = (x, y)$ で表す．

ベクトル $\boldsymbol{p} = (x, y)$ と $\boldsymbol{q} = (u, v)$ の**内積** $(\boldsymbol{p}|\boldsymbol{q})$ を

$$(\boldsymbol{p}|\boldsymbol{q}) = xu + yv$$

で定める．またベクトル $\boldsymbol{p} = (x, y)$ の**長さ**（**大きさ**）$\|\boldsymbol{p}\|$ を

$$\|\boldsymbol{p}\| = \sqrt{(\boldsymbol{p}|\boldsymbol{p})} = \sqrt{x^2 + y^2}$$

で定める．

補題 1.1 2 点 P, Q に対し

$$\mathrm{d}(\mathrm{P}, \mathrm{Q}) = \|\boldsymbol{p} - \boldsymbol{q}\| = \sqrt{(\boldsymbol{p} - \boldsymbol{q}|\boldsymbol{p} - \boldsymbol{q})}. \tag{1.2}$$

1.2 図形を動かす

$\mathbb{R}^2$ 内の図形 $\mathcal{A}$ を形も大きさも変えずに違う場所へと動かすことを考えよう．

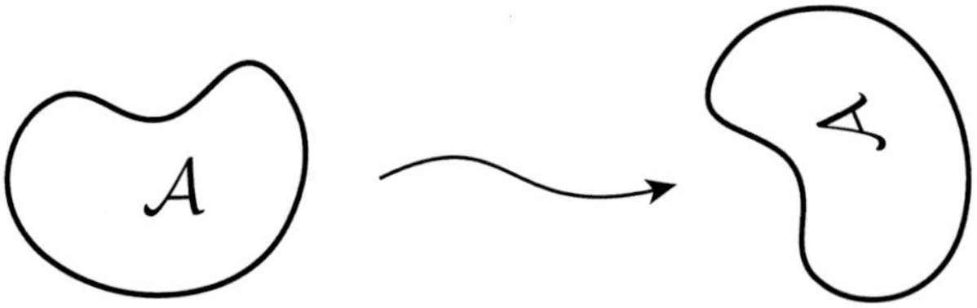

図 1.2　図形を動かす

図形を動かす操作により $\mathbb{R}^2$ の点 P は平面内のどこかの点に対応させられるのだから

$$f : \mathbb{R}^2 \to \mathbb{R}^2; \quad \mathrm{P} \longmapsto f(\mathrm{P}) \tag{1.3}$$

と表すことにしよう．一般に $\mathbb{R}^2$ の点を $\mathbb{R}^2$ 内のどこかに動かす対応の規則を (1.3) のように表記し，f は $\mathbb{R}^2$ 上の**変換**（transformation）であると言い表す．

註 1.1 (恒等変換) 各点 P を同一の点に移す変換を**恒等変換**（identity transformation）といい Id で表す．定義より $\mathrm{Id}(\mathrm{P}) = \mathrm{P}$.

P を変換 f で動かして得られる点 $\mathrm{P}' = f(\mathrm{P})$ の位置ベクトルは

$$\boldsymbol{p}' = \overrightarrow{\mathrm{OP}'} = \overrightarrow{\mathrm{O}f(\mathrm{P})}$$

であるが面倒なので以後，

$$f(\boldsymbol{p}) = \boldsymbol{p}' \tag{1.4}$$

と略記することにしよう（便利！）．

記号の約束　ふたつの変換 f と g を続けて施すことを考えよう．まず点 P を変換 f で動かす．さらに点 $f(\mathrm{P})$ を変換 g で動かしてみる．

$$\mathrm{P} \longmapsto f(\mathrm{P}) \longmapsto g(f(\mathrm{P})).$$

最初の点 P に最後の点を一気に対応させてみよう．

$$\mathrm{P} \longmapsto g(f(\mathrm{P})).$$

この変換を f と g の**合成**といい $g \circ f$ で表す．

順序に注意が必要であることを注意しておこう．f と g の合成を $g \circ f$，g と f の合成を $f \circ g$ で表す（順序に注意）．$f \circ g$ と $g \circ f$ は一般には異なる．$g \circ f = \mathrm{Id}$ かつ $f \circ g = \mathrm{Id}$ となるとき g を f の**逆変換**といい f^{-1} と表記する．

命題 1.1 変換 $f : \mathbb{R}^2 \to \mathbb{R}^2$ が逆変換をもつための必要十分条件は以下の 2 条件をみたすことである．

- f は **1 対 1 写像**（**単射**），すなわち $\mathrm{P} \neq \mathrm{Q}$ ならば $f(\mathrm{P}) \neq f(\mathrm{Q})$ かつ
- f は**上への写像**（**全射**），すなわちどの $\mathrm{Q} \in \mathbb{R}^2$ についても必ず $f(\mathrm{P}) = \mathrm{Q}$ となる P がみつかる．

ところで変換 f が図形の形も大きさも変えないとはどういうことだろうか．発想を逆転させて形や大きさが変わってしまうのはどういうときか考えてみる

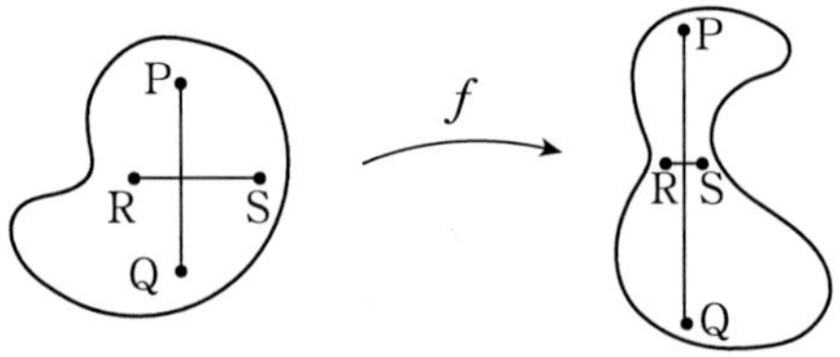

図 1.3 形がゆがむ（PQ 間が伸び，RS 間が縮んだら）

とよい．図形内の勝手に選んだ 2 点の距離が f で変化してしまうと，図形の形や大きさが変わってしまう（図 1.3）．

そこで次のように定めればよい．

定義 1.1 変換 $f:\mathbb{R}^2\to\mathbb{R}^2$ が 2 点間の距離を保つとき，すなわちどの 2 点 P, Q についても

$$\mathrm{d}(f(\mathrm{P}),f(\mathrm{Q}))=\mathrm{d}(\mathrm{P},\mathrm{Q}) \tag{1.5}$$

をみたすとき f を**合同変換**とよぶ．

合同変換を用いて「図形の合同」を厳密に述べておこう．

定義 1.2 ふたつの図形 $\mathcal{A}$ と $\mathcal{B}$ に対し $f(\mathcal{A})=\mathcal{B}$ となる合同変換が存在するとき $\mathcal{A}$ と $\mathcal{B}$ は**合同**であるといい $\mathcal{A}\equiv\mathcal{B}$ と表す．

次の節から合同変換の具体例を調べよう．

1.3 平行移動

ベクトル $\boldsymbol{v}$ を使って変換 f を

$$f(\mathrm{P})=\mathrm{P}',\ \text{ただし}\ \boldsymbol{p}'=\boldsymbol{p}+\boldsymbol{v}$$

で定めると合同変換である．この変換 f を $\boldsymbol{v}$ による**平行移動**（translation）といい $T_{\boldsymbol{v}}$ で表す．

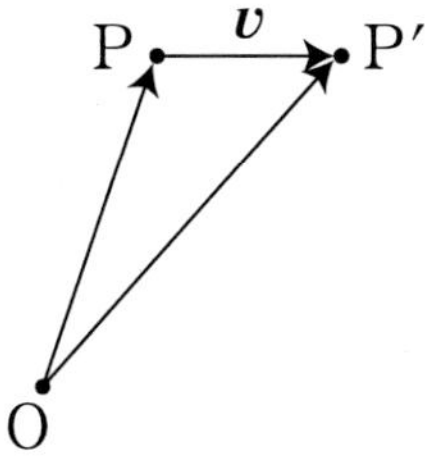

図 1.4　平行移動

平行移動が合同変換であることは当たり前に思えるだろうが，きちんと確かめておこう．2 点 P, Q に対し

$$\mathrm{d}(T_{\boldsymbol{v}}(\mathrm{P}), T_{\boldsymbol{v}}(\mathrm{Q})) = \|(\boldsymbol{p}+\boldsymbol{v}) - (\boldsymbol{q}+\boldsymbol{v})\| = \|\boldsymbol{p}-\boldsymbol{q}\| = \mathrm{d}(\mathrm{P}, \mathrm{Q})$$

より確かに合同変換である．

$\boldsymbol{v} = \boldsymbol{0}$ の場合は $T_{\boldsymbol{v}}$ は「何もしない変換」つまり恒等変換 Id である．

$\boldsymbol{v}, \boldsymbol{w}$ に対し平行移動 $T_{\boldsymbol{v}}, T_{\boldsymbol{w}}$ を続けて行ってみよう．$T_{\boldsymbol{v}}(\mathrm{P}) = \mathrm{P}'$, $T_{\boldsymbol{w}}(\mathrm{P}') = \mathrm{P}''$ とおくと

$$\boldsymbol{p}'' = \boldsymbol{p}' + \boldsymbol{w} = (\boldsymbol{p}+\boldsymbol{v}) + \boldsymbol{w} = \boldsymbol{p} + (\boldsymbol{v}+\boldsymbol{w})$$

より $T_{\boldsymbol{w}} \circ T_{\boldsymbol{v}} = T_{\boldsymbol{w}+\boldsymbol{v}}$ がわかる．$\boldsymbol{v}+\boldsymbol{w} = \boldsymbol{w}+\boldsymbol{v}$ に注意すれば

$$T_{\boldsymbol{w}} \circ T_{\boldsymbol{v}} = T_{\boldsymbol{v}} \circ T_{\boldsymbol{w}}$$

が得られる．$T_{-\boldsymbol{v}} \circ T_{\boldsymbol{v}} = \mathrm{Id}$ であるから $T_{\boldsymbol{v}}$ の逆変換 $T_{\boldsymbol{v}}^{-1}$ は $T_{-\boldsymbol{v}}$ である．特別な場合として $\boldsymbol{v} = \boldsymbol{0}$ のときは $T_{\boldsymbol{0}} = \mathrm{Id}$ である．

1.4　回転

原点 O を中心とする角 θ の回転（rotation）は

$$\begin{cases} x' = \cos\theta\, x - \sin\theta\, y \\ y' = \sin\theta\, x + \cos\theta\, y \end{cases}$$

で与えられる．

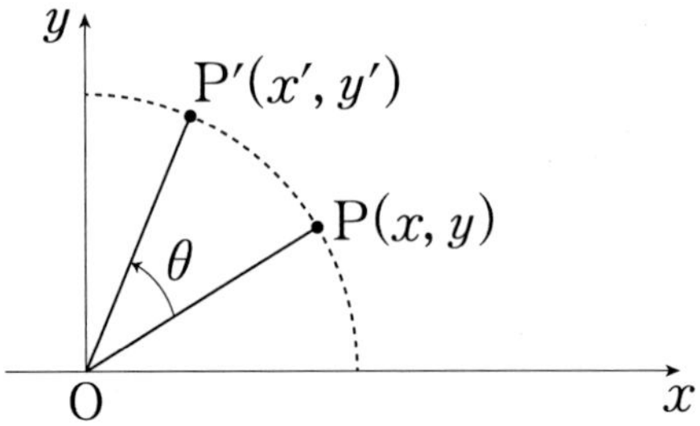

図 1.5　回転

問題 1.1 原点 O を中心とする角 θ の回転が合同変換であることを確かめよ．

1.5　行列

回転を詳しく扱う準備をしておこう．実数を並べた表にカッコをつけたものを**行列**（matrix）とよぶ．たとえば

$$A = \begin{pmatrix} 1 & 2 \\ 3 & 4 \end{pmatrix} \quad \begin{matrix} \text{第 1 行} \\ \text{第 2 行} \end{matrix}$$

第 1 列　第 2 列

のようなものである．ヨコの並びを**行**（row），タテの並びを**列**（column）とよぶ．例として挙げた A は行が 2 本，列が 2 本なので，A は 2×2 行列とか $(2,2)$ 型であると言い表す．A は **2 次行列である**ともいう．このような行列の全体を $\mathrm{M}_2\mathbb{R}$ で表すことにする．

定義 1.3 2 つの行列 A と $B \in \mathrm{M}_2\mathbb{R}$ が**等しい**とは，A と B のすべての成分が一致することをいい，$A = B$ と記す．

数平面の点 $\mathrm{P}(x, y)$ の位置ベクトル $\boldsymbol{p} = \overrightarrow{\mathrm{OP}} = (x, y)$ を 2 行 1 列の行列

$$\boldsymbol{p} = \begin{pmatrix} x \\ y \end{pmatrix}$$

と考え，行列 A と $\boldsymbol{p}$ の積を次のように定める.

$$A\boldsymbol{p} = \begin{pmatrix} a & b \\ c & d \end{pmatrix} \begin{pmatrix} x \\ y \end{pmatrix} = \begin{pmatrix} ax+by \\ cx+dy \end{pmatrix}.$$

こう定めるとベクトル $\boldsymbol{p}, \boldsymbol{q}$ と実数 c に対し

$$A(\boldsymbol{p}+\boldsymbol{q}) = A\boldsymbol{p} + A\boldsymbol{q}, \quad A(c\boldsymbol{p}) = cA\boldsymbol{p}$$

が成立する（確かめよ）.

行列とベクトルの積をもとに**行列どうしの積**を次の要領で定める.

$$A = \begin{pmatrix} a & b \\ c & d \end{pmatrix}, \quad B = \begin{pmatrix} x & u \\ y & v \end{pmatrix}$$

に対し

$$AB = \begin{pmatrix} a & b \\ c & d \end{pmatrix} \begin{pmatrix} x & u \\ y & v \end{pmatrix} = \begin{pmatrix} ax+by & au+bv \\ cx+dy & cu+dv \end{pmatrix}$$

とする. 3 つの行列について**結合法則**：

$$(AB)C = A(BC)$$

が成立することを確かめてほしい.

行列では積の順序を交換できないことに注意が必要である. たとえば $A = \begin{pmatrix} 1 & 2 \\ 3 & 4 \end{pmatrix}$ と $B = \begin{pmatrix} 5 & 6 \\ 7 & 8 \end{pmatrix}$ に対し

$$AB = \begin{pmatrix} 1 & 2 \\ 3 & 4 \end{pmatrix} \begin{pmatrix} 5 & 6 \\ 7 & 8 \end{pmatrix} = \begin{pmatrix} 19 & 22 \\ 43 & 50 \end{pmatrix},$$
$$BA = \begin{pmatrix} 5 & 6 \\ 7 & 8 \end{pmatrix} \begin{pmatrix} 1 & 2 \\ 3 & 4 \end{pmatrix} = \begin{pmatrix} 23 & 34 \\ 31 & 46 \end{pmatrix}$$

なので $AB \neq BA$. さて，ここで

$$E = \begin{pmatrix} 1 & 0 \\ 0 & 1 \end{pmatrix}$$

とおき，これを（2 次の）**単位行列**という．どんな 2 次行列 A に対しても $AE = EA = A$ をみたすのでこの名称でよばれている．

行列 A の逆数に相等するものを定めておこう．

定義 1.4 行列 $A \in \mathrm{M}_2\mathbb{R}$ に対し $AX = XA = E$ をみたす行列 $X \in \mathrm{M}_2\mathbb{R}$ が存在するとき A は**正則**であるという．X を A の**逆行列**とよび A^{-1} で表す．

命題 1.2 $A = \begin{pmatrix} a & b \\ c & d \end{pmatrix}$ が逆行列をもつための必要十分条件は $ad - bc \neq 0$ であり

(1.6)
$$A^{-1} = \frac{1}{ad - bc}\begin{pmatrix} d & -b \\ -c & a \end{pmatrix}$$

で与えられる．

【証明】

$$\begin{pmatrix} a & b \\ c & d \end{pmatrix}\begin{pmatrix} d & -b \\ -c & a \end{pmatrix} = \begin{pmatrix} d & -b \\ -c & a \end{pmatrix}\begin{pmatrix} a & b \\ c & d \end{pmatrix} = (ad - bc)E$$

より．

■

あとで使うため次の用語を用意しておく．

定義 1.5 行列 $A = \begin{pmatrix} a & b \\ c & d \end{pmatrix}$ に対し ${}^tA = \begin{pmatrix} a & c \\ b & d \end{pmatrix}$ で行列 ${}^tA$ を定め A の**転置行列**（transposed matrix）という．

転置行列を使った次の公式もあとで用いる．

命題 1.3 $A \in \mathrm{M}_2\mathbb{R}$ とベクトル $\boldsymbol{p}, \boldsymbol{q}$ に対し

(1.7)
$$(A\boldsymbol{p}|\boldsymbol{q}) = (\boldsymbol{p}|{}^tA\boldsymbol{q}).$$

$A, B \in \mathrm{M}_2\mathbb{R}$ に対し

(1.8)
$${}^t(AB) = {}^tB\,{}^tA.$$

問題 1.2 公式 (1.7) と (1.8) を確かめよ．

2 つの 2 次行列に対し積を考えてきたが和と差も考えることにしよう．A, $B \in \mathrm{M}_2\mathbb{R}$ の和 $A+B$ と差 $A-B$ を次で定める．

$$A = \begin{pmatrix} a & b \\ c & d \end{pmatrix}, \quad B = \begin{pmatrix} x & u \\ y & v \end{pmatrix}$$

に対し

$$A+B = \begin{pmatrix} a+x & b+u \\ c+y & d+v \end{pmatrix}, \quad A-B = \begin{pmatrix} a-x & b-u \\ c-y & d-v \end{pmatrix}.$$

また

$$O = \begin{pmatrix} 0 & 0 \\ 0 & 0 \end{pmatrix}$$

を**零行列**とよぶ．どの $A \in \mathrm{M}_2\mathbb{R}$ についても $A+O = O+A = A$ が成立する．

1.6 変換

行列

$$A = \begin{pmatrix} a & b \\ c & d \end{pmatrix}$$

を用いて変換 $f_A : \mathbb{R}^2 \to \mathbb{R}^2$ を次の要領で定める．

$$f_A(\mathrm{P}) = \mathrm{P}' = (x', y'), \quad \begin{pmatrix} x' \\ y' \end{pmatrix} = \begin{pmatrix} a & b \\ c & d \end{pmatrix} \begin{pmatrix} x \\ y \end{pmatrix}.$$

この変換 f_A を行列 A の定める **1 次変換**という．

原点を中心とする角 θ の回転は行列を使って

$$\begin{pmatrix} x' \\ y' \end{pmatrix} = \begin{pmatrix} \cos\theta & -\sin\theta \\ \sin\theta & \cos\theta \end{pmatrix} \begin{pmatrix} x \\ y \end{pmatrix} \tag{1.9}$$

と表される．そこで

$$R(\theta) = \begin{pmatrix} \cos\theta & -\sin\theta \\ \sin\theta & \cos\theta \end{pmatrix} \tag{1.10}$$

を回転角 θ の**回転行列**（rotation matrix）とよぶ．

1.7　線対称変換

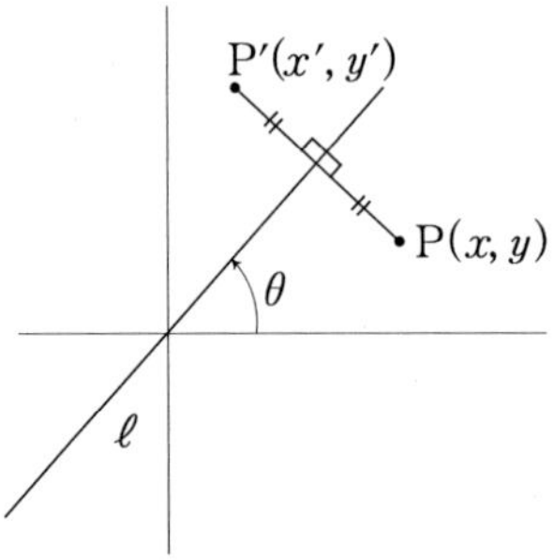

図 1.6　線対称

原点を通る直線 $\ell : y = mx$ を軸とする線対称移動を S_ℓ で表す．S_ℓ は 1 次変換であることを証明しよう．$\mathrm{P}(x, y)$ の ℓ に関する対称点を $\mathrm{P}'(x', y')$ とすると

- 線分 PP' の中点が ℓ 上にある．
- 線分 PP' は ℓ と直交する．

この 2 条件で P' は決まり

$$
\begin{pmatrix} x' \\ y' \end{pmatrix} = \frac{1}{1+m^2} \begin{pmatrix} 1-m^2 & 2m \\ 2m & m^2-1 \end{pmatrix} \begin{pmatrix} x \\ y \end{pmatrix} \tag{1.11}
$$

が得られる．

問題 1.3 公式 (1.11) を確かめよ．

軸 ℓ が x 軸の正の方向となす角を θ とすると $m = \tan\theta$ であるから，線対称変換を表す行列は

$$
\begin{pmatrix} \cos(2\theta) & \sin(2\theta) \\ \sin(2\theta) & -\cos(2\theta) \end{pmatrix}
$$

と書き直せる．そこで

$$S(\theta) = \begin{pmatrix} \cos\theta & \sin\theta \\ \sin\theta & -\cos\theta \end{pmatrix} \tag{1.12}$$

とおくことにしよう．

問題 1.4 $S(\theta)$ の定める 1 次変換が合同変換であることを確かめよ．

1.8　群

回転行列 $R(\theta)$ のもつ性質を列挙してみよう．

(1) $R(\theta_1)R(\theta_2) = R(\theta_2)R(\theta_1) = R(\theta_1 + \theta_2)$.
(2) 積に関して結合法則：

$$(R(\theta_1)R(\theta_2))R(\theta_3) = R(\theta_1)(R(\theta_2)R(\theta_3))$$

をみたしている．
(3) $R(0) = E$, $R(-\theta) = R(\theta)^{-1}$ をみたしている．

これらの性質を整理するために群という概念を紹介しよう．

定義 1.6 空でない集合 G に対し，2 つの要素 a, b から要素 $a * b$ を定める規則 $(a, b) \longmapsto a * b$ が定められているとする．G のすべての要素 a, b, c に対し

$$(a * b) * c = a * (b * c) \quad \text{（結合法則）}$$

が成り立つとき G は**演算** $*$ に関し**半群**（semi-group）をなすという．半群 G がさらに次の条件をみたすとき**群**（group）をなすという．

- （単位元の存在）：ある特別な要素 e で，次の性質をみたすものが存在する[*1]：

$$\text{どんな } G \text{ の要素 } a \text{ についても } a * \mathsf{e} = \mathsf{e} * a = a.$$

[*1] 通常，単位元は e で表されるが，自然対数の底も e と表記するためこの本では群の単位元を e で表すことにした．両者を混同することはないと思うが念のため．逆に自然対数の底を e とする本もある．

e を**単位元**とよぶ.

- (逆元の存在)　どの要素 a についても

$$a * x = x * a = \mathsf{e}$$

をみたす G の要素 x が存在する. 実はそのような x は**存在すれば**たったひとつだけである. この x を a の**逆元**とよび a^{-1} で表す.

註 1.2 (結合法則をみたさない例) 3 次元数空間 $\mathbb{R}^3$ におけるベクトルの外積は結合法則

$$(\boldsymbol{x} \times \boldsymbol{y}) \times \boldsymbol{z} = \boldsymbol{x} \times (\boldsymbol{y} \times \boldsymbol{z})$$

を**みたさない**. 一方

$$(\boldsymbol{x} \times \boldsymbol{y}) \times \boldsymbol{z} = -(\boldsymbol{y}|\boldsymbol{z})\boldsymbol{x} + (\boldsymbol{z}|\boldsymbol{x})\boldsymbol{y} \tag{1.13}$$

をみたすことから**ヤコビの恒等式**とよばれる公式

$$(\boldsymbol{x} \times \boldsymbol{y}) \times \boldsymbol{z} + (\boldsymbol{y} \times \boldsymbol{z}) \times \boldsymbol{x} + (\boldsymbol{z} \times \boldsymbol{x}) \times \boldsymbol{y} = \boldsymbol{0}$$

が成立する. ヤコビの恒等式は**あるリー環を定める大事な性質**である (姉妹書『はじめて学ぶリー環』2.1 節の冒頭と例 2.12 参照). 以後, 姉妹書を引用する際は『リー環』と略記する.

問題 1.5 半群 G において $a * x = x * a = \mathsf{e}$, $a * y = y * a = \mathsf{e}$ をみたす x, y があれば実は $x = y$ であることを証明せよ.

問題 1.6 群 G において**簡約法則**

$$a * b = a * c \Longrightarrow b = c$$

が成立することを証明せよ.

註 1.3 (可換群) 群の定義において**交換法則**

$$\text{すべての } a, b \in G \text{ に対し } a * b = b * a$$

は要請していないことに注意. この本で扱う群 (リー群) の例は一部を除いてほとんどが交換法則をみたしていない. 交換法則をみたす群を**可換群**とか**アーベル群** (abelian group) という.

回転行列の性質を以下のように整理できる．

定理 1.1 回転行列の全体 $\{R(\theta) \mid 0 \leq \theta < 2\pi\}$ は行列の積に関し可換群をなす．この群を**回転群**とよぶ．

回転群の単位元は単位行列 E であることに注意しよう．また $R(\theta)$ の逆元は逆行列 $R(\theta)^{-1} = R(-\theta)$ である．

1.9　群の同型

ふたつの群が同じ仕組みをもつとき，それらは「同じ群」であると考えたい．この考えを精密に述べておこう．

定義 1.7 ふたつの群 $G = (G, *)$ と $G' = (G', \star)$ の間の写像 $f : G \to G'$ がすべての $a, b \in G$ に対し

$$f(a * b) = f(a) \star f(b) \tag{1.14}$$

をみたすとき f を**群準同型写像**であるという．

対数函数(かんすう)は準同型写像の例である[*2]．実際 $G = (\mathbb{R}^+, \times)$ を正の実数全体 $\mathbb{R}^+$ に掛け算 $(\times)$ を指定して得られる群（**正の実数の乗法群**）とし，$\mathbb{R}$ に足し算 $(+)$ を指定して得られる群（**実数の加法群**）を $G' = (\mathbb{R}, +)$ とすると $f(x) = \log x$ は G から G' への写像で $f(x \times y) = f(x) + f(y)$，すなわち

$$\log(xy) = \log x + \log y$$

をみたすから群準同型写像である．$f = \log : (\mathbb{R}^+, \times) \to (\mathbb{R}, +)$ は逆写像 $f^{-1}(x) = e^x$ をもつ．$g(x) = e^x$ を $(\mathbb{R}, +) \to (\mathbb{R}^+, \times)$ という写像とみると g も群準同型写像である．すなわち $g(x + y) = g(x)g(y)$ をみたす．これは**指数法則**

$$e^{x+y} = e^x e^y$$

[*2] この本では function の日本語表記を「関数」でなく「函数」としている．

のことである．$G = (\mathbb{R}^+, \times)$ の単位元は 1，$G' = (\mathbb{R}, +)$ の単位元は 0 であり $f(x) = \log x$ で G の単位元 1 は G' の単位元 0 に写っている．

【コラム】 (対数の発明) ネイピア（John Napier, 1550-1617）とビュルギ（Jobst Bürgi,1552-1632）は独立に対数を発明した．ネイピアは『対数の驚くべき規則の叙述』(1614)，『対数の驚くべき規則の構成』(1619）において対数函数の雛形を発明している．ネイピアの考案した対数函数は現代の記号を使うと

$$y = r \log_e \frac{r}{x}, \quad r = 10^7$$

で与えられる．ブリッグス（Henry, Briggs, 1561-1630）はネイピアに（現代の記法だと）$y = \log_{10} x$ への変更を提案した．ブリッグスは $\log_{10} 1$ から $\log_{10} 20000$ までの表と $\log_{10} 90000$ から $\log_{10} 100000$ までの表を作った (1624)．ヴラック（Adrian Vlacq）は $\log_{10} 20000$ から $\log_{10} 90000$ までの表を作りブリッグスの表の未完部分を埋めた（1628)．一方，ネイピア，ブリッグスと独立にビュルギも対数を発明し，『算術数列と幾何数列』(1620）で公表した．ラプラス（Pierre Simon de Laplace, 1749-1827）は対数の発明を讃え「労力を短縮することで，天文学者の寿命を 2 倍にした」と述べたという．和算では安島直円（あじまなおのぶ）が『不朽算法』において対数を考案しており配数と呼んでいた（安島の対数函数は $y = \log_{10} x$ とも $y = \log_e x$ とも異なるが)．

【ひとこと】 (先走った説明) 指数函数を

$$\exp : (\mathbb{R}, +) \to (\mathbb{R}^+, \times); \quad x \longmapsto \exp x = e^x$$

という対応とみると**線型空間** $\mathbb{R}$ から**群** $(\mathbb{R}^+, \times)$ への写像である．これはこの本のテーマである**リー環とリー群をつなぐ役割**をする．

問題 1.7 群 $(G, *)$ の単位元を e，群 $(G', \star)$ の単位元を e' で表す．準同型写像 $f : G \to G'$ は次をみたすことを確かめよ．

(1) $f(\mathsf{e}) = \mathsf{e}'$.

(2) どの $a \in G$ についても $f(a^{-1}) = f(a)^{-1}$.

(3) f が逆写像 f^{-1} をもてば $f^{-1} : G' \to G$ も準同型.

この問題を基に次の定義を行う.

定義 1.8 群準同型写像 $f : G \to G'$ が 1 対 1 かつ上への写像であるとき**群同型写像**であるという. G と G' の間に群同型写像が存在するとき G と G' は**同型**であるといい $G \cong G'$ と表す.

もちろん $(\mathbb{R}, +)$ と $(\mathbb{R}^+, \times)$ は同型である.

1.10　直交行列

行列

$$A = \begin{pmatrix} a & b \\ c & d \end{pmatrix}$$

の定める 1 次変換 f_A が合同変換であるための条件を求めよう. P, Q が f_A で移った点を P$'$, Q$'$ とするとこの 4 点の位置ベクトル $\boldsymbol{p}$, $\boldsymbol{q}$, $\boldsymbol{p}'$, $\boldsymbol{q}'$ に対し

$$\begin{aligned} \mathrm{d}(f_A(\mathrm{P}), f_A(\mathrm{Q}))^2 &= \|\boldsymbol{p}' - \boldsymbol{q}'\|^2 = \|A\boldsymbol{p} - A\boldsymbol{q}\|^2 = \|A(\boldsymbol{p} - \boldsymbol{q})\|^2 \\ &= (A(\boldsymbol{p} - \boldsymbol{q}) \mid A(\boldsymbol{p} - \boldsymbol{q})) = (\boldsymbol{p} - \boldsymbol{q} \mid {}^tAA(\boldsymbol{p} - \boldsymbol{q})) \end{aligned}$$

と計算される. 最後に公式 (1.7) を使ったことに注意. 一方, 単位行列 E を使って

$$\mathrm{d}(\mathrm{P}, \mathrm{Q})^2 = \|\boldsymbol{p} - \boldsymbol{q}\|^2 = (\boldsymbol{p} - \boldsymbol{q} \mid \boldsymbol{p} - \boldsymbol{q}) = (\boldsymbol{p} - \boldsymbol{q} \mid E(\boldsymbol{p} - \boldsymbol{q}))$$

と計算される. f_A が合同変換であるための必要十分条件は

$$\mathrm{d}(f_A(\mathrm{P}), f_A(\mathrm{Q})) = \mathrm{d}(\mathrm{P}, \mathrm{Q})$$

がすべての 2 点 P, Q に対し成立すること. いいかえると

$$(\boldsymbol{p} - \boldsymbol{q} \mid {}^tAA(\boldsymbol{p} - \boldsymbol{q})) = (\boldsymbol{p} - \boldsymbol{q} \mid E(\boldsymbol{p} - \boldsymbol{q})) \tag{1.15}$$

がすべてのベクトル $\boldsymbol{p}$ と $\boldsymbol{q}$ について成立することである．したがって

$$f_A \text{は合同変換} \Longleftrightarrow {}^tAA = E$$

が導かれる．

問題 1.8 (1.15) がすべてのベクトル $\boldsymbol{p}$ と $\boldsymbol{q}$ について成立することと ${}^tAA = E$ が同値であることを確かめよ．

この事実に基づき次の命名をしよう．

定義 1.9 $A \in \mathrm{M}_2\mathbb{R}$ が ${}^tAA = E$ をみたすとき，A を (2 次の) **直交行列**という．このとき f_A は**直交変換**とよばれる．

問題 1.9 回転行列 $R(\theta)$ と線対称を表す行列 $S(\theta)$ が直交行列であることを確かめよ．

2 次の直交行列すべてを集めてできる集合

$$\mathrm{O}(2) = \{A \in \mathrm{M}_2\mathbb{R} \mid {}^tAA = E\}$$

について次の事実を確かめてほしい．

定理 1.2 O(2) は行列の積に関し群をなす．O(2) を 2 次の**直交群**という．

数平面の合同変換を考察する過程で回転群や直交群 O(2) が現れた．これらの群はこの本の主題である**リー群**のもっとも簡単な例である．

2 平面の合同変換群

前の章で定義した平面の回転群 $\{R(\theta) \mid 0 \leq \theta < 2\pi\}$ と直交群 $\mathrm{O}(2)$ についてさらに詳しく調べよう．

2.1　2 次直交行列の分類

行列 A が直交行列であるとは ${}^tAA = E$ をみたすことであった．この条件を具体的に書いてみよう．

$$A = \begin{pmatrix} a & b \\ c & d \end{pmatrix}$$

とおくと ${}^tAA = E$ は

$$\begin{pmatrix} a & c \\ b & d \end{pmatrix}\begin{pmatrix} a & b \\ c & d \end{pmatrix} = \begin{pmatrix} 1 & 0 \\ 0 & 1 \end{pmatrix}$$

という等式であるから連立方程式

$$a^2 + c^2 = 1, \quad b^2 + d^2 = 1, \quad ab + cd = 0$$

を得る．そこで

$$(a, c) = (\cos\theta, \sin\theta), \quad (b, d) = (\cos\phi, \sin\phi)$$

とおく．

$$0 = ab + cd = \cos\theta\cos\phi + \sin\theta\sin\phi = \cos(\theta - \phi).$$

したがって $\phi = \theta \pm \pi/2$ の二つの場合に分けて調べればよい．

(1) $\phi = \theta + \pi/2$ のとき：

$$A = \begin{pmatrix} \cos\theta & -\sin\theta \\ \sin\theta & \cos\theta \end{pmatrix}$$

であるから A は回転行列 $R(\theta)$ である．

(2) $\phi = \theta - \pi/2$ のとき

$$A = \begin{pmatrix} \cos\theta & \sin\theta \\ \sin\theta & -\cos\theta \end{pmatrix}$$

であるから，A は $y = \tan(\theta/2)x$ を軸とする線対称移動を表す行列 $S(\theta)$ である．

定義 2.1 行列 $A = \begin{pmatrix} a & b \\ c & d \end{pmatrix}$ に対し $|A| = ad - bc$ と定め A の**行列式** (determinant) という．$\det A$ という記法も用いる．

命題 1.2 の言い直しだが $A \in \mathrm{M}_2\mathbb{R}$ が正則であるための必要十分条件は $\det A \neq 0$ である．また $A \in \mathrm{O}(2)$ ならば $\det A = \pm 1$ であることが示されていることに注意しよう．また $\det({}^t\!A) = \det A$ である．さらに $A \in \mathrm{O}(2)$ は

$$\begin{cases} \det A = \ \ 1 \iff A = R(\theta) \\ \det A = -1 \iff A = S(\theta) \end{cases}$$

と分類される．したがって次の命題が示された．

命題 2.1 平面の回転群は

$$\mathrm{O}^+(2) = \{A \in \mathrm{O}(2) \mid \det A = 1\}$$

と表すことができる．

線対称を表す行列の全体 $\{S(\theta) \mid 0 \leq \theta < 2\pi\}$ は

$$\mathrm{O}^-(2) = \{A \in \mathrm{O}(2) \mid \det A = -1\}$$

と表せる．$\mathrm{O}^-(2)$ は E を含まないことに注意．また $S(\theta)S(\phi)$ は $\mathrm{O}^-(2)$ に含まれない．実際

$$S(\theta) = R(\theta)\begin{pmatrix} 1 & 0 \\ 0 & -1 \end{pmatrix}$$

と表せることを使うと

$$S(\theta)S(\phi) = R(\theta)\begin{pmatrix} 1 & 0 \\ 0 & -1 \end{pmatrix}R(\phi)\begin{pmatrix} 1 & 0 \\ 0 & -1 \end{pmatrix}$$

と計算される．ここで次の公式を用意しておく．

$$(2.1)\qquad \begin{pmatrix} 1 & 0 \\ 0 & -1 \end{pmatrix}\begin{pmatrix} a & b \\ c & d \end{pmatrix}\begin{pmatrix} 1 & 0 \\ 0 & -1 \end{pmatrix} = \begin{pmatrix} a & -b \\ -c & d \end{pmatrix}.$$

この公式を使うと

$$\begin{pmatrix} 1 & 0 \\ 0 & -1 \end{pmatrix} R(\theta) \begin{pmatrix} 1 & 0 \\ 0 & -1 \end{pmatrix} = R(-\theta)$$

なので

$$(2.2)\qquad S(\theta)S(\phi) = R(\theta)R(-\phi) = R(\theta - \phi) \in \mathrm{O}^+(2)$$

である．回転の全体 $\mathrm{O}^+(2)$ は群をなすが $\mathrm{O}^-(2)$ は**群をなさない**．

2.2　合同変換群

数平面 $\mathbb{R}^2$ の合同変換の全体を $\mathrm{E}(2)$ で表そう．定義 1.1 より $\mathrm{E}(2)$ は

$$\mathrm{E}(2) = \{f : \mathbb{R}^2 \to \mathbb{R}^2 \mid \text{すべての } \mathrm{P}, \mathrm{Q} \in \mathbb{R}^2 \text{に対し } \mathrm{d}(f(\mathrm{P}), f(\mathrm{Q})) = \mathrm{d}(\mathrm{P}, \mathrm{Q})\}$$

と表せる．

問題 2.1 $f, g \in \mathrm{E}(2)$ に対し $f \circ g \in \mathrm{E}(2)$ を確かめよ．

原点を中心とする回転角 θ の回転で原点は**動かない**ことに注意しよう．そこでまず原点を**動かさない**合同変換を調べてみる．

補題 2.1 合同変換 g が原点を動かさなければ，g はベクトルの内積を保つ．すなわち，どのベクトル $\boldsymbol{p}$, $\boldsymbol{q}$ についても

$$(2.3)\qquad (g(\boldsymbol{p})|g(\boldsymbol{q})) = (\boldsymbol{p}|\boldsymbol{q}).$$

【証明】　g は合同変換であるから $\mathrm{d}(g(\mathrm{P}), g(\mathrm{O})) = \mathrm{d}(\mathrm{P}, \mathrm{O}) = \|\overrightarrow{\mathrm{OP}}\|$ をみたす．一方 $g(\mathrm{O}) = \mathrm{O}$ より $\mathrm{d}(g(\mathrm{P}), g(\mathrm{O})) = \mathrm{d}(g(\mathrm{P}), \mathrm{O}) = \|\overrightarrow{\mathrm{O}g(\mathrm{P})}\|$ であるから

どんなベクトル $\boldsymbol{p}$ についても $\|g(\boldsymbol{p})\| = \|\boldsymbol{p}\|$

が成り立つ．ここで $\mathrm{d}(g(\mathrm{P}), g(\mathrm{Q})) = \mathrm{d}(\mathrm{P}, \mathrm{Q})$ をベクトルを用いて書き直すと $\|g(\boldsymbol{p}) - g(\boldsymbol{q})\|^2 = \|\boldsymbol{p} - \boldsymbol{q}\|^2$．この式に $\|g(\boldsymbol{p})\| = \|\boldsymbol{p}\|$, $\|g(\boldsymbol{q})\| = \|\boldsymbol{q}\|$ を代入すると $(g(\boldsymbol{p})|g(\boldsymbol{q})) = (\boldsymbol{p}|\boldsymbol{q})$ を得る． ■

補題 2.2 変換 $g : \mathbb{R}^2 \to \mathbb{R}^2$ がどのベクトル $\boldsymbol{p}, \boldsymbol{q}$ と，どの実数 λ に対しても

$$g(\boldsymbol{p} + \boldsymbol{q}) = g(\boldsymbol{p}) + g(\boldsymbol{q}), \quad g(\lambda \boldsymbol{p}) = \lambda g(\boldsymbol{p})$$

をみたすとき**線型変換**であるという．$\mathbb{R}^2$ 上の線型変換 g は 1 次変換である．

【証明】 勝手に選んだベクトル $\boldsymbol{p} = (x, y)$ に対し $\boldsymbol{e}_1 = (1, 0)$ と $\boldsymbol{e}_2 = (0, 1)$ を用いて $\boldsymbol{p} = x\boldsymbol{e}_1 + y\boldsymbol{e}_2$ と分解しよう．g は線型変換であるから

$$g(\boldsymbol{p}) = g(x\boldsymbol{e}_1 + y\boldsymbol{e}_2) = xg(\boldsymbol{e}_1) + yg(\boldsymbol{e}_2)$$

と計算できる．そこで

$$g(\boldsymbol{e}_1) = \begin{pmatrix} a \\ c \end{pmatrix}, \quad g(\boldsymbol{e}_2) = \begin{pmatrix} b \\ d \end{pmatrix}, \quad A = \begin{pmatrix} a & b \\ c & d \end{pmatrix}$$

とおくと $g(\boldsymbol{p}) = A\boldsymbol{p}$ と表せる．したがって g は 1 次変換 f_A である．A を g の**表現行列**（representation matrix）とよぶ． ■

補題 2.3 合同変換 g が原点を動かさないならば g は直交変換である．

【証明】 まず g が線型変換であることを証明する．補題 2.1 を使うと

$$\begin{aligned}\|g(\lambda\boldsymbol{p}) - \lambda g(\boldsymbol{p})\|^2 &= \|g(\lambda\boldsymbol{p})\|^2 - 2(g(\lambda\boldsymbol{p})|\lambda g(\boldsymbol{p})) + |\lambda|^2\|g(\boldsymbol{p})\|^2 \\ &= \|\lambda\boldsymbol{p}\|^2 - 2(\lambda\boldsymbol{p}|\lambda\boldsymbol{p}) + |\lambda|^2\|\boldsymbol{p}\|^2 = 0.\end{aligned}$$

したがって $g(\lambda\boldsymbol{p}) = \lambda\, g(\boldsymbol{p})$ が成立することが証明された．

$$g(\boldsymbol{p} + \boldsymbol{q}) = g(\boldsymbol{p}) + g(\boldsymbol{q})$$

も同様に確かめられる．したがって g は線型変換である．A を g の表現行列とすると $g(\boldsymbol{p}) = f_A(\boldsymbol{p}) = A\boldsymbol{p}$ と表せる．g は 1 次変換であってしかも合同変換であるから直交変換である． ■

平面の合同変換を分類しよう．合同変換 f で原点が移った点を B としよう．そこで変換 g を $g(\mathrm{P}) = T_{-\boldsymbol{b}}(f(\mathrm{P}))$ で定める．つまり $g = T_{-\boldsymbol{b}} \circ f$. $T_{-\boldsymbol{b}}$ はベクトル $-\boldsymbol{b}$ による平行移動である．f が合同変換，平行移動も合同変換だから g も合同変換である（問題 2.1）．とくに $g(\mathrm{O}) = \mathrm{O}$ である．したがって補題 2.3 より g は直交変換である．g を表す直交行列を A とすると $g(\boldsymbol{p}) = A\boldsymbol{p}$. 一方 $g(\boldsymbol{p}) = (T_{-\boldsymbol{b}} \circ f)(\boldsymbol{p}) = f(\boldsymbol{p}) - \boldsymbol{b}$ であるから $f(\boldsymbol{p}) = A\boldsymbol{p} + \boldsymbol{b}$ を得る．

定理 2.1 f が $\mathbb{R}^2$ の合同変換ならば

$$f(\boldsymbol{p}) = A\boldsymbol{p} + \boldsymbol{b} \tag{2.4}$$

と表示される．ここで $A \in \mathrm{O}(2)$. したがって $\mathbb{R}^2$ の合同変換は平行移動，回転，線対称移動およびそれらの組み合わせである．

この表示から E(2) は合成に関し群をなすことがわかる．そこで E(2) を平面の**合同変換群**という．(2.4) で定まる合同変換を $f = (A, \boldsymbol{b})$ と表記する．

2.3　三角形の合同

合同変換の応用として「三角形の合同」を述べておこう．

定義 2.2 2 つの三角形 $\triangle\mathrm{ABC}$, $\triangle\mathrm{A'B'C'} \subset \mathbb{R}^2$ に対し $f(\triangle\mathrm{ABC}) = \triangle\mathrm{A'B'C'}$ となる $f \in \mathrm{E}(2)$ が存在するとき $\triangle\mathrm{ABC} \equiv \triangle\mathrm{A'B'C'}$ と表記し，$\triangle\mathrm{ABC}$ と $\triangle\mathrm{A'B'C'}$ は**合同**であるという．

この記号の下で次が成立する．

命題 2.2 三角形の合同に関し次が言える．

(1) **(反射律)**　$\triangle\mathrm{ABC} \equiv \triangle\mathrm{ABC}$.

(2) **(対称律)**　$\triangle\mathrm{ABC} \equiv \triangle\mathrm{A'B'C'}$ ならば $\triangle\mathrm{A'B'C'} \equiv \triangle\mathrm{ABC}$.

(3) **(推移律)**　$\triangle\mathrm{ABC} \equiv \triangle\mathrm{A'B'C'}$ かつ $\triangle\mathrm{A'B'C'} \equiv \triangle\mathrm{A''B''C''}$ ならば $\triangle\mathrm{ABC} \equiv \triangle\mathrm{A''B''C''}$.

この事実を次のように言い表す（同値関係については附録Aで解説する）.

命題 2.3 $\triangle_2$ で $\mathbb{R}^2$ 内の三角形を全て集めて得られる集合を表すことにすると "$\equiv$" は $\triangle_2$ 上の同値関係である.

記述の簡略化のために次の記法を用意しておく.

> 2つの三角形 $\triangle\mathrm{ABC}$, $\triangle\mathrm{A'B'C'}$ に対し $f(\triangle\mathrm{ABC}) = \triangle\mathrm{A'B'C'}$ となる $f \in \mathrm{E}(2)$ が存在するとき
>
> $$\triangle\mathrm{ABC} \equiv_f \triangle\mathrm{A'B'C'}$$
>
> と表記する.

この記法を使って命題2.2を証明してみよう.

(1) 反射律： $f = (E, \mathbf{0})$ とすれば $\triangle\mathrm{ABC} \equiv_f \triangle\mathrm{ABC}$.

(2) 対称律： $\triangle\mathrm{ABC} \equiv_f \triangle\mathrm{A'B'C'}$ ならば $\triangle\mathrm{A'B'C'} \equiv_{f^{-1}} \triangle\mathrm{ABC}$.

(3) 推移律：$\triangle\mathrm{ABC} \equiv_f \triangle\mathrm{A'B'C'}$ かつ $\triangle\mathrm{A'B'}C' \equiv_g \triangle\mathrm{A''B''C''}$ ならば $\triangle\mathrm{ABC} \equiv_{g\circ f} \triangle\mathrm{A''B''C''}$. ■

2.4 合同定理

初等幾何（中学校までに習う幾何）では，主に取り扱われる図形は多角形である．また図形の合同と相似を取り扱う．三角形の合同定理をこれから（改めて）述べるが，いままでに馴染んだ記法を使うことにしよう．すなわち2つの三角形 $\triangle\mathrm{ABC}$, $\triangle\mathrm{A'B'C'}$ において辺ABと辺A′B′の長さが等しいとき $\mathrm{AB} = \mathrm{A'B'}$ と表すことにしよう.

定理 2.2 (三辺相等の定理) $\triangle\mathrm{ABC}$ と $\triangle\mathrm{A'B'C'}$ において $\mathrm{AB} = \mathrm{A'B'}$, $\mathrm{BC} = \mathrm{B'C'}$, $\mathrm{CA} = \mathrm{C'A'}$ ならば合同である．逆も成立する.

この定理の証明のため，まず次の補題を証明しておく.

補題 2.4 2 点 X, $Y \in \mathbb{R}^2$ が $\|\overrightarrow{OX}\| = \|\overrightarrow{OY}\|$ をみたせば $g(O) = O$, $g(X) = Y$ である $g \in E(2)$ が存在する．

【証明】　$X \neq Y$ のときだけを考えればよい．線分 XY の**垂直 2 等分線**を ℓ とする．すなわち

$$\ell = \{P \in \mathbb{R}^2 \mid PX = PY\}$$

とおく．ℓ を軸とする線対称変換を g とすれば $g(O) = O$, $g(X) = Y$ であるから，これが求める合同変換である．■

【定理 2.2 の証明】 ($\Longleftarrow$)：$f \in E(2)$ だから

$$d(A', B') = d(f(A), f(B)) = d(A, B).$$

すなわち $AB = A'B'$ である．他の 2 辺についても同様．

($\Longrightarrow$)：$\boldsymbol{v} := \overrightarrow{AA'}$ とおき平行移動 $T_{\boldsymbol{v}}$ を考える．$B'' := T_{\boldsymbol{v}}(B)$,　$C'' := T_{\boldsymbol{v}}(C)$ とおこう．$T_{\boldsymbol{v}} \in E(2)$ より

$$\triangle ABC \equiv_{T_{\boldsymbol{v}}} \triangle A'B''C''$$

である．既に証明済みの ($\Longleftarrow$) を活用すれば

$$A'B'' = AB = A'B', \quad B''C'' = BC = B'C', \quad C''A'' = CA = C'A'$$

が得られる．命題 2.2 より $\triangle A'B''C'' \equiv \triangle A'B'C'$ が言えれば証明が終わる．

平行移動 $T_{-\boldsymbol{a}'}$ を使ってみる．

$$\begin{aligned} &T_{-\boldsymbol{a}'}(A') = O, \\ &T_{-\boldsymbol{a}'}(B') = D, \quad T_{-\boldsymbol{a}'}(B'') = D', \\ &T_{-\boldsymbol{a}'}(C') = E, \quad T_{-\boldsymbol{a}'}(C'') = E' \end{aligned}$$

とおくと

$$\triangle A'B'C' \equiv_{T_{-\boldsymbol{a}'}} \triangle ODE, \quad \triangle A'B''C'' \equiv_{T_{-\boldsymbol{a}'}} \triangle OD'E'$$

だから $\triangle\mathrm{ODE} \equiv \triangle\mathrm{OD'E'}$ を証明すればよい.

$$\begin{aligned} \mathrm{A'B'} &= \mathrm{OD}, & \mathrm{B'C'} &= \mathrm{DE}, & \mathrm{C'A'} &= \mathrm{OE}, \\ \mathrm{A'B''} &= \mathrm{OD'}, & \mathrm{B''C''} &= \mathrm{D'E'}, & \mathrm{C''A'} &= \mathrm{OE'} \end{aligned}$$

に注意すると目標（$\triangle\mathrm{ODE} \equiv \triangle\mathrm{OD'E'}$）は

$\mathrm{OD} = \mathrm{OD'}$, $\mathrm{OE} = \mathrm{OE'}$, $\mathrm{DE} = \mathrm{D'E'}$ ならば $\triangle\mathrm{ODE} \equiv \triangle\mathrm{OD'E'}$

と書き直される．ここで補題 2.4 より $g(\mathrm{O}) = \mathrm{O}$, $g(\mathrm{D}) = \mathrm{D'}$ をみたす $g \in \mathrm{E}(2)$ が存在する．$\mathrm{E''} := g(\mathrm{E})$ とおく．$\mathrm{E''} = \mathrm{E'}$ なら $\triangle\mathrm{ODE} \equiv_g \triangle\mathrm{OD'E'}$ である．$\mathrm{E''} \neq \mathrm{E'}$ のときは線分 $\mathrm{E'E''}$ の垂直 2 等分線 ℓ' を軸とする線対称変換 h により $\triangle\mathrm{OD'E'} \equiv_h \triangle\mathrm{OD'E''}$ がいえる．以上より $\triangle\mathrm{ABC} \equiv \triangle\mathrm{A'B'C'}$ が示せた. ■

この証明の要点は**平行移動と線対称移動を繰り返す**ということ．図を描いてみて**平行移動と線対称移動で** 2 **つの三角形が重ねられること**を視覚的に確かめておくことが大事である.

定理 2.3 (二辺夾角の定理) $\triangle\mathrm{ABC}$ と $\triangle\mathrm{A'B'C'}$ において $\mathrm{AB} = \mathrm{A'B'}$, $\mathrm{AC} = \mathrm{A'C'}$, $\angle\mathrm{A} = \angle\mathrm{A'}$ ならば合同である．逆も成立する.

【証明】 ($\Longleftarrow$)：$\triangle\mathrm{ABC} \equiv \triangle\mathrm{A'B'C'}$ ならば $\mathrm{AB} = \mathrm{A'B'}$, $\mathrm{AC} = \mathrm{A'C'}$. そこで $\boldsymbol{p} = \overrightarrow{\mathrm{AB}}$, $\boldsymbol{q} = \overrightarrow{\mathrm{AC}}$ などとおくと

$$\cos\angle\mathrm{A} = \frac{(\boldsymbol{p}|\boldsymbol{q})}{\|\boldsymbol{p}\|\,\|\boldsymbol{q}\|} = \frac{(\boldsymbol{p}'|\boldsymbol{q}')}{\|\boldsymbol{p}'\|\,\|\boldsymbol{q}'\|} = \cos\angle\mathrm{A'}.$$

したがって $\angle\mathrm{A} = \angle\mathrm{A'}$.

($\Longrightarrow$)：$\mathrm{AB} = \mathrm{A'B'}$, $\mathrm{AC} = \mathrm{A'C'}, \angle\mathrm{A} = \angle\mathrm{A'} = \theta$ と仮定する．**余弦定理**より $\mathrm{BC} = \mathrm{B'C'}$ となり三辺が互いに等しいので $\triangle\mathrm{ABC} \equiv \triangle\mathrm{A'B'C'}$. ■

念のため余弦定理を挙げておこう.

補題 2.5 (余弦定理) $\mathbb{R}^2$ 内の 3 点 A, B, C に対し $\boldsymbol{p} = \overrightarrow{\mathrm{AB}}$, $\boldsymbol{q} = \overrightarrow{\mathrm{AC}}$, $\boldsymbol{r} = \overrightarrow{\mathrm{BC}}$ とおくと

$$\|\boldsymbol{p}\|^2 + \|\boldsymbol{q}\|^2 = \|\boldsymbol{r}\|^2 + 2\|\boldsymbol{p}\|\,\|\boldsymbol{q}\|\,\cos\theta, \quad \theta = \angle(\boldsymbol{p}, \boldsymbol{q}).$$

定理 2.4 (一辺と両端の角の定理) $\triangle \mathrm{ABC}$ と $\triangle \mathrm{A'B'C'}$ において $\mathrm{BC} = \mathrm{B'C'}$, $\angle \mathrm{B} = \angle \mathrm{B'}$, $\angle \mathrm{C} = \angle \mathrm{C'}$ ならば合同である．逆も成立する．

問題 2.2 この定理を証明せよ（ヒント: 正弦定理）.

2.5　生成元とは

定理 2.2 の証明をふりかえろう．$\triangle \mathrm{ABC}$ を $\triangle \mathrm{A'B'C'}$ へうつす合同変換は平行移動と線対称移動の合成で得られた．線対称移動の合成を調べておこう．

命題 2.4 ℓ_1, ℓ_2 を互いに平行な $\mathbb{R}^2$ の直線とする． それぞれを軸とする線対称移動を S_{ℓ_1}, S_{ℓ_2} とすると $f = S_{\ell_2} \circ S_{\ell_1}$ は平行移動である．

【証明】　ℓ_1 と ℓ_2 を結ぶ垂線を引く．その両端を $A \in \ell_1$, $B \in \ell_2$ とし $\boldsymbol{v} = \overrightarrow{\mathrm{AB}}$ とすれば $f = T_{2\boldsymbol{v}}$ である．■

問題 2.3 $\mathbb{R}^2$ 内の直線 ℓ_1 と ℓ_2 が交点 P をもつとする．これらを軸とする線対称移動を S_{ℓ_1},S_{ℓ_2} の合成 $f = S_{\ell_2} \circ S_{\ell_1}$ は P を中心とする回転であり，その回転角 θ は ℓ_1 と ℓ_2 のなす角の 2 倍であることを作図により確かめよ．

逆に平行移動や回転を線対称移動の合成で表すことができる．そして次の基本的な定理が知られている．

定理 2.5 $\mathbb{R}^2$ の合同変換は高々 3 個の線対称移動の合成で表される．

この定理の証明については参考文献 [2] か [11] を参照してほしい．

この章のまとめをするために次の定義をしておこう．

定義 2.3 群 $G = (G, *)$ とその部分集合 M が指定されているとする．M の有限個の要素 $m_1, m_2, \ldots, m_k$ により与えられる要素

$$m_1^{n_1} * m_2^{n_2} * \cdots * m_k^{n_k}$$

を M の要素による**語**（word）という．ただし $n_j = 0, \pm 1$ とし $k = 0$ のときは単位元 e を意味するものとする．$\langle M \rangle$ で M の要素による語の全体を表すことにすると $\langle M \rangle$ は G の部分群である．この部分群を M の生成する部分群という．

とくに $G = \langle M \rangle$ となる部分集合 M が存在するとき G は M で**生成される**という．この用語を使えば E(2) は線対称で生成されると言い表せる．線対称が主役なのである．

【ひとこと】 線対称 S_ℓ を高次元に一般化することができる（例 5.13 で定義する鏡映．註 6.4 も参照）．

鏡映は単純リー環の分類で有用なルート系を定める際に活用する（『リー環』定義 5.1 参照）．

3 曲線の合同定理

前の章では三角形の合同定理を扱った．初等幾何で取り扱われる唯一の曲がった図形（曲線）は円である．円の合同定理は当然ながら

> **円の合同定理**　2つの円が合同であるための必要十分条件は半径が一致することである

と述べられる．円とは限らない一般の曲線の場合はどうなるだろうか．平面内の曲線についての合同定理を考えるのがこの章の目的である．

3.1 曲線

数平面 $\mathbb{R}^2$ 内の曲線をどう表示するかを考えよう．まずは基本的な例に立ち戻るのがよい．

例 3.1 (直線) 2点AとBを結ぶ直線を ℓ とする．A, Bの原点を始点とする位置ベクトルを $\boldsymbol{a} = \overrightarrow{\mathrm{OA}}$, $\boldsymbol{b} = \overrightarrow{\mathrm{OB}}$ で表す．ℓ 上の点Pをとろう．この点の位置ベクトル $\boldsymbol{p} = \overrightarrow{\mathrm{OP}}$ に対し $\boldsymbol{p} - \boldsymbol{a}$ と $\boldsymbol{b} - \boldsymbol{a}$ は平行だから $\boldsymbol{p} - \boldsymbol{a} = t(\boldsymbol{b} - \boldsymbol{a})$ をみたす実数 t が存在する．すなわち

$$\boldsymbol{p} = \boldsymbol{a} + t(\boldsymbol{b} - \boldsymbol{a})$$

と表せるということ．そこで数直線全体 $\mathbb{R}$ で定義されたベクトル値函数 $\boldsymbol{p}(t)$ を

$$\boldsymbol{p}(t) = \boldsymbol{a} + t(\boldsymbol{b} - \boldsymbol{a})$$

で定めよう．そうすれば各 t に対し $\boldsymbol{p}(t)$ は ℓ 上の点の位置ベクトルを与える．

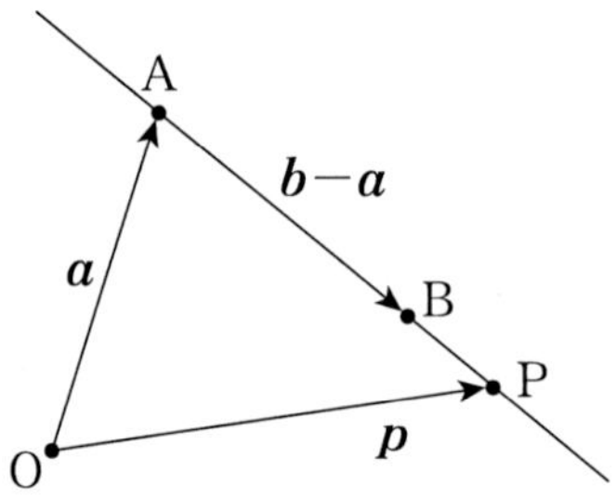

図 3.1　直線

例 3.2 (円) 原点中心の半径 $r>0$ の円は $x^2+y^2=r^2$ という方程式で表示できるが，ここでは前の例（直線）にならって位置ベクトルを使ってみよう．円の点 $\mathrm{P}=(x,y)$ と原点を結ぶ線分 OP と x 軸のなす角を θ としよう．θ は x 軸の正の方向から測る．すると $\boldsymbol{p}=(x,y)=(r\cos\theta, r\sin\theta)$ と表せる．

そこで区間 $[0,2\pi)$ で定義されたベクトル値函数 $\boldsymbol{p}(t)$ を

$$\boldsymbol{p}(t)=(r\cos t, r\sin t)$$

で定めると各 t に対し $\boldsymbol{p}(t)$ は円 $x^2+y^2=r^2$ 上の点の位置ベクトルを与える．

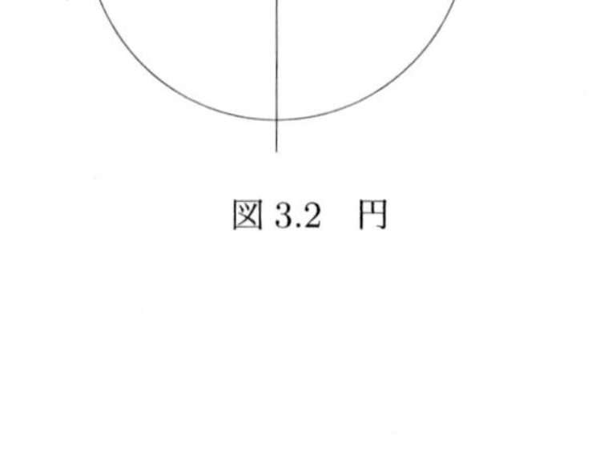

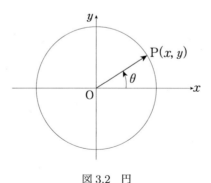

図 3.2　円

この観察をもとに曲線の定義を与えよう．

定義 3.1 $I \subset \mathbb{R}$ を開区間とする．I で定義された C^∞ 級のベクトル値函数 $\boldsymbol{p}(t) = (x(t), y(t))$ が

$$\dot{\boldsymbol{p}}(t) = (\dot{x}(t), \dot{y}(t)) \neq (0, 0)$$

をみたすとき，$\mathbb{E}^2$ 内の**曲線**（curve）という．

曲線 $\boldsymbol{p}$ に対し，各 $\boldsymbol{p}(t)$ の終点を $\mathrm{P}(t)$ と書こう．すなわち $\boldsymbol{p}(t) = \overrightarrow{\mathrm{OP}(t)}$．$\mathrm{P}(t)$ を集めたもの

$$C = \{\mathrm{P}(t) \mid t \in I\}$$

をこの曲線の**像**（image）とか**跡**（trace）とよぶ．変数 t をこの曲線の**径数**（parameter）という．

径数を $t = a$ から $t = b$ まで動かしたとき

$$\int_a^b \|\dot{\boldsymbol{p}}(t)\| \, \mathrm{d}t$$

を $a \leq t \leq b$ における曲線の**長さ**という．1 点 a を固定し

$$s(t) = \int_a^t \|\dot{\boldsymbol{p}}(t)\| \, \mathrm{d}t$$

で定まる函数を $t = a$ を基点とする**弧長函数**とよぶ．

$$\frac{\mathrm{d}}{\mathrm{d}t} s(t) = \|\dot{\boldsymbol{p}}(t)\| > 0$$

であるから $s = s(t)$ を逆に解いて t を s の函数で表すことができる．つまり s を曲線の径数として採用できる．s を径数として表示した曲線 $\boldsymbol{p}(s)$ を**弧長径数曲線**とよぶ．このとき s を**弧長径数**とよぶ．弧長径数に関する微分演算はドット（$\cdot$）でなくプライム（$\prime$）で表記する習慣である．

$$\boldsymbol{p}'(s) = \frac{\mathrm{d}}{\mathrm{d}s} \boldsymbol{p}(s).$$

$\|\boldsymbol{p}'(s)\| = 1$ であることに注意しよう．

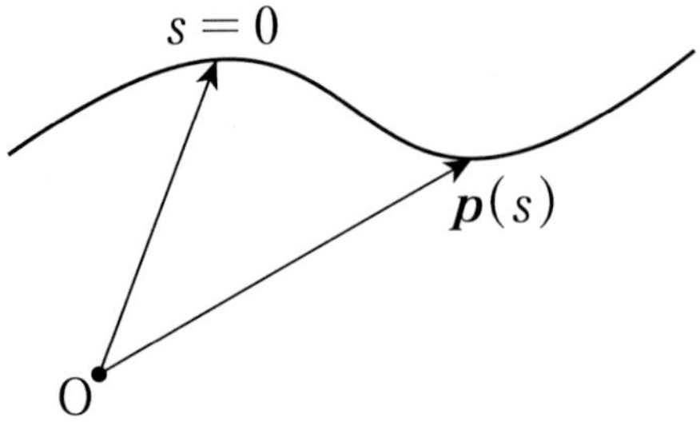

図 3.3 曲線

3.2 行列値函数

曲線の曲がり具合を定量化するために成分が函数である行列を取り扱う．区間 I で定義された微分可能な函数 $a(s)$, $b(s)$, $c(s)$, $d(s)$ をならべてできる行列

$$A(s) = \begin{pmatrix} a(s) & b(s) \\ c(s) & d(s) \end{pmatrix}$$

を（微分可能な）**行列値函数**という．$A(s)$ の導函数は

$$A'(s) = \begin{pmatrix} a'(s) & b'(s) \\ c'(s) & d'(s) \end{pmatrix}$$

で定める．ここで s に関する微分演算をプライム（$'$）で表記した．

ふたつの行列値函数 $A(s)$, $B(s)$ に対し**ライプニッツの公式**

$$(A(s)B(s))' = A'(s)B(s) + A(s)B'(s) \tag{3.1}$$

が成立することを確認しておいてほしい．

3.3 フレネの公式

弧長径数表示された曲線 $\boldsymbol{p}(s) = (x(s), y(s))$ は，仮定から $x'(s)^2 + y'(s)^2 = 1$ をみたしている．$\boldsymbol{T}(s) = \boldsymbol{p}'(s)$ とおき，曲線 $\boldsymbol{p}$ の**単位接ベクトル場**とよぶ．

$J = R(\pi/2)$ を用いて

$$\boldsymbol{N}(s) = J\boldsymbol{T}(s) = \begin{pmatrix} 0 & -1 \\ 1 & 0 \end{pmatrix} \begin{pmatrix} x'(s) \\ y'(s) \end{pmatrix}$$

とおき**単位法ベクトル場**とよぶ．

さてここで $\boldsymbol{T}$ と $\boldsymbol{N}$ をならべて

$$F(s) = (\boldsymbol{T}(s)\,\boldsymbol{N}(s)) = \begin{pmatrix} x'(s) & -y'(s) \\ y'(s) & x'(s) \end{pmatrix}$$

とおく．$F(s)$ を**フレネ標構**（Frenet frame）とよぶ．フレネ標構は I で定義され回転群 $\mathrm{O}^+(2)$ に値をもつ行列値函数であることに注意されたい．実際 $\boldsymbol{p}(s)$ が x 軸の正の方向となす角を $\theta(s)$ とすれば $\boldsymbol{p}'(s) = (\cos\theta(s), \sin\theta(s))$ であるから $F(s) = R(\theta(s))$ である．線型代数の知識を使うと $\{\boldsymbol{T}(s), \boldsymbol{N}(s)\}$ は曲線 $\boldsymbol{p}(s)$ の各点における**正規直交基底**（5.6 節参照）であることがわかる．

例 3.3 (直線) 点 A を通り単位ベクトル $\boldsymbol{v}$ に平行な直線は $\boldsymbol{p}(s) = \overrightarrow{\mathrm{OA}} + s\boldsymbol{v}$ と弧長径数表示される．フレネ標構は $F(s) = (\boldsymbol{v}\ J\boldsymbol{v})$ であり，s に依存していない．つまり**変化しない**．

いまの例からわかるように，**まっすぐ**（曲がってない）ということは $F(s)$ が**変化しない**ということ．いいかえると曲線の曲がり具合は $F(s)$ がどう変化するかということで追跡できる．そこで $F'(s)$ を調べよう．まず

$$x'(s)^2 + y'(s)^2 = 1$$

の両辺を s で微分して

$$x'(s)x''(s) + y'(s)y''(s) = 0 \tag{3.2}$$

を得る．$F(s)$ を微分すると

$$F'(s) = \begin{pmatrix} x''(s) & -y''(s) \\ y''(s) & x''(s) \end{pmatrix}.$$

$F'(s)$ をもとの $F(s)$ と見比べる．

線型代数の知識を使って説明すると $\{\boldsymbol{T}'(s), \boldsymbol{N}'(s)\}$ を正規直交基底 $\{\boldsymbol{T}(s), \boldsymbol{N}(s)\}$ で表示すること（展開，p. 86 参照）である．すなわち $F'(s) = F(s)U(s)$ で定まる $U(s)$ を求めればよい．(3.2) を使って $U(s) = F(s)^{-1}F'(s)$ を計算しよう．

$$\begin{aligned} F(s)^{-1}F'(s) &= \begin{pmatrix} x'(s) & y'(s) \\ -y'(s) & x'(s) \end{pmatrix} \begin{pmatrix} x''(s) & -y''(s) \\ y''(s) & x''(s) \end{pmatrix} \\ &= \begin{pmatrix} x'(s)x''(s) + y'(s)y''(s) & -x'(s)y''(s) + x''(s)y'(s) \\ x'(s)y''(s) - x''(s)y'(s) & x'(s)x''(s) + y'(s)y''(s) \end{pmatrix}. \end{aligned}$$

(3.2) より $F(s)^{-1}F'(s)$ の $(1,1)$ 成分と $(2,2)$ 成分は 0 である．ここで

$$\kappa(s) = x'(s)y''(s) - x''(s)y'(s)$$

とおくと

$$F(s)^{-1}F'(s) = \begin{pmatrix} 0 & -\kappa(s) \\ \kappa(s) & 0 \end{pmatrix}$$

が得られる．これは

$$x''(s) = -\kappa(s)y'(s), \quad y''(s) = \kappa(s)x'(s)$$

と書き直せることに注意しよう．ベクトルを用いて

$$\boldsymbol{T}'(s) = \kappa(s)\boldsymbol{N}(s), \quad \boldsymbol{N}'(s) = -\kappa(s)\boldsymbol{T}(s)$$

と表示しておくと便利である．この函数 $\kappa(s)$ を曲線 $\boldsymbol{p}(s)$ の**曲率**（curvature）とよぶ．

例 3.4 (直線) 点 A を通り単位ベクトル $\boldsymbol{v}$ に平行な直線 $\boldsymbol{p}(s) = \overrightarrow{\mathrm{OA}} + s\boldsymbol{v}$ の曲率は 0.

例 3.5 (円) 原点を中心とする半径 r の円は $\boldsymbol{p}(s) = (r\cos(s/r), r\sin(s/r))$ と弧長径数表示される．（この表示では）曲率は正の一定値 $1/r$（確かめよ）.

フレネ標構 $F(s)$ から曲率 $\kappa(s)$ を定める行列 $U(s) = F(s)^{-1}F'(s)$ を計算した．$U(s)$ の転置行列は ${}^tU(s) = -U(s)$ で与えられる．

定義 3.2 $A \in \mathrm{M}_2\mathbb{R}$ が ${}^tA = -A$ をみたすとき**交代行列**，${}^tA = A$ をみたすとき**対称行列**という．

$U(s)$ は交代行列であることを注意しておく．

3.4　合同定理

曲線の合同定理は次のように述べられる．

定理 3.1 2 つの弧長径数表示された曲線 $\boldsymbol{p}_1(s)$ と $\boldsymbol{p}_2(s)$ が合同であるための必要十分条件は両者の曲率 κ_1 と κ_2 が $\kappa_1 = \pm\kappa_2$ という関係にあることである．

両者が円であるときは, 円の合同定理と一致していることに注意しよう．この定理の証明が本節の主目標である．

まず合同変換で曲線 $\boldsymbol{p}(s)$ を移したときに曲率がどう変わるか調べよう．$A \in \mathrm{O}(2)$ とし $\widetilde{\boldsymbol{p}}(s) = A\boldsymbol{p}(s) + \boldsymbol{b}$ とおくと

$$\widetilde{\boldsymbol{p}}'(s) = A\boldsymbol{p}'(s) = A\boldsymbol{T}(s).$$

したがって単位接ベクトル場 $\widetilde{\boldsymbol{T}}(s)$ は $A\boldsymbol{T}(s)$．単位法ベクトル場をもとめよう．$A \in \mathrm{O}^+(2)$ のときは $AJ = JA$ より $J\widetilde{\boldsymbol{T}}(s) = JA\boldsymbol{T}(s) = A\boldsymbol{N}(s)$.

$$\widetilde{F}(s) = (A\boldsymbol{T}(s)\ JA\boldsymbol{T}(s)) = (A\boldsymbol{T}(s)\ AJ\boldsymbol{T}(s)) = AF(s).$$

$$\widetilde{F}(s)^{-1}\widetilde{F}'(s) = F(s)^{-1}A^{-1}AF'(s) = F(s)^{-1}F'(s)$$

であるから $\widetilde{\boldsymbol{p}}(s)$ の曲率は $\kappa(s)$ である．

$A \in \mathrm{O}^-(2)$ のときを調べよう．$A = S(\theta)$ と表せる．

$$S(\theta) = R(\theta)\begin{pmatrix} 1 & 0 \\ 0 & -1 \end{pmatrix}$$

に注意.

$$\widetilde{\boldsymbol{N}}(s) = JS(\theta)\boldsymbol{T}(s) = JR(\theta)\begin{pmatrix} 1 & 0 \\ 0 & -1 \end{pmatrix}\boldsymbol{T}(s).$$

ここで

$$J\begin{pmatrix} 1 & 0 \\ 0 & -1 \end{pmatrix} = \begin{pmatrix} 0 & 1 \\ 1 & 0 \end{pmatrix}, \quad \begin{pmatrix} 1 & 0 \\ 0 & -1 \end{pmatrix}J = \begin{pmatrix} 0 & -1 \\ -1 & 0 \end{pmatrix}$$

であるから

$$\begin{aligned}\widetilde{\boldsymbol{N}}(s) &= R(\theta)J\begin{pmatrix} 1 & 0 \\ 0 & -1 \end{pmatrix}\boldsymbol{T}(s) = -R(\theta)\begin{pmatrix} 1 & 0 \\ 0 & -1 \end{pmatrix}J\boldsymbol{T}(s) \\ &= -S(\theta)\boldsymbol{N}(s).\end{aligned}$$

したがってフレネ標構は

$$\widetilde{F}(s) = (S(\theta)\boldsymbol{T}(s) \quad -S(\theta)\boldsymbol{N}(s)) = S(\theta)(\boldsymbol{T}(s) \ -\boldsymbol{N}(s)).$$

すると

$$\begin{aligned}\widetilde{F}'(s) &= S(\theta)(\boldsymbol{T}'(s) \ -\boldsymbol{N}'(s)) = S(\theta)(\kappa(s)\boldsymbol{N}(s), \kappa(s)\boldsymbol{T}(s)) \\ &= S(\theta)(\boldsymbol{T}(s) \ -\boldsymbol{N}(s))\begin{pmatrix} 0 & \kappa(s) \\ -\kappa(s) & 0 \end{pmatrix} \\ &= \widetilde{F}(s)\begin{pmatrix} 0 & \kappa(s) \\ -\kappa(s) & 0 \end{pmatrix}.\end{aligned}$$

したがって曲率は $-\kappa(s)$ である．以上より曲線を合同変換で移すとその曲率は $\pm\kappa(s)$ になることがわかった．

逆に $\widetilde{\kappa}(s) = \varepsilon\kappa(s)$ を仮定する $(\varepsilon = \pm 1)$. 簡単のため I は 0 を含む区間とする．$\|\boldsymbol{p}'(0)\| = \|\widetilde{\boldsymbol{p}}'(0)\| = 1$ であるから $\widetilde{\boldsymbol{p}}'(0) = A\boldsymbol{p}'(0)$ をみたす直交行列 $A \in \mathrm{O}(2)$ で $|A| = \varepsilon$ をみたすものが見つかる．この A を用いて $\boldsymbol{p}_1(s) = A\boldsymbol{p}(s)$ とおく．さらに $\boldsymbol{v} = \widetilde{\boldsymbol{p}}(0) - \boldsymbol{p}_1(0)$ とおく．$\boldsymbol{p}_2(s) = T_{\boldsymbol{v}}(\boldsymbol{p}_1(s)) = A\boldsymbol{p}(s) + \boldsymbol{v}$ とおくと，この曲線は $\boldsymbol{p}(s)$ と合同であり $\boldsymbol{p}_2(0) = \widetilde{\boldsymbol{p}}(0)$ かつ $\boldsymbol{p}_2'(0) = \widetilde{\boldsymbol{p}}'(0)$ をみたす．この曲線の曲率 $\kappa_2(s)$ は $|A|\kappa(s)$ である．$\boldsymbol{p}_2(s)$ のフレネ標構を $F_2(s) = (\boldsymbol{T}_2(s)\ \boldsymbol{N}_2(s))$ とすると

$$\boldsymbol{N}_2(0) = J\boldsymbol{T}_2(0) = J\widetilde{\boldsymbol{T}}(0) = \widetilde{\boldsymbol{N}}(0)$$

であるから $F_2(0)=\tilde{F}(0)$ をみたす．

$$U_2(s)=F_2(s)^{-1}F_2'(s)=\begin{pmatrix} 0 & -\kappa_2(s) \\ \kappa_2(s) & 0 \end{pmatrix}$$

とおくと仮定より $\tilde{F}(s)^{-1}\tilde{F}'(s)=U_2(s)$ である．目標はすべての s に対し $F_2(s)=\tilde{F}(s)$ をみたすことを証明することである．

$$F_2=\tilde{F} \iff F_2\tilde{F}^{-1}=E \iff F_2\,{}^t\tilde{F}=E$$

であることに着目して $(F_2\,{}^t\tilde{F})'$ を計算してみる．${}^tU_2=-U_2$ に注意すると

$$\begin{aligned}(F_2\,{}^t\tilde{F})' =&(F_2)'\,{}^t\tilde{F}+F_2\,{}^t(\tilde{F}')=(F_2U_2)\,{}^t\tilde{F}+F_2\,{}^t(\tilde{F}U_2)\\ =&F_2\,U_2\,{}^t\tilde{F}-F_2\,U_2\,{}^t\tilde{F}=O.\end{aligned}$$

したがって $F_2\,{}^t\tilde{F}$ は s に依存しないから，ある行列 C を用いて $F_2\,{}^t\tilde{F}=C$ と表せる．両辺で $s=0$ とすると $C=E$ を得る．すなわち $F_2(s)=\tilde{F}(s)$ がいえる．これよりすべての s に対し $\boldsymbol{p}_2'(s)=\tilde{\boldsymbol{p}}'(s)$ が成立する．したがって $\boldsymbol{p}_2(s)=\tilde{\boldsymbol{p}}(s)+\boldsymbol{c}$（$\boldsymbol{c}$ は定ベクトル）と表される．$s=0$ とすることで $\boldsymbol{c}=\boldsymbol{0}$ を得るから $\boldsymbol{p}_2(s)=\tilde{\boldsymbol{p}}(s)$ がわかった．$\tilde{\kappa}(s)=|A|\kappa(s)$ に注意．■

平面曲線の取り扱いについて詳しくは参考文献 [3] を参照してほしい．

3.5　回転群のリー環

交代行列の定義式 ${}^tA=-A$ の両辺を見比べると 2 次の交代行列は

$$\begin{pmatrix} 0 & -c \\ c & 0 \end{pmatrix}$$

という形をしていることがわかる．したがって 2 次の交代行列全体は $\{cJ \mid c\in\mathbb{R}\}$ と表すことができる．2 次の交代行列全体を $\mathfrak{o}(2)$ と表記しよう．$\mathfrak{o}$ は O のドイツ文字（フラクトゥール体の小文字）である．$\mathfrak{o}(2)$ を直交群 $\mathrm{O}(2)$ の**リー環**とよぶ．名称の由来や理由は第 II 部以降の本編で説明するのでいまはとりあえず，リー環という名称でよぶのだなと思っていてほしい（例 10.4 で回答を与える）．

第 1 章から第 3 章までで，平面幾何に登場するリー群とリー環の例を説明してきた．平面幾何における直交変換から**リー群** $\mathrm{O}(2)$ **が芽生えた**．一方，曲線の合同定理から**リー環** $\mathfrak{o}(2)$ **が芽生えた**．次の章で改めてリー群とリー環を定義する．

第II部 線型リー群

4 一般線型群と特殊線型群

第I部では，平面幾何に表れるリー群 O(2) について調べてきた．この章から本論に入る．すなわち，**リー群とは何か**について説明しよう．この章以降は**線型代数と微分積分の知識を仮定**して解説を進めるので手元に線型代数と微分積分の教科書を用意して読み進めてほしい．

逆行列をもつ正方行列（正則行列）をすべて集めて得られる集合を「群」の観点から捉えてみることでリー群の典型例である「一般線型群」にたどりつく．**線型代数と群論の出会い**を楽しもう．後半では**群論と微分積分の出会い**もある．線型代数・微分積分・群論の 3 つが交錯する様子をじっくりと学ぶ．

まずこの本で使う記号の説明も兼ねて行列の説明から始めよう．

4.1 行列とベクトル

第 1 章で 2 行 2 列の行列（2 次行列）について説明したが，ここで行列の大きさ（サイズ）を 2 とは限らない場合に一般化しておく．

行列自体の定義は第 1 章と同様に「実数を並べた表にカッコをつけたもの」である．サイズを一般にするので，以下のような表記方法を使う．

$$A = \begin{pmatrix} a_{11} & a_{12} & \dots & a_{1n} \\ a_{21} & a_{22} & \dots & a_{2n} \\ \vdots & \vdots & \ddots & \vdots \\ a_{m1} & a_{m2} & \dots & a_{mn} \end{pmatrix} \quad \begin{matrix} \text{第 1 行} \\ \text{第 2 行} \\ \vdots \\ \text{第 } m \text{ 行} \end{matrix}$$

$$\begin{matrix} \text{第} & \text{第} & \dots & \text{第} \\ 1 & 2 & & n \\ \text{列} & \text{列} & & \text{列} \end{matrix}$$

ヨコの並びを**行**，タテの並びを**列**とよぶ．例として挙げた A は行が m 本，列が n 本なので，A は $m \times n$ 行列であるとか (m, n) 型であると言い表す．$m = n$ のとき，A は **n 次行列**であるともいう．n 次**正方行列**という言い方もする．(m, n) 型行列の全体を $\mathrm{M}_{m,n}\mathbb{R}$ で表すことにする．とくに $\mathrm{M}_{n,n}\mathbb{R}$ は $\mathrm{M}_n\mathbb{R}$ とも表す．i 行 j 列の場所にある実数 a_{ij} を A の (i,j) 成分という．より一般に A の中に並べてある実数を A の**成分**（entry）という．成分を全部書くのが面倒なときは $A=(a_{ij})$ と略記する．

定義 4.1 2 つの行列 $A=(a_{ij})$ と $B=(b_{ij})$ が**等しい**とは，A と B が同じ型であり，すべての成分が一致することをいい，$A=B$ と記す．

註 4.1 $(1,1)$ 型行列は成分が 1 個しかない．定義どおりに書くと $A=(a_{11})$ となる．「$(1,1)$ 型行列とはスカラー」という扱いをし，カッコをつけずに a_{11} と表記する．

同じ型の行列 $A=(a_{ij})$ と $B=(b_{ij})$ に対しその**和** $A+B$ と**差** $A-B$ を

$$A+B=(a_{ij}+b_{ij}),\quad A-B=(a_{ij}-b_{ij})$$

で定める．すなわち $A+B$ は $a_{ij}+b_{ij}$ を (i,j) 成分にもつ行列である．$A-B$ についても同様．成分がすべて 0 の (m,n) 型行列を $O_{m,n}$ で表し (m,n) 型**零行列**とよぶ．また $O_{n,n}$ は O_n と略記する．型が前後の文脈から明らかなときは O と略記してしまう．どの $A\in \mathrm{M}_{m,n}\mathbb{R}$ についても

$$A+O_{m,n}=O_{m,n}+A=A$$

が成立する．

$A=(a_{ik})\in \mathrm{M}_{\ell,m}\mathbb{R}$ と $B=(b_{kj})\in \mathrm{M}_{m,n}\mathbb{R}$ についてその**積** AB を

$$AB=\left(\sum_{k=1}^{m} a_{ik}b_{kj}\right)$$

で定義する．すなわち AB は $\displaystyle\sum_{k=1}^{m} a_{ik}b_{kj}$ を (i,j) 成分にもつ (ℓ,n) 型行列である．積 AB は「A の**列の数**$=B$ の**行の数**」のときに**だけ**定義される．

正方行列 $A=(a_{ij})\in \mathrm{M}_n\mathbb{R}$ に対し a_{11}, $a_{22},\ldots,a_{nn}$ を A の**対角成分**という．$A\in \mathrm{M}_n\mathbb{R}$ の対角成分の和を A の**固有和**（trace）といい $\mathrm{tr}\,A$ で表す．すなわち

$$\mathrm{tr}\,A=a_{11}+a_{22}+\cdots+a_{nn}.$$

$A \in \mathrm{M}_n\mathbb{R}$ に $\mathrm{tr}\, A$ を対応させることで $\mathrm{M}_n\mathbb{R}$ 上の函数 $\mathrm{tr} : \mathrm{M}_n\mathbb{R} \to \mathbb{R}$ が定まる．

函数 tr は次の性質をもつ．

定理 4.1 $A, B \in \mathrm{M}_n\mathbb{R}$, $c \in \mathbb{R}$ に対し次が成り立つ．

(1) $\mathrm{tr}(A+B) = \mathrm{tr}\, A + \mathrm{tr}\, B$,

(2) $\mathrm{tr}(cA) = c\, \mathrm{tr}\, A$,

(3) $\mathrm{tr}(AB) = \mathrm{tr}(BA)$.

$\mathrm{M}_n\mathbb{R}$ で定義された函数 $f : \mathrm{M}_n\mathbb{R} \to \mathbb{R}$ が (1), (2), (3) をみたし，さらに $f(E) = n$ をみたすならば $f = \mathrm{tr}$ である．

$n = 2$ のときにこの定理を証明してみよう（次の問題を解いてほしい）．

問題 4.1 2 次の正方行列 X を定めると，それに対応して実数 $f(X)$ がただ 1 つ定まり，次の条件 (a), (b), (c) をみたすとする．

(a) 任意の実数 k と，任意の 2 次の正方行列 A, B に対して

$$f(kA) = kf(A),\ f(A+B) = f(A) + f(B).$$

(b) 任意の 2 次の正方行列 A, B に対して $f(AB) = f(BA)$.

(c) 単位行列 E に対して $f(E) = 2$ である．

$$P = \begin{pmatrix} 1 & 0 \\ 0 & 0 \end{pmatrix},\ Q = \begin{pmatrix} 0 & 1 \\ 0 & 0 \end{pmatrix},\ R = \begin{pmatrix} 0 & 0 \\ 1 & 0 \end{pmatrix},\ S = \begin{pmatrix} 0 & 0 \\ 0 & 1 \end{pmatrix}$$

とするとき

(1) 零行列 O に対して，$f(O) = 0$ を示せ．

(2) PQ, QP を求めよ．

(3) $f(P)$, $f(Q)$, $f(R)$, $f(S)$ を求めよ．

(4) $A = \begin{pmatrix} a & b \\ c & d \end{pmatrix}$ に対して，$f(A)$ を求めよ．ただし a, b, c, d は実数とする．

〔富山大・医，一部改題〕

条件

$i \neq j$ であるすべての番号 i, j に対し $a_{ij} = 0$

をみたすとき A は**対角行列**（diagonal matrix)）であるという．

記号の約束　$(1,1)$ 成分が λ_1, $(2,2)$ 成分が $\lambda_2, \ldots, (n,n)$ 成分が λ_n である対角行列を $\mathrm{diag}(\lambda_1, \lambda_2, \ldots, \lambda_n)$ で表す．

$O_n = \mathrm{diag}(0, 0, \ldots, 0) \in \mathrm{M}_n\mathbb{R}$ であることに注意．

とくに $\mathrm{diag}(1, 1, \ldots, 1) \in \mathrm{M}_n\mathbb{R}$ を n 次**単位行列**（unit matrix）とよび E_n で表す．前後の文脈で次数 n が明らかなときは n を省いて E と書いてもよい．どの $A \in \mathrm{M}_n\mathbb{R}$ についても

$$AE_n = E_nA = A$$

が成立する．単位行列の成分を表示するために次の記号を導入する．

定義 4.2

$$\delta_{ij} = \begin{cases} 1 \ (i = j \text{ のとき}) \\ 0 \ (i \neq j \text{ のとき}) \end{cases}$$

と定め**クロネッカーのデルタ記号**とよぶ．単位行列は $E = (\delta_{ij})$ と表せる．

対角成分がすべて等しい対角行列 $\mathrm{diag}(\lambda, \lambda, \ldots \lambda) \in \mathrm{M}_n\mathbb{R}$ を**スカラー行列**という．スカラー行列は λE_n と表せることに注意．

定義 1.4 を一般化しておく．

定義 4.3 行列 $A \in \mathrm{M}_n\mathbb{R}$ に対し $AX = XA = E_n$ をみたす行列 $X \in \mathrm{M}_n\mathbb{R}$ が存在するとき A は**正則**であるという[*1]．X を A の**逆行列**とよび A^{-1} で表す．

行列内のヨコの並びを行，タテの並びを列とよんだ．そこで $(1,n)$ 型行列

[*1] $AX = XA = E_n$ をみたす X が存在すれば，それはただ一つである．また $AX = E_n$ をみたす X があれば自動的に $XA = E_n$ をみたす．同様に $XA = E_n$ をみたす X が存在すれば $AX = E_n$ をみたす．

$(a_1\ a_2\ \ldots\ a_n)$ のことを n 項**行ベクトル**という．同様に $(n,1)$ 型行列

$$\begin{pmatrix} x_1 \\ x_2 \\ \vdots \\ x_n \end{pmatrix}$$

を n 項**列ベクトル**という．

第 1 章で数平面の点 $\mathrm{P}(x,y) \in \mathbb{R}^2$ の位置ベクトル $\boldsymbol{p} = \overrightarrow{\mathrm{OP}}$ を列ベクトル

$$\begin{pmatrix} x \\ y \end{pmatrix}$$

と見て 1 次変換を施したことを思い出そう．数平面の一般化として n 次元**数空間** $\mathbb{R}^n$ を

$$\mathbb{R}^n = \{\mathrm{P} = (p_1, p_2, \ldots, p_n) \mid p_1, p_2, \ldots, p_n \in \mathbb{R}\} \tag{4.1}$$

で定める．つまり $\mathbb{R}^n$ の**点**とは実数の n 個の組である．点 $\mathrm{P} = (p_1, p_2, \ldots, p_n)$ に対し n 項列ベクトル

$$\boldsymbol{p} = \begin{pmatrix} p_1 \\ p_2 \\ \vdots \\ p_n \end{pmatrix}$$

を P の**位置ベクトル**と考えることにしよう．

慣れてきたら点と位置ベクトルを**いちいち区別しない**で $\mathrm{M}_{n,1}\mathbb{R}$ と $\mathbb{R}^n$ を同じものと考えてしまう．

記号の約束　ベクトル $\boldsymbol{p} = (p_1, p_2, \ldots, p_n)$, $\boldsymbol{q} = (q_1, q_2, \ldots, q_n)$ に対し，内積 $(\boldsymbol{p}|\boldsymbol{q})$ を

$$(\boldsymbol{p}|\boldsymbol{q}) = \sum_{i=1}^{n} p_i q_i$$

で定める．また $\boldsymbol{p}$ の**長さ（大きさ）**を $\|\boldsymbol{p}\| = \sqrt{(\boldsymbol{p}|\boldsymbol{p})}$ で定める．
2 点 P と Q の**距離** $\mathrm{d}(\mathrm{P}, \mathrm{Q})$ は位置ベクトル $\boldsymbol{p}$, $\boldsymbol{q}$ を用いて

$$\mathrm{d}(\mathrm{P}, \mathrm{Q}) = \|\boldsymbol{p} - \boldsymbol{q}\|$$

で定める．

定義 4.4

$$\boldsymbol{e}_1 = \begin{pmatrix} 1 \\ 0 \\ 0 \\ \vdots \\ 0 \\ 0 \end{pmatrix}, \ \boldsymbol{e}_2 = \begin{pmatrix} 0 \\ 1 \\ 0 \\ \vdots \\ 0 \\ 0 \end{pmatrix}, \ldots, \boldsymbol{e}_n = \begin{pmatrix} 0 \\ 0 \\ 0 \\ \vdots \\ 0 \\ 1 \end{pmatrix} \tag{4.2}$$

とおき，これらを $\mathbb{R}^n$ の**基本ベクトル**とよぶ[*2]．

$A = (a_{ij}) \in \mathrm{M}_n\mathbb{R}$ に対し

$$\boldsymbol{a}_1 = \begin{pmatrix} a_{11} \\ a_{21} \\ \vdots \\ a_{n1} \end{pmatrix}, \ \boldsymbol{a}_2 = \begin{pmatrix} a_{12} \\ a_{22} \\ \vdots \\ a_{n2} \end{pmatrix}, \ldots, \boldsymbol{a}_n = \begin{pmatrix} a_{1n} \\ a_{2n} \\ \vdots \\ a_{nn} \end{pmatrix}$$

とおく．A はこれらの列ベクトルを並べたものと思うことができる．

$$A = (\boldsymbol{a}_1 \ \boldsymbol{a}_2 \ \ldots \ \boldsymbol{a}_n)$$

と表示し，これを A の**列ベクトル表示**という．

*2 補題 2.2 の証明参照

定義 4.5 $A=(a_{ij})\in \mathrm{M}_{m,n}\mathbb{R}$ に対し a_{ji} を (i,j) 成分にもつ (n,m) 型行列を A の**転置行列**といい ${}^tA$ で表す[*3].

転置行列を使うと $\boldsymbol{p},\boldsymbol{q}\in\mathbb{R}^n=\mathrm{M}_{n,1}\mathbb{R}$ の内積は

$$(\boldsymbol{p}|\boldsymbol{q})={}^t\boldsymbol{p}\boldsymbol{q} \tag{4.3}$$

と表せることを注意しておこう[*4].

定義 3.2 を次のように一般化しておこう.

定義 4.6 $A\in\mathrm{M}_n\mathbb{R}$ が ${}^tA=-A$ をみたすとき**交代行列**, ${}^tA=A$ をみたすとき**対称行列**という.

1.6 節で定めた 1 次変換の概念も $\mathbb{R}^n$ に一般化される.

定義 4.7 $A\in\mathrm{M}_n\mathbb{R}$ を用いて定まる $\mathbb{R}^n$ の変換

$$f_A:\mathbb{R}^n\to\mathbb{R}^n,\ f_A(\boldsymbol{p})=A\boldsymbol{p}$$

を A の定める **1 次変換**という.

第 1 章で 2 次行列 A に対し，その行列式 $|A|=\det A$ を定義した．$n\geq 3$ でも $A\in\mathrm{M}_n\mathbb{R}$ の行列式 $\det A$ が定義される.

定理 4.2 $\mathbb{R}^n$ 上の n 変数函数 $F(\boldsymbol{x}_1,\boldsymbol{x}_2,\ldots,\boldsymbol{x}_n)$, すなわち順序のついた n 本のベクトルのなす組 $\{\boldsymbol{x}_1,\boldsymbol{x}_2,\ldots,\boldsymbol{x}_n\}$ に実数を対応させる函数 F

$$\{\boldsymbol{x}_1,\boldsymbol{x}_2,\ldots,\boldsymbol{x}_n\}\longmapsto F(\boldsymbol{x}_1,\boldsymbol{x}_2,\ldots,\boldsymbol{x}_n)$$

で以下の条件をみたすものが唯ひとつ存在する.

---

*3 定義 1.5 参照.

*4 命題 1.3 参照

(1) **(多重線型性)**：F は**多重線型**．すなわち各 i について

$$F(\boldsymbol{x}_1, \boldsymbol{x}_2, \ldots, \boldsymbol{x}_i + \boldsymbol{y}, \ldots, \boldsymbol{x}_n) = F(\boldsymbol{x}_1, \boldsymbol{x}_2, \ldots, \boldsymbol{x}_i, \ldots, \boldsymbol{x}_n) + F(\boldsymbol{x}_1, \boldsymbol{x}_2, \ldots, \boldsymbol{y}, \ldots, \boldsymbol{x}_n)$$

かつ

$$F(\boldsymbol{x}_1, \boldsymbol{x}_2, \ldots, c\boldsymbol{x}_i, \ldots, \boldsymbol{x}_n) = cF(\boldsymbol{x}_1, \boldsymbol{x}_2, \ldots, \boldsymbol{x}_i, \ldots, \boldsymbol{x}_n).$$

(2) **(交代性)**：変数のベクトルの入れ替えをすると符号が変わる．たとえば

$$F(\boldsymbol{x}_1, \boldsymbol{x}_2, \ldots, \boldsymbol{x}_n) = -F(\boldsymbol{x}_2, \boldsymbol{x}_1, \ldots, \boldsymbol{x}_n).$$

(3) $F(\boldsymbol{e}_1, \boldsymbol{e}_2, \ldots, \boldsymbol{e}_n) = 1$.

この F を**行列式函数**とよび det で表す．

定理 4.2 の証明は線型代数の教科書（たとえば，松坂 [37, 定理 5.1]）を参照してほしい．

行列 $A = (\boldsymbol{a}_1\ \boldsymbol{a}_2\ \ldots\ \boldsymbol{a}_n) \in \mathrm{M}_n\mathbb{R}$ に対し

$$\det A = \det(\boldsymbol{a}_1, \boldsymbol{a}_2, \ldots, \boldsymbol{a}_n)$$

と定め A の**行列式**とよぶ．$\det A$ は $|A|$ とも書く．また行列の列ベクトル表示 $A = (\boldsymbol{a}_1\ \boldsymbol{a}_2\ \ldots\ \boldsymbol{a}_n)$ と記法をあわせるため $\det A = \det(\boldsymbol{a}_1\ \boldsymbol{a}_2\ \ldots\ \boldsymbol{a}_n)$ とも表記する．

とくに $A = (\boldsymbol{a}_1\ \boldsymbol{a}_2\ \ldots\ \boldsymbol{a}_n)$ の内に同じベクトルが含まれていれば $\det A = 0$ となることに注意しよう．

定理 4.2 で述べた性質で行列式函数は決まってしまう．$n = 2$ のときに確かめてみよう．F を交代性をもつ多重線型な函数としよう[*5]．$A = (a_{ij}) = (\boldsymbol{a}_1\ \boldsymbol{a}_2) \in \mathrm{M}_2\mathbb{R}$ に対し

[*5] $n = 2$ のときは**双線型**ともよぶ．

$$\begin{aligned} F(A) =& \ F(a_{11}\boldsymbol{e}_1 + a_{21}\boldsymbol{e}_2, a_{12}\boldsymbol{e}_1 + a_{22}\boldsymbol{e}_2) \\ =& \ a_{11}a_{12}F(\boldsymbol{e}_1, \boldsymbol{e}_1) + a_{11}a_{22}F(\boldsymbol{e}_1, \boldsymbol{e}_2) \\ & + a_{21}a_{12}F(\boldsymbol{e}_2, \boldsymbol{e}_1) + a_{21}a_{22}F(\boldsymbol{e}_2, \boldsymbol{e}_2) \\ =& \ (a_{11}a_{22} - a_{12}a_{21})\, F(\boldsymbol{e}_1, \boldsymbol{e}_2) \\ =& \ \det A \cdot F(\boldsymbol{e}_1, \boldsymbol{e}_2). \end{aligned}$$

したがって $F(\boldsymbol{e}_1, \boldsymbol{e}_2) = 1$ ならば $F(A) = \det A$ である．

問題 4.2 $A = (a_{ij}) \in \mathrm{M}_3\mathbb{R}$ に対し

$$\begin{aligned} \det A =& \ a_{11}a_{22}a_{33} + a_{12}a_{23}a_{31} + a_{13}a_{21}a_{32} \\ & - a_{11}a_{23}a_{32} - a_{12}a_{21}a_{33} - a_{13}a_{22}a_{31} \end{aligned}$$

であることを確かめよ．

実際に行列式を計算するときは次の記法がよく使われる（し便利である）．

$$\det A = \begin{vmatrix} a_{11} & a_{12} & \dots & a_{1n} \\ a_{21} & a_{22} & \dots & a_{2n} \\ \vdots & \vdots & \ddots & \vdots \\ a_{m1} & a_{m2} & \dots & a_{mn} \end{vmatrix}.$$

この記法を使って

$$\begin{vmatrix} a_{11} & a_{12} \\ a_{21} & a_{22} \end{vmatrix} = a_{11}a_{22} - a_{12}a_{22}$$

と計算する．たとえば

$$\begin{vmatrix} 1 & a_{12} \\ 0 & a_{22} \end{vmatrix} = a_{22}, \quad \begin{vmatrix} 0 & a_{12} \\ 1 & a_{22} \end{vmatrix} = -a_{12}.$$

ここで $A = (a_{ij}) \in \mathrm{M}_2\mathbb{R}$ を列ベクトル表示してやると

$$\begin{aligned} \det A = \det(\boldsymbol{a}_1, \boldsymbol{a}_2) &= \det(a_{11}\boldsymbol{e}_1 + a_{21}\boldsymbol{e}_2, \boldsymbol{a}_2) \\ &= a_{11}\det(\boldsymbol{e}_1, \boldsymbol{a}_2) + a_{21}\det(\boldsymbol{e}_2, \boldsymbol{a}_2) \end{aligned}$$

と計算できるので

$$\begin{vmatrix} a_{11} & a_{12} \\ a_{21} & a_{22} \end{vmatrix} = a_{11}\begin{vmatrix} 1 & a_{12} \\ 0 & a_{22} \end{vmatrix} + a_{21}\begin{vmatrix} 0 & a_{12} \\ 1 & a_{22} \end{vmatrix} = a_{11}a_{22} + (-1)a_{21}a_{12}$$

という等式が得られる．同様に

$$\begin{vmatrix} a_{11} & a_{12} \\ a_{21} & a_{22} \end{vmatrix} = a_{12}\begin{vmatrix} a_{11} & 1 \\ a_{21} & 0 \end{vmatrix} + a_{22}\begin{vmatrix} a_{11} & 0 \\ a_{21} & 1 \end{vmatrix} = (-1)a_{21}a_{12} + a_{11}a_{22}$$

を得る．

3 次行列でもまねをしてみよう．まず次の問いから．

問題 4.3 次の式を確かめよ．

$$\begin{vmatrix} 1 & a_{12} & a_{13} \\ 0 & a_{22} & a_{23} \\ 0 & a_{32} & a_{33} \end{vmatrix} = \begin{vmatrix} a_{22} & a_{23} \\ a_{32} & a_{33} \end{vmatrix},$$

$$\begin{vmatrix} 0 & a_{12} & a_{13} \\ 1 & a_{22} & a_{23} \\ 0 & a_{32} & a_{33} \end{vmatrix} = -\begin{vmatrix} a_{12} & a_{13} \\ a_{32} & a_{33} \end{vmatrix},$$

$$\begin{vmatrix} 0 & a_{12} & a_{13} \\ 0 & a_{22} & a_{23} \\ 1 & a_{32} & a_{33} \end{vmatrix} = \begin{vmatrix} a_{12} & a_{13} \\ a_{22} & a_{23} \end{vmatrix}.$$

この結果を使うと

$$\det A = a_{11}\begin{vmatrix} a_{22} & a_{23} \\ a_{32} & a_{33} \end{vmatrix} - a_{21} + \begin{vmatrix} a_{12} & a_{13} \\ a_{32} & a_{33} \end{vmatrix} + a_{31}\begin{vmatrix} a_{12} & a_{13} \\ a_{22} & a_{23} \end{vmatrix}$$

という計算公式が得られた．いまは第 1 列目に着目してこの公式を作ったが第 2 列目や第 3 列目に着目した公式を作れることに気づいたと思う．

そこで $A = (a_{ij}) \in \mathrm{M}_n\mathbb{R}$ の第 k 行と第 ℓ 列を除いてできる $(n-1)$ 次行列の行列式を $\varDelta_{k\ell}$ で表し A の (k,ℓ) **小行列式**とよぶ．A の (k,ℓ) 小行列式であることを強調するときは $\varDelta_{k\ell}(A)$ と書く．

註 4.2 (主座小行列式) 行列 $X = (x_{ij}) \in \mathrm{M}_n\mathbb{C}$ に対し左上の k 行 k 列からなる k 次正方行列を X の k 次主座小行列とよぶ．k 次主座小行列の行列式を $\tau_i(X)$ で表し X の k 次**主座小行列式**（principal k-minor）とよぶ．

$n=2$ のときの行列式の計算結果を小行列式を使って書き換えてみよう．

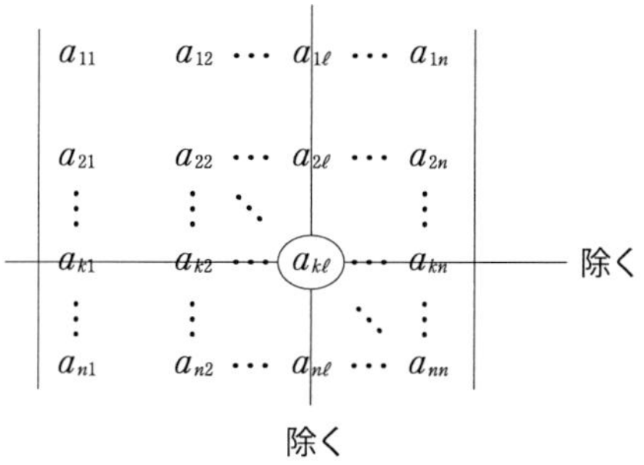

図 4.1 小行列式 $\Delta_{k\ell}$

$$
\begin{aligned}
|A| &= (-1)^{1+1}a_{11}\Delta_{11} + (-1)^{2+1}a_{21}\Delta_{21} = \sum_{i=1}^{2}(-1)^{i+1}a_{i1}\Delta_{i1} \\
&= (-1)^{1+2}a_{12}\Delta_{21} + (-1)^{2+2}a_{22}\Delta_{22} = \sum_{i=1}^{2}(-1)^{i+2}a_{i2}\Delta_{i2}
\end{aligned}
$$

が成立している．$n=3$ のときは

$$
\begin{aligned}
|A| &= (-1)^{1+1}a_{11}\Delta_{11} + (-1)^{2+1}a_{21}\Delta_{21} + (-1)^{3+1}a_{31}\Delta_{31} \\
&= (-1)^{1+2}a_{12}\Delta_{21} + (-1)^{2+2}a_{22}\Delta_{22} + (-1)^{3+2}a_{32}\Delta_{32} \\
&= (-1)^{1+3}a_{13}\Delta_{13} + (-1)^{2+3}a_{23}\Delta_{23} + (-1)^{3+3}a_{33}\Delta_{33}.
\end{aligned}
$$

が成立している．これらの計算を見直せば $n \geq 4$ のときでも同様に実行できることに気づくはず（きちんとした証明は線型代数学の教科書を参照のこと）．

命題 4.1 $A=(a_{ij}) \in \mathrm{M}_n\mathbb{R}$ の行列式は各 j に対し

$$
\det A = \sum_{i=1}^{n}(-1)^{i+j}a_{ij}\Delta_{ij}, \quad j=1,2,\ldots,n \tag{4.4}
$$

で計算できる．この右辺を $\det A$ の**第 j 列に関する展開**という．

$n=2$ のときの行列式を与える式 $\det(a_{ij}) = a_{11}a_{22} - a_{12}a_{21}$ と $n=3$ のときの式（問 4.2）から $\det({}^tA) = \det A$ が成り立つことが予想できる．実際こ

の予想は正しく，次の公式を証明できる．

$$\det({}^tA) = \det A. \tag{4.5}$$

この公式から行列式の行に関する展開が導かれる．

命題 4.2 $A = (a_{ij}) \in \mathrm{M}_n\mathbb{R}$ の行列式は各 i に対し

$$\det A = \sum_{j=1}^{n} (-1)^{i+j} a_{ij} \Delta_{ij}, \quad i = 1, 2, \ldots, n \tag{4.6}$$

で計算できる．この右辺を $\det A$ の**第 i 行に関する展開**という．

問題 4.4 $A \in \mathrm{M}_n\mathbb{R}$ を交代行列とする $(n > 1)$．n が奇数ならば $\det A = 0$ であることを示せ．

問題 4.5 $A = (a_{ij}) \in \mathrm{M}_4\mathbb{R}$ を交代行列とする．$\det A = (a_{12}a_{34} - a_{13}a_{24} + a_{14}a_{23})^2$ であることを確かめよ．

$n \geq 4$ でも通用する行列式の表示公式があると便利である．そのような公式を与えるには置換に関する知識が必要である．置換について学んでいる読者のために表示公式を与えておこう．

定理 4.3 n 文字の置換全体のなす群を $\mathfrak{S}_n$ で表す（$\mathfrak{S}$ は S のドイツ文字）．$A = (a_{ij}) \in \mathrm{M}_n\mathbb{R}$ に対し，その行列式 $\det A$ は

$$\det A = \sum_{\sigma \in \mathfrak{S}_n} \mathrm{sgn}(\sigma)\, a_{1\sigma(1)} a_{2\sigma(2)} \cdots a_{n\sigma(n)} \tag{4.7}$$

と表示できる．この式で $\mathrm{sgn}(\sigma)$ は σ の**符号**（signature）を表す．

註 4.3 この本では det を定理 4.2 で定まる函数として定義し，そこから証明される表示式として (4.7) を紹介したが，逆に (4.7) を det の定義として定理 4.2 を証明することもできる．線型代数の教科書では逆に (4.7) を det の定義として採用しているものが多いことを注意しておく．

行列式の基本的な性質として次が挙げられる．

定理 4.4 $\det(AB) = \det A \ \det B$. とくに $A \in \mathrm{M}_n\mathbb{R}$ が正則であるための必要十分条件は $\det A \neq 0$ である.

この定理の応用を述べよう. n 次の正方行列で正則なものをすべて集めてできる集合を $\mathrm{GL}_n\mathbb{R}$ とすると, 次がわかる.

命題 4.3 $\mathrm{GL}_n\mathbb{R}$ は行列の積に関し群をなす. この群を n 次**実一般線型群** (real general linear group) とよぶ.

上の定理より実一般線型群は

$$\mathrm{GL}_n\mathbb{R} = \{A \in \mathrm{M}_n\mathbb{R} \mid \det A \neq 0\} \tag{4.8}$$

と表せることがわかる.

$A \in \mathrm{GL}_n\mathbb{R}$ に対し $\det(A^{-1}) = 1/\det A$ であることに注意.

問題 4.6 $A \in \mathrm{M}_2\mathbb{R}$ に対し

$$A^2 - (\mathrm{tr}\, A)A + (\det A)E = O \tag{4.9}$$

が成立することを確かめよ. この等式を**ハミルトン-ケーリーの公式** (Hamilton-Cayley formula) とよぶ.

4.2　部分群

$*$ を演算にもつ群 G の部分集合 $H \subset G$ を考える. もし H が $*$ について群になっているとき, H は G の**部分群**であるという.

命題 4.4 部分集合 $H \subset G$ が部分群であるための必要十分条件は

- H は G の単位元 e を含む.
- $a, b \in H$ ならば $ab \in H$.
- $a \in H$ ならば $a^{-1} \in H$.

註 4.4 部分群であるための条件 "$a,\ b \in H \Longrightarrow ab \in H$" は "$H$ は**積について閉じている**" と言い表される．一方，"$a \in H \Longrightarrow a^{-1} \in H$" は H は**反転について閉じている**" と言い表される．G 上の変換 $\mathsf{S} : G \to G$ を $\mathsf{S}(a) = a^{-1}$ で定め G の**反転写像** (inversion) とよぶ．

部分群の例をみておこう．

例 4.1 (特殊線型群)

$$\mathrm{GL}_n^+\mathbb{R} = \{A \in \mathrm{M}_n\mathbb{R} \mid \det A > 0\} \tag{4.10}$$

は $\mathrm{GL}_n\mathbb{R}$ の部分群であることを示そう．単位行列 $E = E_n$ の行列式は 1 であるから $E \in \mathrm{GL}_n^+\mathbb{R}$. $A,\ B \in \mathrm{GL}_n^+\mathbb{R}$ に対し $\det(AB) = \det A\ \det B > 0$. $\det(A^{-1}) = 1/\det A > 0$ より $AB \in \mathrm{GL}_n^+\mathbb{R}$ かつ $A^{-1} \in \mathrm{GL}_n^+\mathbb{R}$. とくに

$$\mathrm{SL}_n\mathbb{R} = \{A \in \mathrm{M}_n\mathbb{R} \mid \det A = 1\} \tag{4.11}$$

も $\mathrm{GL}_n\mathbb{R}$ の部分群である．$\mathrm{SL}_n\mathbb{R}$ は $\mathrm{GL}_n^+\mathbb{R}$ の部分群でもある．まず $E \in \mathrm{SL}_n\mathbb{R}$ である．$A,\ B \in \mathrm{SL}_n\mathbb{R}$ ならば $\det(AB) = \det A\ \det B = 1$ なので $AB \in \mathrm{SL}_n\mathbb{R}$. $\det(A^{-1}) = 1/\det A = 1$ より $A^{-1} \in \mathrm{SL}_n\mathbb{R}$.　$\mathrm{SL}_n\mathbb{R}$ を n 次**実特殊線型群** (special linear group) という．

問題 4.7 群準同型写像 $f : (G, *) \to (G', \star)$ に対し

$$\mathrm{Ker}\, f = \{a \in G \mid f(a) = \mathsf{e}'\} \tag{4.12}$$

は G の部分群であることを確かめよ．ただし e' は G' の単位元を表す．$\mathrm{Ker}\, f$ を f の**核** (kernel) という．

0 でない実数全体に掛け算 $\times$ を指定して得られる群を $\mathbb{R}^\times$ で表す (**実数の乗法群**，$\mathrm{GL}_1\mathbb{R} = \mathbb{R}^\times$ であることに注意)．このとき $\det : \mathrm{GL}_n\mathbb{R} \to \mathbb{R}^\times$ は群準同型写像であり，その核は $\mathrm{SL}_n\mathbb{R}$ である．

問題 4.8 群準同型写像 $f : (G, *) \to (G', \star)$ に対し f の**像** (image)

$$f(G) = \{f(a) \in G \mid a \in G\} \tag{4.13}$$

は G' の部分群であることを確かめよ[*6]．

[*6] 群論の教科書では f の像は $\mathrm{Im}\, f$ という記号で表されることが多い．

【用語】　群論に関する（やや専門的な）用語を説明しておこう．

(1) 群 G とその部分群 H を用いて $g \in G$ に対し $gH = \{gh \mid h \in H\}$ とおき g の H に関する**左剰余類**とよぶ．左剰余類の全体を G/H で表し G の**左剰余類集合**とよぶ[*7]．

(2) 群 G の部分群 H と $g \in G$ に対し $gHg^{-1} = \{ghg^{-1} \mid h \in H\}$ とおく．すべての $g \in G$ に対し $gHg^{-1} = H$ であるとき H を**正規部分群**という．H が正規部分群のとき，

$$(g_1H)(g_2H) = (g_1g_2)H$$

で G/H の演算が定まり G/H は群をなす．この群を G の H による**剰余群**とよぶ．

(3) ふたつの部分群 H_1 と H_2 の間に

$$H_2 = gH_1g^{-1}$$

と表せる $g \in G$ が存在するとき H_1 と H_2 は互いに**共軛**であるという．正規部分群は自分と共軛な部分群は自分だけという部分群として特徴づけられる．

(4) 部分群 $Z(G) = \{a \in G \mid \text{すべての } x \in G \text{ に対し } a * x = x * a\}$ を G の**中心** (center) という．

問題 4.9 群 G の元 a, b に対し $aba^{-1}b^{-1}$ を a と b の**交換子**（commutator）とよぶ．G が可換なら a, b の交換子はつねに単位元 e である．G のすべての交換子全体の集合から生成される G の部分群 $D(G)$ を G の**交換子群**という．$D(G)$ は G の正規部分群であることを示せ．$G/D(G)$ は可換群になる．

問題 4.10 群準同型写像 $f : G \to G'$ に対し，次を証明せよ．

(1) 核 $\mathrm{Ker}\, f$ は G の正規部分群である．

(2) $G/\mathrm{Ker}\, f$ は $f(G)$ と同型である．この事実を群の**準同型定理**という．

たとえば $\mathrm{SL}_n\mathbb{R}$ は $\mathrm{GL}_n\mathbb{R}$ の正規部分群であり $\mathrm{GL}_n\mathbb{R}/\mathrm{SL}_n\mathbb{R} \cong \mathbb{R}^\times$ が成立する．

4.3　閉部分群

$H \subset \mathrm{GL}_n\mathbb{R}$ が部分群であるには H が**積について閉じている**こと（$AB \in H$），**反転について閉じていること**，すなわち逆行列も H に含まれていることが

[*7] [2, 附録] 参照．本によっては右剰余類とよばれている．

要請された．ここでさらに，**極限について閉じている**ことを要請しよう．まず行列の列の極限を定義する．i, j は 1 から n までの番号とし，$k = 1, 2, \ldots$ とする．数列 $\{x_{ij}^{(k)}\}$ を並べてできる行列 $X_k = (x_{ij}^{(k)})$ を考える．ただし $\{x_{ij}^{(k)}\}$ は $X_k \in H$ となるよう選ぶ．これは行列の列

$$X_1, X_2, \ldots, X_k, \ldots$$

を定めている．各 i, j ごとに極限 $\lim_{k \to \infty} x_{ij}^{(k)}$ を考える．もしこの極限がすべての i, j に対し存在するとき行列の列 $\{X_k\}$ は**収束する**といい

$$\lim_{k \to \infty} X_k = \left(\lim_{k \to \infty} x_{ij}^{(k)} \right)$$

をその**極限**という．

定義 4.8 $H \subset \mathrm{GL}_n\mathbb{R}$ を部分群とする．H に含まれる収束する行列の列 $\{X_k\} \subset H$ に対しその極限が必ず H に含まれるとき H を $\mathrm{GL}_n\mathbb{R}$ の**閉部分群**という．

極限について次の命題が成立する．

命題 4.5 行列の列 $\{X_k\}$, $\{Y_k\} \subset \mathrm{M}_n\mathbb{R}$ がそれぞれ $X = (x_{ij})$, $Y = (y_{ij})$ に収束するならば

$$\lim_{k \to \infty} (X_k + Y_k) = X + Y, \quad \lim_{k \to \infty} (X_k - Y_k) = X - Y,$$
$$\lim_{k \to \infty} (X_k Y_k) = XY.$$

【証明】 $\lim_{k \to \infty} x_{ij}^{(k)} = x_{ij}$, $\lim_{k \to \infty} y_{ij}^{(k)} = y_{ij}$ より $X_k + Y_k$ の (i, j) 成分の極限は

$$\lim_{k \to \infty} (x_{ij}^{(k)} + y_{ij}^{(k)}) = x_{ij} + y_{ij}$$

であるから $\lim_{k \to \infty} (X_k + Y_k) = X + Y$．同様に $\lim_{k \to \infty} (X_k - Y_k) = X - Y$．

次に $X_k Y_k$ の (i, j) 成分の極限は

$$\lim_{k \to \infty} (X_k Y_k)_{ij} = \lim_{k \to \infty} \left(\sum_{l=1}^{n} x_{il}^{(k)} y_{lj}^{(k)} \right) = \sum_{l=1}^{n} x_{il} y_{lj} = (XY)_{ij}$$

より $\lim_{k\to\infty}(X_kY_k) = XY$. ■

行列式函数 $\det : \mathrm{M}_n\mathbb{R} \to \mathbb{R}$ は次の性質をもつ.

定理 4.5 任意の収束する列 $\{X_k\} \subset \mathrm{M}_n\mathbb{R}$ に対し

$$\lim_{k\to\infty} \det X_k = \det\left(\lim_{k\to\infty} X_k\right).$$

この事実を det は $\mathrm{M}_n\mathbb{R}$ 上の**連続函数**であると言い表す[*8].

【証明】 $n = 2$ のときに確かめておく. 一般の n については (4.7) を使えばよい.

$$\begin{aligned}\lim_{k\to\infty} \det X_k &= \lim_{k\to\infty}(x_{11}^{(k)}x_{22}^{(k)} - x_{12}^{(k)}x_{21}^{(k)}) = x_{11}x_{22} - x_{12}x_{21} \\ &= \det X = \det(\lim_{k\to\infty} X_k).\end{aligned}$$

■

$\{X_k\} \subset \mathrm{SL}_n\mathbb{R}$ としよう. 定義から $\det X_k = 1$ である. det は $\mathrm{M}_n\mathbb{R}$ 上の連続函数であるから

$$\det(\lim_{k\to\infty} X_k) = \lim_{k\to\infty} \det\ X_k = \lim_{k\to\infty}(1) = 1$$

より $\lim_{k\to\infty} X_k \in \mathrm{SL}_n\mathbb{R}$. したがって $\mathrm{SL}_n\mathbb{R}$ は $\mathrm{GL}_n\mathbb{R}$ の閉部分群.

4.4 行列間の距離

数列 $\{a_k\} \subset \mathbb{R}$ が $a \in \mathbb{R}$ に収束するとは

$$\lim_{k\to\infty} a_k = a \iff \lim_{k\to\infty} |a_k - a| = 0$$

をみたすことであった. この言い換えに着目しよう.

---

*8 定義 4.15 参照.

数空間 $\mathbb{R}^n$ 内の 2 点の（順序のついた組）$\{\mathrm{P}, \mathrm{Q}\}$ に距離 $\mathrm{d}(\mathrm{P}, \mathrm{Q})$ を対応させることで $\mathbb{R}^n$ 上の 2 変数函数

$$\mathrm{d} : \mathbb{R}^n \times \mathbb{R}^n \to \mathbb{R}$$

が定まる．この函数 d を $\mathbb{R}^n$ の**自然な距離函数**とか**ユークリッド距離函数**とよぶ．次元 n を明記したいときは d を $\mathrm{d}_{\mathbb{R}^n}$ と表記する．

ユークリッド距離函数 d は次の性質をもつ（証明については，位相空間論の教科書を参照．拙著 [2, p. 11] にもある）．

命題 4.6　$\mathrm{P}, \mathrm{Q}, \mathrm{R} \in \mathbb{R}^n$ に対し

(i) $\mathrm{d}(\mathrm{P}, \mathrm{Q}) \geq 0$. とくに $\mathrm{d}(\mathrm{P}, \mathrm{Q}) = 0 \iff \mathrm{P} = \mathrm{Q}$,
(ii) $\mathrm{d}(\mathrm{P}, \mathrm{Q}) = \mathrm{d}(\mathrm{Q}, \mathrm{P})$,
(iii)（**三角不等式**）$\mathrm{d}(\mathrm{P}, \mathrm{R}) \leq \mathrm{d}(\mathrm{P}, \mathrm{Q}) + \mathrm{d}(\mathrm{Q}, \mathrm{R})$.

$\mathbb{R}^n$ 内の点の列（**点列**）

$$\mathrm{X}_1, \mathrm{X}_2, \ldots, \mathrm{X}_k, \ldots$$

を考える．各 X_k の位置ベクトルを $\boldsymbol{x}_k = \overrightarrow{\mathrm{OX}_k}$ で表す．点列 $\{\mathrm{X}_k\}$ とベクトルの列 $\{\boldsymbol{x}_k\}$ の区別をしているとかえって煩雑なので $\{\boldsymbol{x}_k\}$ のことも点列とよんでしまうことにする．

$$\boldsymbol{x}_k = (x_1^{(k)}, x_2^{(k)}, \ldots, x_n^{(k)})$$

と表そう．このとき点列 $\{\boldsymbol{x}_k\}$ が $\boldsymbol{x} = (x_1, x_2, \ldots, x_n)$ に**収束する**とは

$$\lim_{k\to\infty} x_i^{(k)} = x_i, \quad i = 1, 2, \ldots, n$$

が成り立つことであるが，ベクトルの長さ $\|\cdot\|$ と距離函数を使うと

$$\lim_{k\to\infty} \boldsymbol{x}_k = \boldsymbol{x} \iff \lim_{k\to\infty} \|\boldsymbol{x}_k - \boldsymbol{x}\| = 0 \iff \lim_{k\to\infty} \mathrm{d}(\boldsymbol{x}_k, \boldsymbol{x}) = 0$$

と言い換えられる．

行列の列の極限を扱うために $\mathrm{M}_n\mathbb{R}$ に距離を定義しておこう．

定義 4.9 $X=(x_{ij})\in \mathrm{M}_n\mathbb{R}$ に対し

$$\|X\|=\sqrt{\sum_{i,j=1}^{n}(x_{ij})^2}$$

と定め X の***ノルム***(norm)とよぶ．次数 n をはっきりさせたいときは $\|X\|_{\mathrm{M}_n\mathbb{R}}$ と表記する．

問題 4.11 $X, Y\in \mathrm{M}_n\mathbb{R}$, $c\in\mathbb{R}$ とする．以下を確かめよ．
(1) $\|X\|=0 \iff X=O$,
(2) $\|cX\|=|c|\,\|X\|$,
(3) $\|X+Y\|\leq\|X\|+\|Y\|$,
(4) $\|XY\|\leq\|X\|\,\|Y\|$.

行列 $X=(x_{ij})\in \mathrm{M}_n\mathbb{R}$ に対し $\mathrm{tr}\,X=\sum_{k=1}^{n}x_{kk}$ と定め X の固有和と定めたことを思い出そう．固有和を使うと

$$\|X\|=\sqrt{\mathrm{tr}({}^tXX)} \tag{4.14}$$

と表せる．2 つの行列 $X=(x_{ij})$, $Y=(y_{ij})\in \mathrm{M}_n\mathbb{R}$ に対し

$$\mathrm{d}(X,Y)=\|X-Y\| \tag{4.15}$$

と定め，X と Y の**距離**という．次数 n を明記したいときは $\mathrm{d}_{\mathrm{M}_n\mathbb{R}}$ と表記する．ノルムの性質から

(1) $\mathrm{d}(X,Y)\geq 0$. とくに $\mathrm{d}(X,Y)=0\iff X=Y$.
(2) $\mathrm{d}(X,Y)=\mathrm{d}(Y,X)$.
(3) （三角不等式） $\mathrm{d}(X,Y)+\mathrm{d}(Y,Z)\geq \mathrm{d}(X,Z)$.

が得られる．

さてここで，ちょっとだけ**抽象化**を行っておく．**抽象化は，異なるものの間に潜んでいる共通性に着目して議論の透明化を図るために行う**のである．命題 4.6 にあげられた d の性質に着目して，n 次元数空間 $\mathbb{R}^n$ や $\mathrm{M}_n\mathbb{R}$ を次のように一般化する．

定義 4.10 $\mathcal{X}$ を空でない集合，d を $\mathcal{X}$ 上の 2 変数函数とする．$\mathcal{X}$ 内の 3 点 p, q, r に対し

(i) $d(p,q) \geq 0$. とくに $d(p,q) = 0 \Longleftrightarrow p = q$,
(ii) $d(p,q) = d(q,p)$,
(iii) **（三角不等式）** $d(p,r) \leq d(p,q) + d(q,r)$

がみたされているとき d を $\mathcal{X}$ 上の**距離函数**とよぶ．また $\mathcal{X}$ に距離函数 d をひとつ指定したもの $(\mathcal{X}, d)$ を**距離空間**とよぶ．

当然だが $\mathbb{R}^n$ にユークリッド距離函数を指定したもの $(\mathbb{R}^n, \mathrm{d})$ や $\mathrm{M}_n\mathbb{R}$ に (4.15) で定まる距離函数を与えたもの $(\mathrm{M}_n\mathbb{R}, \mathrm{d})$ は距離空間である．距離空間の概念を導入する理由は（繰り返しになるけれども）$\mathbb{R}^n$ と $\mathrm{M}_n\mathbb{R}$ における「点列の収束性の議論」に**統一的視点を与えるため**である．

距離空間 $(\mathcal{X}, d)$ においては点の列（**点列**）の収束を次の要領で定義できる．

定義 4.11 点列 $\{p_k\} \subset (\mathcal{X}, d)$ と点 $p \in \mathcal{X}$ に対し $\lim_{k\to\infty} d(p_k, p) = 0$ であるとき $\{p_k\}$ は p に**収束する**という．

$(\mathbb{R}^n, \mathrm{d})$ と $(\mathrm{M}_n\mathbb{R}, \mathrm{d})$ の場合を統一的に述べることができていることを確認してほしい．

微分積分学で基本列（Cauchy 列）について学んだことがあるだろうか．基本列の概念も距離空間で意味をもつ．点列 $\{p_k\}$ が

$$\lim_{k,l\to\infty} d(p_k, p_l) = 0$$

をみたすとき**基本列**（Cauchy 列）という．

$\mathbb{R}^2$ の合同変換（定義 1.1）を距離空間の間の写像に対し一般化しておく．

定義 4.12 ふたつの距離空間の間の写像 $\phi : (\mathcal{X}, d) \to (\mathcal{Y}, d')$ で

(4.16)　　すべての $p, q \in \mathcal{X}$ に対し $d'(\phi(p), \phi(q)) = d(p,q)$

をみたすものを**等距離写像**（distance preserving map）とよぶ．

問題 4.12 ふたつの距離空間の間の写像 $\phi : (\mathcal{X}, d) \to (\mathcal{Y}, d')$ が条件 (4.16) をみたせば ϕ は**単射**（**1 対 1 写像**）であること，すなわち

$$\phi(p) = \phi(q) \Longrightarrow p = q$$

が成り立つことを確かめよ．

定義 4.13 距離空間の間の等距離写像 $\phi : (\mathcal{X}, d) \to (\mathcal{Y}, d')$ が**全射**（**上への写像**）であるとき，すなわち

$$\text{どの } q \in \mathcal{Y} \text{ についても } \phi(p) = q \text{ となる } p \in \mathcal{X} \text{ が必ず存在する}$$

とき ϕ を**等長写像**（isometry）とよぶ．等長写像が存在するとき $(\mathcal{X}, d)$ と $(\mathcal{Y}, d')$ は**等長的である**という．$(\mathcal{X}, d)$ と $(\mathcal{Y}, d')$ は**距離空間として同型である**とも言い表す．

註 4.5 (全単射) 単射かつ全射である写像を**全単射** (bijection) とよぶ．$\mathbb{R}^n$ から $\mathbb{R}^n$ への等距離写像（すなわち合同変換）は特別な性質をもつ．定理 2.1 および定理 6.3 で示されるように $f : \mathbb{R}^n \to \mathbb{R}^n$ が等距離ならば自動的に等長写像である．

閉部分群を定義する際に要請した「極限について閉じている」という性質に着目して次の定義を行う．

定義 4.14 距離空間 $(\mathcal{X}, d)$ の部分集合 $\mathcal{W}$ が次の条件をみたすとき $\mathcal{W}$ を $(\mathcal{X}, d)$ 内の**閉集合**（closed set）という．

> $\mathcal{W}$ に含まれる収束する点列 $\{p_k\}$ に対しその極限が必ず $\mathcal{W}$ に含まれる．

例 4.2 (1 点) 距離空間 $(\mathcal{X}, d)$ においてただ 1 点よりなる集合は閉集合である．

部分集合 $\mathcal{U} \subset \mathcal{X}$ に対し，その補集合

$$\mathcal{U}^c = \{\mathrm{P} \in \mathcal{X} \mid \mathrm{P} \notin \mathcal{U}\}$$

が閉集合であるとき，$\mathcal{U}$ は $(\mathcal{X}, d)$ 内の**開集合**（open set）であるという．

改めて連続函数を定義しよう．

定義 4.15 距離空間の間の写像 $f : (\mathcal{X}, d) \to (\mathcal{Y}, d')$ が次の条件をみたすとき $x \in \mathcal{X}$ において**連続**であるという.

> p に収束する任意の点列 $\{p_k\} \subset \mathcal{X}$ について
>
> $$\lim_{k\to\infty} f(p_k) = f(\lim_{k\to\infty} p_k) = f(p)$$
>
> が成り立つ.

すべての点 p において連続であるとき f は $\mathcal{X}$ において連続であるという. とくに $\mathcal{Y}$ が $\mathbb{R}$ のとき連続写像 f は**連続函数**とよばれる. $\mathcal{Y}$ が $\mathbb{C}$ のときは連続な**複素数値函数**という.

等距離写像 $\phi : (\mathcal{X}, d) \to (\mathcal{Y}, d')$ は連続写像であることを注意しておこう[*9].

問題 4.13 次のふたつの写像 f, $g : \mathrm{M}_n\mathbb{R} \to \mathrm{M}_n\mathbb{R}$ が連続であることを示せ.

(1) $f(X) = {}^tX$.

(2) $P \in \mathrm{GL}_n\mathbb{R}$ をひとつとり固定する. $g(X) = P^{-1}XP$.

連続函数に関する有用な定理を引用しておこう.

定理 4.6 数空間の間の連続写像 $f : \mathbb{R}^N \to \mathbb{R}^m$ において

$$R(f) = \{f(\mathrm{P}) \mid \mathrm{P} \in \mathbb{R}^N\} \subset \mathbb{R}^m$$

を f の**値域** (range) という. 値域 $R(f)$ から勝手に選んだ C に対し C の f による**逆像** (inverse image)

$$f^{-1}\{\mathrm{C}\} = \{\mathrm{P} \in \mathbb{R}^N \mid f(\mathrm{P}) = \mathrm{C}\}$$

は $\mathbb{R}^N$ 内の閉集合である.

長い準備をしてきたが, 改めて $\mathrm{M}_n\mathbb{R}$ を調べよう.

---

*9 $\lim_{k\to\infty} d'(f(p_k), f(p)) = \lim_{k\to\infty} d(p_k, p) = 0$ より.

補題 4.1 $\varphi_{n,\mathbb{R}} : \mathrm{M}_n\mathbb{R} \to \mathbb{R}^{n^2}$ を

$$\varphi_{n,\mathbb{R}}(X) = (x_{11}, x_{12}, \ldots, x_{nn}), \quad X = (x_{ij})$$

と定めると $\varphi_{n,\mathbb{R}}$ は $(\mathrm{M}_n\mathbb{R}, \mathrm{d})$ と $\mathbb{R}^{n^2}$ の間の等長写像.

したがって $\mathrm{M}_n\mathbb{R}$ で微分積分を行うときは $\mathrm{M}_n\mathbb{R}$ を $\mathbb{R}^{n^2}$ と思って実行すればよいのである.

註 4.6 この補題と $\mathbb{R}^{n^2}$ の完備性から次の事実が導かれる.

定理 4.7 ($\mathrm{M}_n\mathbb{R}$ の完備性) $\mathrm{M}_n\mathbb{R}$ 内の基本列はつねに収束する.

定理 4.6 を $\mathrm{M}_n\mathbb{R} = \mathbb{R}^{n^2}$ と $f = \det : \mathbb{R}^{n^2} \to \mathbb{R}$ に適用しよう. $\det^{-1}\{0\} = \{X \in \mathrm{M}_n\mathbb{R} \mid \det X = 0\}$ は $\mathrm{M}_n\mathbb{R}$ の閉集合. ということは補集合である $\mathrm{GL}_n\mathbb{R}$ は $\mathrm{M}_n\mathbb{R}$ の開集合である. $\mathrm{GL}_n\mathbb{R}$ 内の部分集合 $\mathcal{W}$ に対して次のように定義する.

定義 4.16 $\mathcal{W}$ に対し $\mathcal{W} = \mathrm{GL}_n\mathbb{R} \cap \mathcal{V}$ と表せる $\mathrm{M}_n\mathbb{R} = \mathbb{R}^{n^2}$ の閉集合 $\mathcal{V}$ が存在するとき $\mathcal{W}$ は $\mathrm{GL}_n\mathbb{R}$ における閉集合であるという.

註 4.7 (位相空間論を既に学んだ読者向けの注意) $\mathrm{GL}_n\mathbb{R}$ に $\mathrm{M}_n\mathbb{R}$ からの相対位相を入れ位相空間としている.

定義 4.16 にしたがうと次の言い換えが得られる.

定義 4.17 部分群 $H \subset \mathrm{GL}_n\mathbb{R}$ が $\mathrm{GL}_n\mathbb{R}$ における閉集合であるとき H を $\mathrm{GL}_n\mathbb{R}$ の閉部分群という.

特殊線型群 $\mathrm{SL}_n\mathbb{R}$ は $\det^{-1}\{1\}$ に他ならないから定理 4.6 からも閉部分群であることが証明される.

以上の準備のもと，線型リー群を定義する.

定義 4.18 $\mathrm{GL}_n\mathbb{R}$ の閉部分群を**線型リー群** (linear Lie group) とよぶ.

線型リー群はリー群のなかでも特別なものであるが，応用上有用な例は線型リー群であるので「特殊すぎないか」と心配することはない.

5 リー群論のための線型代数

前章で，線型リー群の定義に到達した．線型リー群の例として一般線型群 $\mathrm{GL}_n\mathbb{R}$ と特殊線型群 $\mathrm{SL}_n\mathbb{R}$ が登場した．

先走った説明になるが，リー群の性質を調べる上でリー環とよばれる対象を考察することが有効である．とくに単純リー環を調べる上では内積をもつ線型空間の理論が活躍する．ところが単純リー環を調べる上では内積の概念を一般化したスカラー積（または不定値内積）が用いられる．スカラー積をもつ線型空間（スカラー積空間）の取り扱いは内積をもつ線型空間と似ている点も多いが，**大きく異なる点もある**．そこでこの章ではスカラー積をもつ線型空間の取り扱いも丁寧に解説する．

5.1 線型空間

本章以降，線型空間の理論を本格的に活用するので，ここで簡単に復習をしておこう．未習の読者や不慣れな（または自信がない）読者はこの節の復習を読みながら線型代数学の教科書を併読するとよい．まずページの節約のため次の約束をしておこう．

記号の約束　$\mathbb{K}$ で実数の全体 $\mathbb{R}$ または複素数の全体 $\mathbb{C}$ のいずれかを表すとする．つまり，ある議論・説明において $\mathbb{K}$ と書いてあれば，$\mathbb{K}$ は $\mathbb{R}$ か $\mathbb{C}$ のどちらかを一貫して意味し途中で変えたりしない約束とする．実数の場合と複素数の場合を一度に纏（まと）めて説明するときに便利な約束である．また文字 i は番号に頻繁に用いられるため，虚数単位を（書体を変えて）i で表す．複素数 $z=x+y\mathrm{i}$ に対し $\bar{z}=x-y\mathrm{i}$ を z の**共轭（きょうやく）複素数**とよぶ．また複素数 $z=x+y\mathrm{i}$ に対し $|z|=\sqrt{z\bar{z}}$ を z の**大きさ**とか**絶対値**という．

5.1.1 線型空間の公理

定義 5.1 空でない集合 $\mathbb{V}$ が以下の条件（**線型空間の公理**）をみたすとき $\mathbb{V}$ は $\mathbb{K}$ 上の**線型空間**または**ベクトル空間**であるという．$\mathbb{K}$ 線型空間という言い方もする．

$\mathbb{K} = \mathbb{R}$ のとき**実線型空間**，$\mathbb{K} = \mathbb{C}$ のとき**複素線型空間**という．

(1) $\mathbb{V}$ の 2 つのベクトル $\vec{x}, \vec{y}$ に対しベクトル $\vec{x} + \vec{y}$ が唯一つ定まり次の法則をみたす．
 (a)（**結合法則**）$(\vec{x} + \vec{y}) + \vec{z} = \vec{x} + (\vec{y} + \vec{z})$,
 (b)（**交換法則**）$\vec{x} + \vec{y} = \vec{y} + \vec{x}$,
 (c) ある特別なベクトル $\vec{0}$ が存在し，全てのベクトル $\vec{x}$ に対し $\vec{0} + \vec{x} = \vec{x} + \vec{0} = \vec{x}$ をみたす．このベクトルを**零ベクトル**とよぶ．
 (d) どのベクトル $\vec{x} \in \mathbb{V}$ についても $\vec{x} + \vec{x}' = \vec{0}$ をみたす $\vec{x}'$ が必ず存在する．$\vec{x}'$ を $\vec{x}$ の**逆ベクトル**とよび $-\vec{x}$ で表す．

(2) ベクトル $\vec{x} \in \mathbb{V}$ と $a \in \mathbb{K}$ に対し $\vec{x}$ の a 倍とよばれるベクトル $a\vec{x}$ が定まり以下の法則に従う．
 (a) $(a + b)\vec{x} = a\vec{x} + b\vec{x}$,
 (b) $a(\vec{x} + \vec{y}) = a\vec{x} + a\vec{y}$,
 (c) $(ab)\vec{x} = a(b\vec{x})$,
 (d) $1\vec{x} = \vec{x}$.

ベクトルと対比させるときは $\mathbb{K}$ の元を**スカラー**（scalar）とよぶ．

註 5.1 線型空間の公理において $+$ にだけ着目すると $(\mathbb{V}, +)$ は可換群であることに注意．

問題 5.1 線型空間の公理から次の性質を導け．

$$0\vec{x} = \vec{0}, \quad (-1)\vec{x} = -\vec{x}.$$

数空間 $\mathbb{R}^n$ はもちろん実線型空間である．また $\mathbb{R}^n$ をまねて

$$\mathbb{C}^n = \{(z_1, z_2, \ldots, z_n) \mid z_1, z_2, \ldots, z_n \in \mathbb{C}\}$$

と定めるとこれは複素線型空間である．$\mathbb{C}^n$ を n 次元**複素数空間**とよぶ．

前の章で行列を考察したが，この章以降は**複素数を成分にもつ行列も考察対象とする**．複素数を成分にもつ (m,n) 型の行列全体を $\mathrm{M}_{m,n}\mathbb{C}$ で表す．固有和，行列式，逆行列なども実数成分の行列のときと同様に定義する．

$\vec{x}_1, \vec{x}_2, \ldots, \vec{x}_k \in \mathbb{V}$, $c_1, c_2, \ldots, c_k \in \mathbb{K}$ に対し $c_1\vec{x}_1 + c_2\vec{x}_2 + \cdots + c_k\vec{x}_k$ を $\vec{x}_1, \vec{x}_2, \ldots, \vec{x}_k$ の**線型結合**という．

$c_1, c_2, \ldots, c_k \in \mathbb{K}$ に対する方程式

$$c_1\vec{x}_1 + c_2\vec{x}_2 + \cdots + c_k\vec{x}_k = \vec{0}$$

の解が $(c_1, c_2, \ldots, c_k) = (0, 0, \ldots, 0)$ のみであるとき，ベクトルの組 $\{\vec{x}_1, \vec{x}_2, \ldots, \vec{x}_k\}$ は**線型独立**であるという．線型独立でないときは**線型従属**であるという．

5.1.2 基底と次元

いままで $\mathbb{R}^n$ を n 次元数空間とよんできたが，次元とはどういう意味か説明してこなかった．ここであらためて次元の定義を与えよう．

定義 5.2 線型空間 $\mathbb{V}$ に有限個のベクトルが存在し，$\mathbb{V}$ の任意のベクトルが，それら有限個のベクトルの線型結合で表されるとき，$\mathbb{V}$ は**有限次元**であるという．有限次元でないとき $\mathbb{V}$ は**無限次元**であるという．

定義 5.3 **有限次元**線型空間 $\mathbb{V}$ の有限個のベクトルの組 $\mathcal{E} = \{\vec{e}_1, \vec{e}_2, \ldots, \vec{e}_n\}$ が条件

(1) $\{\vec{e}_1, \vec{e}_2, \ldots, \vec{e}_n\}$ は線型独立，

(2) $\mathbb{V}$ の任意のベクトルは $\{\vec{e}_1, \vec{e}_2, \ldots, \vec{e}_n\}$ の線型結合で表せる

をみたすとき $\mathcal{E}$ を $\mathbb{V}$ の基底という．基底に含まれるベクトルの本数 n は基底に**共通の値**である．n を $\mathbb{V}$ の**次元**とよび $\dim \mathbb{V}$ で表す．

数空間 $\mathbb{R}^n$ においては基本ベクトル

$$
(5.1) \qquad \boldsymbol{e}_1 = \begin{pmatrix} 1 \\ 0 \\ 0 \\ \vdots \\ 0 \\ 0 \end{pmatrix}, \ \boldsymbol{e}_2 = \begin{pmatrix} 0 \\ 1 \\ 0 \\ \vdots \\ 0 \\ 0 \end{pmatrix}, \ldots, \boldsymbol{e}_n = \begin{pmatrix} 0 \\ 0 \\ 0 \\ \vdots \\ 0 \\ 1 \end{pmatrix}
$$

を番号順に並べた $\mathcal{E} = \{\boldsymbol{e}_1, \boldsymbol{e}_2, \ldots, \boldsymbol{e}_n\}$ が基底を与えるから $\mathbb{R}^n$ は n 次元実線型空間である．この基底を $\mathbb{R}^n$ の**標準基底**という．同様に $\mathbb{C}^n$ も $\mathcal{E} = \{\boldsymbol{e}_1, \boldsymbol{e}_2, \ldots, \boldsymbol{e}_n\}$ を基底にもつので n 次元複素線型空間である．

基底はベクトルを**並べる順序を区別する**ことを注意しておこう．たとえば $\mathbb{V} = \mathbb{R}^2$ において $\mathcal{E} = \{\boldsymbol{e}_1, \boldsymbol{e}_2\}$ と $\{\boldsymbol{e}_2, \boldsymbol{e}_1\}$ は別の基底と考える．その理由は基底を指定し座標系を定めることで理解できる[*1]．

定義 5.4 $\mathbb{V}$ を n 次元 $\mathbb{K}$ 線型空間とする．いま基底 $\mathcal{E} = \{\vec{e}_1, \vec{e}_2, \ldots, \vec{e}_n\}$ をひとつ選び固定する．各ベクトル $\vec{x}$ を $\vec{x} = x_1\vec{e}_1 + x_2\vec{e}_2 + \cdots + x_n\vec{e}_n$ と表示する．この表示を用いて写像 $\varphi_{\mathcal{E}} : \mathbb{V} \to \mathbb{K}^n$ を

$$
\varphi_{\mathcal{E}}(\vec{x}) = (x_1, x_2, \ldots, x_n)
$$

で定めることができる．$\varphi_{\mathcal{E}}(\vec{x}) = (x_1, x_2, \ldots, x_n)$ を $\vec{x}$ の基底 $\mathcal{E}$ に関する**座標** (coordinates) という．写像 $\varphi_{\mathcal{E}}$ を $\mathbb{V}$ の基底 $\mathcal{E}$ に関する**座標系** (coordinate system) という．

5.1.3 線型写像

$\mathbb{K}$ 線型空間 $\mathbb{V}_1$, $\mathbb{V}_2$ 間の写像 $f : \mathbb{V}_1 \to \mathbb{V}_2$ が

$$
f(a\vec{x} + b\vec{y}) = af(\vec{x}) + bf(\vec{y}), \quad a, b \in \mathbb{K}, \ \vec{x}, \vec{y} \in \mathbb{V}_1
$$

をみたすとき**線型写像**という．$\mathbb{V}_1 = \mathbb{V}_2$ のときは $\mathbb{V}_1$ 上の**線型変換**ともよぶ．

[*1] 小学校算数で $(1, 2)$ と $(2, 1)$ は違う点を表すと習ったときのことを思い出そう．

とくに線型写像でかつ全単射，すなわち単射かつ全射である線型写像 $f:\mathbb{V}_1\to\mathbb{V}_2$ を**線型同型写像**とよぶ．

$f:\mathbb{V}_1\to\mathbb{V}_2$ が線型同型であるとしよう．このとき逆写像 $f^{-1}:\mathbb{V}_2\to\mathbb{V}_1$ が確定する．f^{-1} も線型であることを示そう．まず $f^{-1}(\vec{x}+\vec{y})$ を計算する．$\vec{x}\,'=f^{-1}(\vec{x}), \vec{y}\,'=f^{-1}(\vec{y})$ とおくと f は線型だから

$$f(\vec{x}\,'+\vec{y}\,')=f(\vec{x}\,')+f(\vec{y}\,')=f(f^{-1}(\vec{x}))+f(f^{-1}(\vec{y}))=\vec{x}+\vec{y}.$$

この両辺に f^{-1} を施すと

$$f^{-1}(f(\vec{x}\,'+\vec{y}\,'))=f^{-1}(\vec{x}+\vec{y}).$$

この左辺は $f^{-1}(f(\vec{x}\,'+\vec{y}\,'))=\vec{x}\,'+\vec{y}\,'=f^{-1}(\vec{x})+f^{-1}(\vec{y})$ と計算されるので $f^{-1}(\vec{x}+\vec{y})=f^{-1}(\vec{x})+f^{-1}(\vec{y})$ を得る．

次に $a\in\mathbb{K}$ に対し

$$f(a\vec{x}\,')=af(\vec{x}\,')=af(f^{-1}(\vec{x}))=a\vec{x}$$

であるから，また両辺に f^{-1} を施すと

$$f^{-1}(f(a\vec{x}\,'))=f^{-1}(a\vec{x}).$$

この左辺は $f^{-1}(f(a\vec{x}\,'))=a\vec{x}\,'=af^{-1}(\vec{x})$ より $=f^{-1}(a\vec{x})=af^{-1}(\vec{x})$ を得る．したがって f^{-1} も線型である．

線型同型写像 $f:\mathbb{V}_1\to\mathbb{V}_2$ が存在するとき，$\mathbb{V}_1$ と $\mathbb{V}_2$ は**線型空間として同型**であるといい $\mathbb{V}_1\cong\mathbb{V}_2$ と記す．有限次元線型空間 $\mathbb{V}_1$ と $\mathbb{V}_2$ が同型であるための必要十分条件は $\dim\mathbb{V}_1=\dim\mathbb{V}_2$ である．とくに基底 $\mathcal{E}$ に関する座標系 $\varphi_{\mathcal{E}}:\mathbb{V}\to\mathbb{K}^n$ は線型同型写像である．

註 5.2 (全単射) 同じ次元である有限次元 $\mathbb{K}$ 線型空間の間の線型写像 $f:\mathbb{V}_1\to\mathbb{V}_2$ に対し f が単射であることと全射であることは同値である..

$\mathbb{K}$ 線型空間 $\mathbb{V}$ から $\mathbb{V}$ 自身への線型同型写像のことを**線型自己同型写像** (linear automorphism) という*2．文脈から線型であることがあきらかなとき

*2 **自己線型同型写像**という本もある．

は単に自己同型写像（automorphism）と略称する．$\mathbb{V}$ の線型自己同型写像の全体は合成に関し群をなすことを確かめてほしい．

基底をとることで線型写像を行列で表すことができる．$\mathbb{K}$ の元を並べてできる (m,n) 型行列の全体を $\mathrm{M}_{m,n}\mathbb{K}$ で表す．

定義 5.5 (表現行列) n 次元 $\mathbb{K}$ 線型空間 $\mathbb{V}_1$ と m 次元 $\mathbb{K}$ 線型空間 $\mathbb{V}_2$ において基底 $\mathcal{E}=\{\vec{e}_1,\vec{e}_2,\ldots,\vec{e}_n\}$ と $\mathcal{G}=\{\vec{g}_1,\vec{g}_2,\ldots,\vec{g}_m\}$ をとりそれぞれの座標系を $\varphi_{\mathcal{E}}$, $\varphi_{\mathcal{G}}$ とする．線型写像 $f:\mathbb{V}_1\to\mathbb{V}_2$ に対し $f(\vec{e}_j)$ を基底 $\mathcal{G}$ で

$$f(\vec{e}_j)=\sum_{i=1}^{m}a_{ij}\vec{g}_i$$

と表す．係数 $\{a_{ij}\}$ を並べてできる行列 $A=(a_{ij})\in\mathrm{M}_{n,m}\mathbb{K}$ を f の基底 $\mathcal{E}$, $\mathcal{G}$ に関する**表現行列**とよぶ．

$\vec{x}=\displaystyle\sum_{j=1}^{n}x_j\vec{e}_j\in\mathbb{V}_1$ に対し $\vec{y}=f(\vec{x})=\displaystyle\sum_{i=1}^{m}y_i\vec{g}_i$ とおく．さらに

$$\boldsymbol{x}=\begin{pmatrix}x_1\\x_2\\\vdots\\x_n\end{pmatrix}=\varphi_{\mathcal{E}}(\vec{x})\in\mathbb{R}^n,\quad \boldsymbol{y}=\begin{pmatrix}y_1\\y_2\\\vdots\\y_m\end{pmatrix}=\varphi_{\mathcal{G}}(\vec{y}\,)\in\mathbb{R}^m$$

とおくと

$$\begin{aligned}f(\vec{x})=&f\left(\sum_{j=1}^{n}x_j\vec{e}_j\right)=\sum_{j=1}^{n}x_jf(\vec{e}_j)\\=&\sum_{j=1}^{n}x_j\left(\sum_{i=1}^{m}a_{ij}\vec{g}_i\right)=\sum_{i=1}^{m}\left(\sum_{j=1}^{n}a_{ij}x_j\right)\vec{g}_i\end{aligned}$$

より

$$\varphi_{\mathcal{G}}(f(\vec{x}))=\begin{pmatrix}a_{11}x_1+a_{12}x_2+\cdots+a_{1n}x_n\\a_{21}x_1+a_{22}x_2+\cdots+a_{2n}x_n\\\vdots\\a_{m1}x_1+a_{m2}x_2+\cdots+a_{mn}x_n\end{pmatrix}.$$

これは

$$\begin{pmatrix} y_1 \\ y_2 \\ \vdots \\ y_m \end{pmatrix} = \begin{pmatrix} a_{11} & a_{12} & \dots & a_{1n} \\ a_{21} & a_{22} & \dots & a_{2n} \\ \vdots & \vdots & \ddots & \vdots \\ a_{m1} & a_{m2} & \dots & a_{mn} \end{pmatrix} \begin{pmatrix} x_1 \\ x_2 \\ \vdots \\ x_n \end{pmatrix}$$

と書き直せる．すなわち $\boldsymbol{y} = A\boldsymbol{x}$. 座標系 $\varphi_{\mathcal{E}}$ と $\varphi_{\mathcal{G}}$ を介して線型写像 f は行列 $A = (a_{ij})$ で定まる写像

$$\boldsymbol{x} \longmapsto \boldsymbol{y} = A\boldsymbol{x}$$

として扱うことができる．とくに $m = n$ のときは A の定める1次変換である．

定義 5.6 n 次元 $\mathbb{K}$ 線型空間 $\mathbb{V}$ において基底 $\mathcal{E} = \{\vec{e}_1, \vec{e}_2, \dots, \vec{e}_n\}$ をとる．線型変換 $f : \mathbb{V} \to \mathbb{V}$ の $\mathcal{E}$ に関する表現行列 $A = (a_{ij})$ の固有和 $\mathrm{tr}\, A$ と行列式 $\det A$ は基底の選び方に依らない共通の値である．すなわちどの基底を使っても固有和と行列式について同じ計算結果が得られる．そこで $\mathrm{tr}\, f = \mathrm{tr}\, A$, $\det f = \det A$ と定め，それぞれを f の**固有和**（trace），f の**行列式**（determinant）という．

さてここまでの準備（復習）をもとに今までに扱ってきた線型空間を振り返ろう．

まず (m, n) 型行列の全体 $\mathrm{M}_{m,n}\mathbb{K}$ を再考しよう．(i, j) 成分**のみ** 1 でそれ以外の成分がすべて 0 である (m, n) 型行列を E_{ij} で表す．(m, n) 型であることを明記する必要があるときは $E_{ij}^{(m,n)}$ と書く．E_{ij} を**行列単位**（matrix unit）とよぶ．E_{ij} の (k, l) 成分は

$$(E_{ij})_{kl} = \delta_{ik}\delta_{jl} \tag{5.2}$$

で与えられる．次の公式を確かめておいてほしい．

$$E_{ij}E_{kl} = \delta_{jk}E_{il}. \tag{5.3}$$

$X=(x_{ij})\in \mathrm{M}_{m,n}\mathbb{K}$ は

$$X=\sum_{i=1}^{m}\sum_{j=1}^{n}x_{ij}E_{ij}$$

と表せることから行列単位の全体

$$\mathcal{E}_{m,n}=\{E_{ij}\mid i=1,2,\ldots,m, j=1,2,\ldots,n\}$$

が基底を与えることがわかる．したがって $\mathrm{M}_{m,n}\mathbb{K}$ は mn 次元の $\mathbb{K}$ 線型空間である．とくに $\mathrm{M}_n\mathbb{K}=\mathrm{M}_{n,n}\mathbb{K}$ は n^2 次元の $\mathbb{K}$ 線型空間である．基底 $\mathcal{E}_{m,n}=\{E_{ij}\}$ に関する $\mathrm{M}_{m,n}\mathbb{K}$ の座標系を $\varphi_{m,n,\mathbb{K}}$ とすると $X=(X_{ij})\in \mathrm{M}_{m,n}\mathbb{K}$ に対し

$$\varphi_{m,n,\mathbb{K}}(X)=(x_{11},x_{12},\ldots,x_{1n},x_{21},\ldots,x_{mn})$$

である．$m=n$ かつ $\mathbb{K}=\mathbb{R}$ のときは $\varphi_{n,n,\mathbb{R}}$ は補題 4.1 で定義した $\varphi_{n,\mathbb{R}}:\mathrm{M}_n\mathbb{R}\to\mathbb{R}^{n^2}$

$$\varphi_{n,\mathbb{R}}(X)=(x_{11},x_{12},\ldots,x_{nn})$$

と一致している．そこで $\varphi_{n,n,\mathbb{K}}$ を $\varphi_{n,\mathbb{K}}$ と略記することにきめよう．補題 4.1 で与えた $\varphi_{n,\mathbb{R}}$ は $\mathrm{M}_n\mathbb{R}$ の標準基底に関する座標系である．

問題 5.2 (随伴表現) $A=(a_{ij})\in \mathrm{GL}_2\mathbb{R}$ を用いて $\mathrm{M}_2\mathbb{R}$ 上の線型変換 $\mathrm{Ad}(A)$ を $\mathrm{Ad}(A)(X)=AXA^{-1}$ で定める．$\mathrm{Ad}(A)$ の基底 $\{E_{11},E_{12},E_{21},E_{22}\}$ に関する表現行列を求めよ．

ここまで線型空間 $\mathbb{V}$ 上で線型変換を考える際に基底を一度選んだら固定したままであった．基底を取り替えると表現行列はどう変わるだろうか．2 組の基底 $\mathcal{E}=\{\vec{e}_1,\vec{e}_2,\ldots,\vec{e}_n\}$ と $\mathcal{E}'=\{\vec{e}'_1,\vec{e}'_2,\ldots,\vec{e}'_n\}$ を与えそれぞれの定める座標系を

$$\varphi_{\mathcal{E}}=(x_1,x_2,\ldots,x_n),\quad \varphi_{\mathcal{E}'}=(x'_1,x'_2,\ldots,x'_n)$$

とする．$\mathcal{E}'$ 内のベクトルを $\mathcal{E}$ で

$$\vec{e}'_j=\sum_{i=1}^{n}p_{ij}\vec{e}_i,\ j=1,2,\ldots,n \tag{5.4}$$

と表す（**展開する**という）．$P = (p_{ij}) \in \mathrm{GL}_n\mathbb{K}$ とおき $\mathcal{E}$ から $\mathcal{E}'$ への**基底の取替え行列**とよぶ ([21, p. 106])．基底の取り替え行列の定義を覚えやすくするために (5.4) を

$$(\vec{e}_1{}', \vec{e}_2{}', \ldots, \vec{e}_n{}') = (\vec{e}_1, \vec{e}_2, \ldots, \vec{e}_n)P \tag{5.5}$$

と表記しておく．$\vec{x}$ の座標系の間の関係式を求めよう．

$$\vec{x} = x_1\vec{e}_1 + x_2\vec{e}_2 + \cdots + x_n\vec{e}_n = x_1'\vec{e}_1{}' + x_2'\vec{e}_2{}' + \cdots + x_n'\vec{e}_n{}'$$

の右辺に (5.4) を代入すると

$$\begin{pmatrix} x_1 \\ x_2 \\ \vdots \\ x_n \end{pmatrix} = \begin{pmatrix} p_{11} & p_{12} & \cdots & p_{1n} \\ p_{21} & p_{22} & \cdots & p_{2n} \\ \vdots & \vdots & \ddots & \vdots \\ p_{n1} & p_{n2} & \cdots & p_{nn} \end{pmatrix} \begin{pmatrix} x_1' \\ x_2' \\ \vdots \\ x_n' \end{pmatrix}$$

となる．これを $\varphi_{\mathcal{E}}(\vec{x}) = P\varphi_{\mathcal{E}'}(\vec{x})$ と略記する．

次の問題を解いておこう．

問題 5.3 線型変換 $f : \mathbb{V} \to \mathbb{V}$ の基底 $\mathcal{E}$ に関する表現行列を A，$\mathcal{E}$ から別の基底 $\mathcal{E}'$ への取替え行列を P とすると，f の $\mathcal{E}'$ に関する表現行列は $P^{-1}AP$ で与えられることを示せ．

註 5.3 $A, B \in \mathrm{M}_n\mathbb{K}$ に対し $P^{-1}AP = B$ となる $P \in \mathrm{GL}_n\mathbb{K}$ が存在するとき A は B に**共軛**であるという（相似であるともいう）．共軛は $\mathrm{M}_n\mathbb{K}$ 上の同値関係である．

f の各基底に関する表現行列は互いに共軛であると言える．

5.1.4 線型部分空間

$\mathbb{K}$ 線型空間 $\mathbb{V}$ の空でない部分集合 $\mathbb{W} \subset \mathbb{V}$ が条件

$$\vec{x}, \vec{y} \in \mathbb{W}, \quad a, b \in \mathbb{K} \Longrightarrow a\vec{x} + b\vec{y} \in \mathbb{W}$$

をみたすとき $\mathbb{V}$ の**線型部分空間** (linear subspace) であるという．線型部分空間 $\mathbb{W}$ は $\mathbb{V}$ の加法とスカラー倍に関して $\mathbb{K}$ 線型空間になる．

註 5.4 (紛らわしいこと) $\mathbb{K} = \mathbb{C}$ のとき，単に線型部分空間といえば

$$\vec{x}, \vec{y} \in \mathbb{W}, \quad a, b \in \mathbb{C} \Longrightarrow a\vec{x} + b\vec{y} \in \mathbb{W}$$

をみたすものを言う．条件

$$\vec{x}, \vec{y} \in \mathbb{W}, \quad a, b \in \mathbb{R} \Longrightarrow a\vec{x} + b\vec{y} \in \mathbb{W}$$

をみたす $\mathbb{W}$ は**複素**線型空間 $\mathbb{V}$ の**実**線型部分空間であるという．

例 5.1 $\mathbb{K}$ 線型空間 $\mathbb{V}_1$ から $\mathbb{V}_2$ への $\mathbb{K}$ 線型写像 $f : \mathbb{V}_1 \to \mathbb{V}_2$ に対し

$$\mathrm{Ker}\, f = \{\vec{v} \in \mathbb{V}_1 \mid f(\vec{v}) = \vec{0}\}, \quad f(\mathbb{V}_1) = \{f(\vec{v}) \mid \vec{v} \in \mathbb{V}_1\}$$

はそれぞれ $\mathbb{V}_1$, $\mathbb{V}_2$ の線型部分空間である．$\mathrm{Ker}\, f$ を f の**核**（kernel），$f(\mathbb{V}_1)$ を f の**像**（image）とよぶ．

$\mathbb{W}_1$, $\mathbb{W}_2 \subset \mathbb{V}$ がともに線型部分空間ならば $\mathbb{W}_1 \cap \mathbb{W}_2$ もそうである（確かめよ）．さらに

$$\{\vec{w}_1 + \vec{w}_2 \mid \vec{w}_1 \in \mathbb{W}_1, \ \vec{w}_2 \in \mathbb{W}_2\}$$

も $\mathbb{V}$ の線型部分空間であることが確かめられる．この線型部分空間を $\mathbb{W}_1$ と $\mathbb{W}_2$ の**和空間**とよび $\mathbb{W}_1 + \mathbb{W}_2$ で表す．

定理 5.1 (次元公式) 有限次元 $\mathbb{K}$ 線型空間 $\mathbb{V}$ の 2 つの $\mathbb{K}$ 線型部分空間 $\mathbb{W}_1$, $\mathbb{W}_2$ に対し

$$\dim \mathbb{W}_1 + \dim \mathbb{W}_2 = \dim(\mathbb{W}_1 + \mathbb{W}_2) + \dim(\mathbb{W}_1 \cap \mathbb{W}_2)$$

が成立する．

註 5.5 空でない部分**集合** $\mathsf{S} \subset \mathbb{V}$ に対し

$$\left\{ \sum_{i=1}^{k} c_i \vec{x}_i \;\middle|\; c_1, c_2, \ldots, c_k \in \mathbb{K}, \vec{x}_1, \vec{x}_2, \ldots, \vec{x}_k \in \mathsf{S} \right\}$$

は $\mathbb{V}$ の線型部分空間を定める．これを S の**生成する線型部分空間**とか S の**張る**線型部分空間とよぶ．和空間 $\mathbb{W}_1 + \mathbb{W}_2$ は $\mathbb{W}_1 \cup \mathbb{W}_2$ の生成する線型部分空間である．

和空間 $\mathbb{W}_1 + \mathbb{W}_2$ において $\mathbb{W}_1 \cap \mathbb{W}_2 = \{\vec{0}\}$ であるとき $\mathbb{W}_1 + \mathbb{W}_2$ は $\mathbb{W}_1$ と $\mathbb{W}_2$ の**直和**（direct sum）であるといい $\mathbb{W}_1 \dot{+} \mathbb{W}_2$ で表す．

例 5.2 ($\mathbb{K}^2$) $\mathbb{V} = \mathbb{K}^2 = \{(u_1, u_2) \,|u_1, u_2 \in \mathbb{K}\}$ に対し

$$\mathbb{W}_1 = \{(u_1, 0) \mid u_1 \in \mathbb{K}\}, \quad \mathbb{W}_2 = \{(0, u_2) \mid u_2 \in \mathbb{K}\}$$

とおくと，これらは線型部分空間であり $\mathbb{V} = \mathbb{W}_1 \dot{+} \mathbb{W}_2$ である．

和空間は 3 つ以上の線型部分空間についても考えられる．

$$\mathbb{W}_1 + \mathbb{W}_2 + \cdots + \mathbb{W}_k = \{\vec{w}_1 + \vec{w}_2 + \cdots + \vec{w}_k \mid \vec{w}_1 \in \mathbb{W}_1, \vec{w}_2 \in \mathbb{W}_2, \ldots, \vec{w}_k \in \mathbb{W}_k\}$$

に対し

$$\mathbb{W}_i \cap (\mathbb{W}_1 + \mathbb{W}_2 + \cdots + \mathbb{W}_{i-1} + \mathbb{W}_{i+1} + \cdots + \mathbb{W}_k) = \{\vec{0}\}$$

がすべての $i = 1, 2, \ldots, k$ について成り立つとき $\mathbb{W}_1 + \mathbb{W}_2 + \cdots + \mathbb{W}_k$ は**直和**であるといい $\mathbb{W}_1 \dot{+} \mathbb{W}_2 \dot{+} \cdots \dot{+} \mathbb{W}_k$ と表記する．

とくに $\mathbb{V} = \mathbb{W}_1 \dot{+} \mathbb{W}_2 \dot{+} \cdots \dot{+} \mathbb{W}_k$ であるとき $\mathbb{V}$ は $\mathbb{W}_1$, $\mathbb{W}_2, \ldots, \mathbb{W}_k$ の直和に分解されるという．$\mathbb{V} = \mathbb{W}_1 \dot{+} \mathbb{W}_2 \dot{+} \cdots \dot{+} \mathbb{W}_k$ と分解されているとき $\mathbb{V}$ の各要素 $\vec{v}$ を

$$\vec{v} = \vec{v}_1 + \vec{v}_2 + \cdots + \vec{v}_k, \quad \vec{v}_i \in \mathbb{W}_i \; (i = 1, 2, \ldots, k)$$

と表すことができる．これを $\vec{v}$ の $\mathbb{V} = \mathbb{W}_1 \dot{+} \mathbb{W}_2 \dot{+} \cdots \dot{+} \mathbb{W}_k$ に沿う**分解**という．

例 5.3 固有和が 0 である n 次行列の全体

$$\{X \in \mathrm{M}_n\mathbb{R} \mid \mathrm{tr}\, X = 0\} \tag{5.6}$$

がなす $\mathrm{M}_n\mathbb{R}$ の線型部分空間を考える．この線型部分空間はリー環論では $\mathfrak{sl}_n\mathbb{R}$ と表記される．この表記の理由は例 10.3 で説明されるので，いまは単なる表記と思って気にしないでいてほしい．

$X \in \mathfrak{sl}_n\mathbb{R}$ を行列単位を使って $X = \sum_{i,j=1}^{n} x_{ij}E_{ij}$ と表すと，$x_{11} + x_{22} + \cdots + x_{nn} = 0$ より

$$X = \sum_{i \neq j} x_{ij}E_{ij} + \sum_{k=1}^{n} x_{kk}E_{kk} = \sum_{i \neq j} x_{ij}E_{ij} + \sum_{k=1}^{n-1} x_{kk}E_{kk} - \sum_{k=1}^{n-1} x_{kk}E_{nn}$$
$$= \sum_{i \neq j} x_{ij}E_{ij} + \sum_{k=1}^{n-1} x_{kk}(E_{kk} - E_{nn})$$

と書き直せる．

$$\{E_{ij}\ (i \neq j), E_{11} - E_{nn}, E_{22} - E_{nn}, \ldots, E_{n-1\,n-1} - E_{nn}\} \tag{5.7}$$

は線型独立であり $\mathfrak{sl}_n\mathbb{R}$ の基底を与える．したがって $\dim \mathfrak{sl}_n\mathbb{R} = n^2 - 1$ である．単位行列 E_n を基底にもつ 1 次元の線型部分空間

$$\mathbb{R}E_n = \{\lambda E_n \mid \lambda \in \mathbb{R}\} \tag{5.8}$$

を考えると $\mathrm{M}_n\mathbb{R}$ は $\mathrm{M}_n\mathbb{R} = \mathbb{R}E_n \dot{+} \mathfrak{sl}_n\mathbb{R}$ と直和分解される．実際 X を

$$X = \frac{\operatorname{tr} X}{n}E_n + \left(X - \frac{\operatorname{tr} X}{n}E_n\right)$$

と（一意的に）分解できる[*3]．

問題 5.4 2 次行列 $\mathsf{E}, \mathsf{F}, \mathsf{H}$ を

$$\mathsf{E} = \begin{pmatrix} 0 & 1 \\ 0 & 0 \end{pmatrix},\ \mathsf{F} = \begin{pmatrix} 0 & 0 \\ 1 & 0 \end{pmatrix},\ \mathsf{H} = \begin{pmatrix} 1 & 0 \\ 0 & -1 \end{pmatrix}$$

で定める．$\{\mathsf{E}, \mathsf{F}, \mathsf{H}\}$ は線型空間 $\mathfrak{sl}_2\mathbb{R} = \{X \in \mathrm{M}_2\mathbb{R} \mid \operatorname{tr} X = 0\}$ の基底を与えることを示せ．また $A = (a_{ij}) \in \mathrm{GL}_2\mathbb{R}$ を用いて $\mathfrak{sl}_2\mathbb{R}$ 上の線型変換 $\mathrm{Ad}(A)$ を $\mathrm{Ad}(A) = AXA^{-1}$ で定める．$\mathrm{Ad}(A)$ の基底 $\{\mathsf{E}, \mathsf{F}, \mathsf{H}\}$ に関する表現行列を求めよ．

[*3] $X_\circ := X - (\operatorname{tr} X)E_n/n \in \mathfrak{sl}_n\mathbb{R}$ は X の trace free part とよばれる．

例 5.4 $\mathrm{Sym}_n\mathbb{R}$ を n 次の対称行列の全体，$\mathrm{Alt}_n\mathbb{R}$ を n 次の交代行列の全体とする．すなわち

$$\mathrm{Sym}_n\mathbb{R} = \{X \in \mathrm{M}_n\mathbb{R} \mid {}^tX = X\}, \quad \mathrm{Alt}_n\mathbb{R} = \{X \in \mathrm{M}_n\mathbb{R} \mid {}^tX = -X\}.$$

$\mathrm{Sym}_n\mathbb{R}$ と $\mathrm{Alt}_n\mathbb{R}$ は $\mathrm{M}_n\mathbb{R}$ の線型部分空間である．これらの線型部分空間の次元を求めよう．まず $X = (x_{ij}) \in \mathrm{Sym}_n\mathbb{R}$ とすると

$$X = \sum_{i,j=1}^{n} x_{ij}E_{ij} = \sum_{i=1} x_{ii}E_{ii} + \sum_{i<j} x_{ij}E_{ij} + \sum_{i>j} x_{ij}E_{ij}$$

において $x_{ij} = x_{ji}$ であるから

$$X = \sum_{i=1} x_{ii}E_{ii} + \sum_{i<j} x_{ij}(E_{ij} + E_{ji})$$

と書き換えられる．

$$\{E_{11}, E_{22}, \ldots, E_{nn}, E_{ij} + E_{ji}\,(1 \leq i < j \leq n)\}$$

が基底を与えるから $\dim \mathrm{Sym}_n\mathbb{R} = n(n+1)/2$.

一方 $X = (x_{ij}) \in \mathrm{Alt}_n\mathbb{R}$ は $x_{ij} = -x_{ji}$ より

$$X = \sum_{i,j=1}^{n} x_{ij}E_{ij} = +\sum_{i<j} x_{ij}E_{ij} + \sum_{i>j} x_{ij}E_{ij} = \sum_{i<j} x_{ij}(E_{ij} - E_{ji})$$

と表せるから

$$\{E_{ij} - E_{ji} \mid 1 \leq i < j \leq n\} \tag{5.9}$$

が基底を与える．したがって $\dim \mathrm{Alt}_n\mathbb{R} = n(n-1)/2$.

このとき $\mathrm{M}_n\mathbb{R} = \mathrm{Sym}_n\mathbb{R} \dotplus \mathrm{Alt}_n\mathbb{R}$ である．実際 $X \in \mathrm{M}_n\mathbb{R}$ を

$$X = \mathrm{Sym}\,X + \mathrm{Alt}\,X, \quad \mathrm{Sym}\,X = \frac{1}{2}(X + {}^tX),\ \mathrm{Alt}\,X = \frac{1}{2}(X - {}^tX)$$

と分解でき, $\mathrm{Sym}\,X \in \mathrm{Sym}_n\mathbb{R}$, $\mathrm{Alt}\,X \in \mathrm{Alt}_n\mathbb{R}$ である．また $\mathrm{Sym}_n\mathbb{R} \cap \mathrm{Alt}_n\mathbb{R}$ は零行列のみからなる．$\mathrm{Sym}\,X$, $\mathrm{Alt}\,X$ を X の**対称部分**, **交代部分**とよぶ．$\mathrm{Alt}_n\mathbb{R}$ は例 10.4 で再び取り上げられる．リー環論では $\mathrm{Alt}_n\mathbb{R}$ を $\mathfrak{o}(n)$ と表記する．

問題 5.5

(5.10) $$\{\mathsf{A}_1 = E_{32} - E_{23},\ \mathsf{A}_2 = E_{13} - E_{31},\ \mathsf{A}_3 = E_{21} - E_{12}\},$$

すなわち

$$\left\{\mathsf{A}_1 = \begin{pmatrix} 0 & 0 & 0 \\ 0 & 0 & -1 \\ 0 & 1 & 0 \end{pmatrix}, \mathsf{A}_2 = \begin{pmatrix} 0 & 0 & 1 \\ 0 & 0 & 0 \\ -1 & 0 & 0 \end{pmatrix}, \mathsf{A}_3 = \begin{pmatrix} 0 & -1 & 0 \\ 1 & 0 & 0 \\ 0 & 0 & 0 \end{pmatrix}\right\}$$

が $\mathrm{Alt}_3\mathbb{R}$ の基底を与えることを確かめよ．行列

$$A = \begin{pmatrix} 0 & -c & b \\ c & 0 & -a \\ -b & a & 0 \end{pmatrix} \in \mathrm{Alt}_3\mathbb{R}$$

を用いて $\mathrm{Alt}_3\mathbb{R}$ 上の線型変換 f を $f(X) = AX - XA$ で定める．f の上記の基底に関する表現行列を求めよ[*4]．この線型変換 f はリー環論では $\mathrm{ad}(A)$ と書かれる（『リー環』第 2.1 節参照）．

5.2 双対空間

単純リー環を調べる上で基本的な概念にルート系がある．ルート系はカルタン部分環とよばれる線型空間の上の線型な函数（線型汎函数（せんけいはんかんすう））である．そこで，この節では線型汎函数の取り扱いを説明する（本格的に学びたい人は [13, §6.6], [30, 20 章] を参照）．

有限次元の $\mathbb{K}$ 線型空間 $\mathbb{V}$ に対し函数 $\alpha : \mathbb{V} \to \mathbb{K}$ が，すべての $a, b \in \mathbb{K}$ とすべての $\vec{x}, \vec{y} \in \mathbb{V}$ に対し

$$\alpha(a\vec{x} + b\vec{y}) = a\alpha(\vec{x}) + b\alpha(\vec{y})$$

をみたすとき $\mathbb{V}$ 上の**線型汎函数**（せんけいはんかんすう）であるという．$\mathbb{V}$ 上の線型汎函数の全体を $\mathbb{V}^*$ で表す．$\alpha, \beta \in \mathbb{V}^*$ と $c \in \mathbb{K}$ に対し

$$(\alpha + \beta)(\vec{x}) = \alpha(\vec{x}) + \beta(\vec{x}), \quad (c\alpha)(\vec{x}) = c\alpha(\vec{x})$$

---

*4 この基底の選び方については『リー環』例 2.12 も参照．

と定めると，$\mathbb{V}^*$ は $\mathbb{K}$ 線型空間である．$\mathbb{V}^*$ を $\mathbb{V}$ の**双対線型空間**(そうつい)という．**双対空間** (dual space) と略称することが多い．いま $\mathbb{V}$ の基底 $\mathcal{E} = \{\vec{e}_1, \vec{e}_2, \ldots, \vec{e}_n\}$ をひとつとり

$$\sigma_i(\vec{e}_j) = \begin{cases} 1 & (i = j \text{ のとき}) \\ 0 & (i \neq j \text{ のとき}) \end{cases}$$

と定めよう．$\vec{x}$ を

$$\vec{x} = x_1\vec{e}_1 + x_2\vec{e}_2 + \cdots + x_n\vec{e}_n$$

と表示してみると

$$\sigma_i(\vec{x}) = \sigma_i\left(x_1\vec{e}_1 + x_2\vec{e}_2 + \cdots + x_n\vec{e}_n\right) = x_i$$

であるから σ_i は $\vec{x}$ の第 i 番目の座標を与える函数である．さて $\alpha \in \mathbb{V}^*$ に対し

$$\alpha(\vec{x}) = \alpha\left(\sum_{j=1}^{n} x_j\vec{e}_j\right) = \sum_{j=1}^{n} x_j\alpha(\vec{e}_j) = \sum_{j=1}^{n} \alpha(\vec{e}_j)\sigma_j(\vec{x})$$

であるから

$$\alpha = \sum_{j=1}^{n} \alpha(\vec{e}_j)\sigma_j$$

と表せる．ゆえに $\Sigma = \{\sigma_1, \sigma_2, \ldots, \sigma_n\}$ は $\mathbb{V}^*$ の基底である．これを $\mathbb{V}^*$ の $\mathcal{E}$ に双対的な基底という．$\mathcal{E}$ の**双対基底**と略称することが多い．

例 5.5 ($\mathbb{K}^n$ **と** $\mathbb{K}_n$) $\mathbb{V} = \mathbb{K}^n$ とする．$\mathbb{K}^n = \mathrm{M}_{n,1}\mathbb{K}$ と考えた．このとき $\mathbb{V}^*$ は $\mathrm{M}_{1,n}\mathbb{K}$ と考えることができる．実際，標準基底 $\{\boldsymbol{e}_1, \boldsymbol{e}_2, \ldots, \boldsymbol{e}_n\}$ の双対基底 $\{\sigma_1, \sigma_2, \ldots, \sigma_n\}$ は $\sigma(\boldsymbol{x}) = x_i$ で与えられる．$\alpha \in (\mathbb{K}^n)^*$ は $\alpha = \sum_{i=1}^{n} \alpha(\boldsymbol{e}_i)\sigma_i$ と表せる．ここで $\alpha_i = \alpha(\boldsymbol{e}_i)$ とおくと

$$\alpha(\boldsymbol{x}) = \sum_{i=1}^{n} \alpha_i\sigma_i(\boldsymbol{x}) = \sum_{i=1}^{n} \alpha_i x_i = (\alpha_1, \alpha_2, \ldots, \alpha_n)\begin{pmatrix} x_1 \\ x_2 \\ \vdots \\ x_n \end{pmatrix}$$

と**行列の積**で書き表せる．このことから

$$\alpha = (\alpha_1\ \alpha_2\ \ldots\ \alpha_n) \in \mathrm{M}_{1,n}\mathbb{K}$$

と思うことができる．そこで $(\mathbb{K}^n)^* = \mathrm{M}_{1,n}\mathbb{K}$ と考えてよい．$(\mathbb{K}^n)^*$ と書くと括弧が煩わしいので $(\mathbb{K}^n)^*$ を $\mathbb{K}_n$ と書くこともある．

註 5.6 (ベクトルとコベクトル) 有限次元線型空間 $\mathbb{V}$ の元をベクトルとよぶことにあわせて $\mathbb{V}^*$ の元を**コベクトル** (covector) ともよぶ．$\mathbb{V} = \mathbb{K}^n$ と選んだとき列ベクトルが「ベクトル」で行ベクトルが「コベクトル」である．$\vec{x} \in \mathbb{V}$ と $\alpha \in \mathbb{V}^*$ に対し**双対積** $\langle \vec{x}, \alpha \rangle$ を

$$\langle \vec{x}, \alpha \rangle = \langle \alpha, \vec{x} \rangle = \alpha(\vec{x}) \tag{5.11}$$

で定める．双対積は**ペアリング** (pairing) ともよばれる．

コベクトル	ベクトル
$\mathbb{R}_3 \ni (a\ b\ c)$	$\begin{pmatrix} x \\ y \\ z \end{pmatrix} \in \mathbb{R}^3$

図 5.1 コベクトル（ヨコ）とベクトル（タテ）

5.3　スカラー積

$\mathbb{R}^n$ の内積を一般の $\mathbb{K}$ 線型空間上に拡張しよう．$\mathbb{K}$ 線型空間 $\mathbb{V}$ 上の 2 変数函数 $\mathcal{F}$ を考える．$\mathcal{F}$ は $\mathbb{V}$ の 2 つの元からなる組 $(\vec{x}, \vec{y})$ に対し，スカラー $\mathcal{F}(\vec{x}, \vec{y})$ を対応させる規則である．

定義 5.7 $\mathcal{F}$ がすべての $\vec{x}$, $\vec{y}$, $\vec{z} \in \mathbb{V}$, すべての a, $b \in \mathbb{K}$ に対し

$$\mathcal{F}(a\vec{x} + b\vec{y}, \vec{z}) = a\mathcal{F}(\vec{x}, \vec{z}) + b\mathcal{F}(\vec{y}, \vec{z}), \quad \mathcal{F}(\vec{x}, a\vec{y} + b\vec{z}) = a\mathcal{F}(\vec{x}, \vec{y}) + b\mathcal{F}(\vec{x}, \vec{z})$$

をみたすとき，$\mathbb{V}$ 上の**双線型形式** (bilinear form) であるという．とくに $\mathcal{F}(\vec{x}, \vec{y}) = \mathcal{F}(\vec{y}, \vec{x})$ をみたす双線型形式を**対称双線型形式**という．また $\mathcal{F}(\vec{x}, \vec{y}) = -\mathcal{F}(\vec{y}, \vec{x})$ をみたす双線型形式を**交代双線型形式**という．

$\mathbb{V}$ の基底 $\mathcal{E} = \{\vec{e}_1, \vec{e}_2, \ldots, \vec{e}_n\}$ をとり, 双線型形式 $\mathcal{F}$ を用いて行列 $F = (f_{ij}) \in \mathrm{M}_n\mathbb{K}$ を $f_{ij} = \mathcal{F}(\vec{e}_i, \vec{e}_j)$ で定める. F を $\mathcal{F}$ の $\mathcal{E}$ に関する**表現行列**とよぶ. すると

$$\mathcal{F}(\vec{x}, \vec{y}) = {}^t\varphi_{\mathcal{E}}(\vec{x})F\,\varphi_{\mathcal{E}}(\vec{y})$$

が成立する. 表現行列が正則かどうかは基底の選び方には依存しない性質である（基底を取り替えてみて確かめよ). また基底を使わずに次のように言い換えられる.

補題 5.1 双線型形式 $\mathcal{F}$ に対し次の 2 条件は同値.

- (**非退化条件**) すべての $\vec{x} \in \mathbb{V}$ に対し $\mathcal{F}(\vec{x}, \vec{y}) = 0$ ならば $\vec{y} = \vec{0}$.
- ある基底に関する $\mathcal{F}$ の表現行列は正則行列.

そこで次の定義を与える.

定義 5.8 対称双線型形式 $\mathcal{F}$ が非退化条件をみたすとき $\mathcal{F}$ を $\mathbb{V}$ の**スカラー積** (scalar product) という. スカラー積の与えられた線型空間を**スカラー積空間** (scalar product space) という.

例 5.6 (数空間) $\mathbb{R}^n$ の内積

$$(\boldsymbol{x}|\boldsymbol{y}) = {}^t\boldsymbol{x}\boldsymbol{y}$$

はスカラー積である. このスカラー積を $\mathbb{R}^n$ の**ユークリッド内積**とよぶ.

より一般に次の定義を与えよう.

定義 5.9 $\mathbb{K} = \mathbb{R}$ とする. 対称双線型形式 $\mathcal{F}$ が**正定値条件**

$$\mathcal{F}(\vec{v}, \vec{v}) \geq 0.\ とくに\ \mathcal{F}(\vec{v}, \vec{v}) = 0 \Longleftrightarrow \vec{v} = \vec{0}$$

をみたすとき $\mathcal{F}$ を $\mathbb{V}$ の**内積** (inner product) という.

内積はスカラー積の特別なものである．$\mathbb{K}=\mathbb{R}$ のときスカラー積空間は**計量線型空間**ともよばれる．とくに内積の与えられた有限次元実線型空間を**ユークリッド線型空間**とよぶ ([13, §2.2], [21, §4.6]).

ユークリッド線型空間は自然に距離空間になっていることに注意しよう．

命題 5.1 内積 $(\cdot|\cdot)$ を備えたユークリッド線型空間 $\mathbb{V}$ において $\|\vec{x}\|=\sqrt{(\vec{x}|\vec{x})}$ を $\vec{x}$ の**長さ**という．$\vec{x}, \vec{y}\in\mathbb{V}$ に対し $\mathrm{d}(\vec{x},\vec{y})=\|\vec{x}-\vec{y}\|$ で 2 変数函数 d を定めると d は $\mathbb{V}$ の距離函数である．d を $\mathbb{V}$ の**ユークリッド距離函数**という．

註 5.7 n 次元数空間 $\mathbb{R}^n$ にユークリッド内積を指定するとユークリッド線型空間になり，さらに距離空間にもなる．$\mathbb{R}^n$ と書いたときユークリッド内積が指定されている状態なのか，指定されていない状態なのかがわかりにくいし紛らわしい．そこで今後，$\mathbb{R}^n$ にユークリッド内積を指定したものを $\mathbb{R}^n$ を $\mathbb{E}^n$ と表記し n 次元**ユークリッド空間**とよぶ[*5].

以下，スカラー積空間について説明を行うが $\mathbb{K}=\mathbb{R}$ の場合と $\mathbb{K}=\mathbb{C}$ の場合で異なる点がある．というのは $\mathbb{K}=\mathbb{R}$ のとき, スカラー積は内積を含む概念だが, $\mathbb{K}=\mathbb{C}$ のときは（線型代数学で学ぶ）内積はスカラー積に**含まれない**からである．

註 5.8 (エルミート内積) 複素線型空間 $\mathbb{V}$ に対し “内積” は双線型形式でなく以下の条件をみたすものとして定義される：

(1) すべての $\vec{x}, \vec{y}, \vec{z}\in\mathbb{V}$, すべての $a, b\in\mathbb{C}$ に対し

$$\mathcal{F}(a\vec{x}+b\vec{y},\vec{z})=a\mathcal{F}(\vec{x},\vec{z})+b\mathcal{F}(\vec{y},\vec{z}).$$

(2) すべての $\vec{x}, \vec{y}\in\mathbb{V}$, に対し $\mathcal{F}(\vec{x},\vec{y})=\overline{\mathcal{F}(\vec{x},\vec{y})}$

(3) $\mathcal{F}(\vec{x},\vec{x})\geq 0$. とくに $\mathcal{F}(\vec{x},\vec{x})=0$ ならば $\vec{x}=\vec{0}$.

$\mathbb{K}=\mathbb{R}$ の場合との区別のため，この条件をみたす $\mathcal{F}$ を複素線型空間 $\mathbb{V}$ の**エルミート内積**という（註 7.2 でもう一度述べる).

実線型空間上の内積でないスカラー積の例を挙げよう．ν を 0 以上で n 以下の整数とする．

*5 ユークリッド距離函数を備えていることを強調する意図もある．

例 5.7 (擬ユークリッド空間) $\mathbb{R}^n$ 上のスカラー積を

$$\langle \boldsymbol{x}, \boldsymbol{y} \rangle = -\sum_{i=1}^{\nu} x_i y_i + \sum_{j=\nu+1}^{n} x_j y_j \tag{5.12}$$

で与えよう．このスカラー積を $\mathbb{R}^n$ に与えて得られるスカラー積空間を $\mathbb{E}^n_\nu$ で表し指数 ν の**擬ユークリッド空間**（semi-Euclidean n-space）とよぶ．とくに $\mathbb{E}^n_1$ は n 次元**ミンコフスキー空間**（Minkowski space）ともよばれる*6．また $\mathbb{E}^n_1$ は $\mathbb{L}^n$ とも表記される（L はローレンツに由来）．次の註を参照．

註 5.9 1905 年にアインシュタイン（Albert Einstein, 1879–1955）がのちに**特殊相対性理論**（special theory of relativity）とよばれる物理学の理論を発表した．1908 年にミンコフスキー（Hermann Minkowski, 1864–1909）は特殊相対性理論の数学的内容を説明するために 4 次元ミンコフスキー空間 $\mathbb{L}^4 = \mathbb{E}^4_1$ を導入した（**ミンコフスキー時空**とよばれる）．11.1 節でふたたび取り上げる．

定義 5.10 $\mathcal{F}(\cdot,\cdot)$ をスカラー積にもつ**実**スカラー積空間 $\mathbb{V}$ 内のベクトル $\vec{x}$ に対し

(1) $\mathcal{F}(\vec{x},\vec{x}) > 0$ または $\vec{x} = \vec{0}$ のとき $\vec{x}$ は**空間的** (spacelike) であるという．
(2) $\mathcal{F}(\vec{x},\vec{x}) = 0$ かつ $\vec{x} \neq \vec{0}$ のとき $\vec{x}$ は**光的** (lightlike) または**零的**（null）であるという．
(3) $\mathcal{F}(\vec{x},\vec{x}) < 0$ のとき $\vec{x}$ は**時間的**（timelike）であるという．

空間的でないベクトルのことを**因果的ベクトル**（causal vector）とよぶ． 光的ベクトルの全体

$$\Lambda = \{\vec{x} \in \mathbb{V} \mid \mathcal{F}(\vec{x},\vec{x}) = 0,\ \vec{x} \neq \vec{0}\}$$

を**光錐**（lightcone）とか**零錐**（nullcone）とよぶ．

ベクトル $\vec{x}$ の**長さ** (length)$|\vec{x}|$ は $|\vec{x}| = \sqrt{|\mathcal{F}(\vec{x},\vec{x})|}$ で定義する．長さが 1 のベクトルを**単位ベクトル**（unit vector）とよぶ．

*6 数論におけるミンコフスキー空間と区別するためにローレンツ・ミンコフスキー空間とよぶこともある．

註 5.10 (過去と未来) n 次元ミンコフスキー空間 $\mathbb{L}^n$ において因果的ベクトル $\boldsymbol{x} = (x_1, x_2, \ldots, x_n)$ が $x_1 > 0$ をみたすとき $\boldsymbol{x}$ は**未来的** (future-pointing) であるという. $x_1 < 0$ のときは**過去的** (past-pointing) であるという.

スカラー積空間同士の「同型」を次のように定める.

定義 5.11 有限次元スカラー積空間の間の線型同型写像 $f : (\mathbb{V}, \mathcal{F}) \to (\mathbb{V}', \mathcal{F}')$ がスカラー積を保つとき，すなわち

$$\text{すべての } \vec{x}, \vec{y} \in \mathbb{V} \text{ に対し } \mathcal{F}'(f(\vec{x}), f(\vec{y})) = \mathcal{F}(\vec{x}, \vec{y})$$

をみたすとき**線型等長写像** (linear isometry) であるという. 線型等長写像が存在するとき $(\mathbb{V}, \mathcal{F})$ と $(\mathbb{V}', \mathcal{F}')$ は**スカラー積空間として同型**であるという.

例 5.8 (行列空間) $\mathrm{M}_n\mathbb{R}$ の内積を

$$(X|Y) = \mathrm{tr}({}^tXY) = \sum_{i,j=1}^{n} x_{ij}y_{ij}$$

で定義する. このとき $\sqrt{(X|X)}$ は定義 4.9 で定めた X のノルム $\|X\|$ と一致する（式 (4.14) を見よ）. 補題 4.1 で定めた $\varphi_{n,\mathbb{R}} : \mathrm{M}_n\mathbb{R} \to \mathbb{E}^{n^2}$ は線型等長写像である. もちろん距離空間の意味でも等長写像.

5.4 鏡映

1.7 節で調べた $\mathbb{E}^2$ の線対称を一般のユークリッド線型空間に一般化しよう. まず 3 次元ユークリッド空間 $\mathbb{E}^3$ 内の平面をベクトルを使って表示する方法から説明しよう ([2], [9] 参照).

点 A を通りベクトル $\boldsymbol{n} \neq \boldsymbol{0}$ に垂直な平面 Π は原点 O を始点とする位置ベクトルを用いて

$$\Pi = \{\boldsymbol{x} \mid (\boldsymbol{x} - \boldsymbol{a} \mid \boldsymbol{n}) = 0\},\ \boldsymbol{x} = \overrightarrow{\mathrm{OX}},\ \boldsymbol{a} = \overrightarrow{\mathrm{OA}}$$

と表すことができる.

点 $\mathrm{P}\in\mathbb{R}^3$ の平面 Π に関する対称点 P' を求めてみよう．P,P' の位置ベクトルをそれぞれ $\boldsymbol{p}$, $\boldsymbol{p}'$ とする．この 2 点を結ぶ直線 ℓ をベクトルを使って表す．3.2 節で $\mathbb{E}^2$ 内の直線をベクトルで表す方法を説明したが $\mathbb{E}^3$ でもやり方はまったく同じである．ℓ は P を通り $\boldsymbol{n}$ に平行であるから ℓ 上の点 X の位置ベクトル $\boldsymbol{x}$ はある実数 t を用いて $\boldsymbol{x}=\boldsymbol{p}+t\boldsymbol{n}$ と表せる．すなわち直線 ℓ は

$$\ell=\{\boldsymbol{x}=\boldsymbol{p}+t\boldsymbol{n}\mid t\in\mathbb{R}\}$$

と表示できる．ℓ と Π の交点 X を求めよう．$\boldsymbol{x}$ を交点 X の位置ベクトルとする．$\boldsymbol{x}=\boldsymbol{p}+t_0\boldsymbol{n}$ を Π の方程式に代入して

$$0=(\boldsymbol{p}+t_0\boldsymbol{n}-\boldsymbol{a}|\boldsymbol{n})=(\boldsymbol{p}|\boldsymbol{n})+t(\boldsymbol{n}|\boldsymbol{n})-(\boldsymbol{a}|\boldsymbol{n}).$$

したがって

$$t_0=\frac{(\boldsymbol{a}|\boldsymbol{n})-(\boldsymbol{p}|\boldsymbol{n})}{(\boldsymbol{n}|\boldsymbol{n})}$$

を得る．対称点の位置ベクトルは $\boldsymbol{p}'=\boldsymbol{p}+2t_0\boldsymbol{n}$ であるから

$$\boldsymbol{p}'=\boldsymbol{p}+\frac{2\{(\boldsymbol{a}|\boldsymbol{n})-(\boldsymbol{p}|\boldsymbol{n})\}}{(\boldsymbol{n}|\boldsymbol{n})}\boldsymbol{n}$$

が得られた．ここで $\boldsymbol{p}'=S_\Pi(\boldsymbol{p})$ と書いておく．すなわち

$$S_\Pi(\boldsymbol{p})=\boldsymbol{p}-\frac{2(\boldsymbol{p}-\boldsymbol{a}|\boldsymbol{n})}{(\boldsymbol{n}|\boldsymbol{n})}\boldsymbol{n}$$

とくに $\mathrm{P}\in\Pi$ だと $(\boldsymbol{p}-\boldsymbol{a}|\boldsymbol{n})=0$ だから $S_\Pi(\boldsymbol{p})=\boldsymbol{p}$ である．逆に $S_\Pi(\boldsymbol{p})=\boldsymbol{p}$ ならば $\boldsymbol{p}\in\Pi$ もわかる．

対応 $\boldsymbol{p}\mapsto S_\Pi(\boldsymbol{p})$ により変換 $S_\Pi:\mathbb{E}^3\to\mathbb{E}^3$ が定まる．この変換を平面 Π に関する**鏡映**（reflection）または**面対称**とよぶ．定義から明らかに

$$S_\Pi\circ S_\Pi=\mathrm{Id}\,(\text{恒等変換}),\quad S_\Pi(\boldsymbol{n})=-\boldsymbol{n}$$

である．

$\mathbb{E}^3$ 内の平面 Π は

$$\Pi=\{\boldsymbol{x}\in\mathbb{R}^3\mid(\boldsymbol{x}|\boldsymbol{n})=c\,\}$$

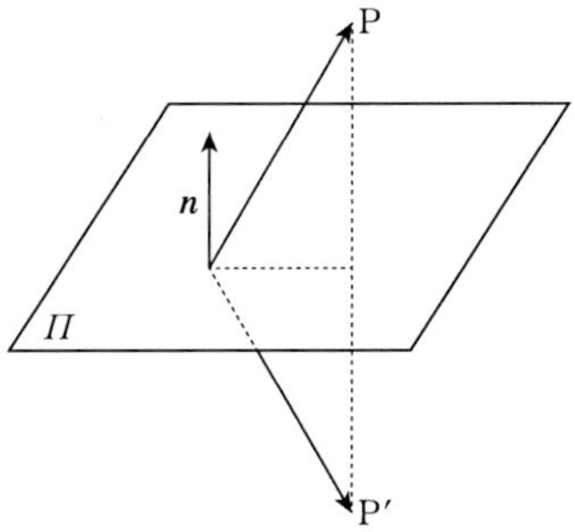

図 5.2 平面に関する対称点

という形で表示することもできる．

いま平面 Π がこの形で与えられているとしよう．$\mathrm{A} \in \Pi$ をどこでもいいから選ぶと $c = (\boldsymbol{a}|\boldsymbol{n})$ のはずだから $(\boldsymbol{x} - \boldsymbol{a}|\boldsymbol{n}) = 0$ と書き直せる．すると

$$S_\Pi(\boldsymbol{p}) = \boldsymbol{p} - \frac{2\{(\boldsymbol{p}|\boldsymbol{n}) - c\}}{(\boldsymbol{n}|\boldsymbol{n})}\boldsymbol{n}$$

という式が得られる．

とくに Π が原点を通る場合

$$S_\Pi(\boldsymbol{p}) = \boldsymbol{p} - \frac{2(\boldsymbol{p}|\boldsymbol{n})}{(\boldsymbol{n}|\boldsymbol{n})}\boldsymbol{n} \tag{5.13}$$

という簡単な式になる．

以上のことは高次元の場合でもそのまま意味をもつことに注意しよう．そこで次の定義を行う．

定義 5.12 $\mathbb{R}^n$ の部分集合 Π があるベクトル $\boldsymbol{n} \neq \boldsymbol{0}$ とある実数 c を用いて

$$\Pi = \{\boldsymbol{x} \in \mathbb{R}^n \mid (\boldsymbol{x}|\boldsymbol{n}) = c\}$$

と表せるとき $\mathbb{R}^n$ 内の**超平面**（hyperplane）であるという．

超平面 Π に関する鏡映 $S_\Pi : \mathbb{R}^n \to \mathbb{R}^n$ を

$$S_\Pi(\boldsymbol{p}) = \boldsymbol{p} - \frac{2\{(\boldsymbol{p}|\boldsymbol{n}) - c\}}{(\boldsymbol{n}|\boldsymbol{n})}\boldsymbol{n} \tag{5.14}$$

で定義する．

n 次元ユークリッド空間 $\mathbb{E}^n$ 内の超平面に関する鏡映を定義したが，超平面の定義も鏡映の定義も一般のユークリッド線型空間でそのまま通用することに注意してほしい．

定義 5.13 (鏡映) 内積 $(\cdot|\cdot)$ を備えた n 次元ユークリッド線型空間 $\mathbb{V}$ において超平面 Π を次の要領で定める．ベクトル $\vec{n} \neq \vec{0}$ と $c \in \mathbb{R}$ を用いて

$$\Pi = \{\vec{x} \in \mathbb{V} \mid (\vec{x}|\vec{n}) = c\} \tag{5.15}$$

で定まる $\Pi \subset \mathbb{V}$ を $\mathbb{V}$ の**超平面** (hyperplane) という．

超平面 Π に関する**鏡映** (reflection) $S_\Pi : \mathbb{V} \to \mathbb{V}$ を次で定める．

$$S_\Pi(\vec{p}) = \vec{p} - \frac{2\{(\vec{p}|\vec{n}) - c\}}{(\vec{n}|\vec{n})}\vec{n} \tag{5.16}$$

S_Π は $\mathbb{V}$ の線型等長写像である．

問題 5.6 S_Π が $\mathbb{V}$ が線型等長写像であることを確かめよ．

n 次元ユークリッド空間 $\mathbb{E}^n$ の場合の鏡映については拙著 [2, 2.2 節] に解説があるので参照してほしい．

5.5 直交直和分解

さてスカラー積空間における線型部分空間の取り扱いについて述べよう．ユークリッド線型空間 $(\mathbb{V}, (\cdot|\cdot))$ において線型部分空間 $\mathbb{W}$ の**直交補空間** $\mathbb{W}^\perp$ が

$$\mathbb{W}^\perp = \{\vec{v} \in \mathbb{V} \mid \text{すべての}\vec{w} \in \mathbb{W}\text{ に対し } (\vec{v}|\vec{w}) = 0\} \tag{5.17}$$

で定義され，直和分解 $\mathbb{V} = \mathbb{W} \dot{+} \mathbb{W}^\perp$ が成立する．このとき $\mathbb{V}$ は $\mathbb{W}$ と $\mathbb{W}^\perp$ の**直交直和**に分解されるという．

このような分解は一般のスカラー積でも可能だろうか．たとえば次の例をみてほしい．

例 5.9 **($\mathbb{W}^\perp = \mathbb{W}$ の例)** $\mathbb{V} = \mathbb{E}^2_1$ において $\mathbb{W} = \{(t,t) \in \mathbb{E}^2_1 \mid t \in \mathbb{R}\}$ と選ぶと $\mathbb{W}^\perp = \mathbb{W}$ であり $\mathbb{E}^2_1 \neq \mathbb{W} \dot{+} \mathbb{W}^\perp$.

この例ではどの $\vec{w} \in \mathbb{W}$ についても $\langle \vec{w}, \vec{w} \rangle = 0$ である．直交直和分解を述べるために次の用語を用意しよう．

定義 5.14 有限次元スカラー積空間 $(\mathbb{V}, \mathcal{F})$ の線型部分空間 $\mathbb{W}$ 上で $\mathcal{F}$ が非退化のとき，$\mathbb{W}$ を**非退化部分空間**という．

直交直和分解は次の状況下で成立する．

定理 5.2 **(直交直和の定理)** 有限次元スカラー積空間 $(\mathbb{V}, \mathcal{F})$ の線型部分空間 $\mathbb{W}$ に対し次が成り立つ．

(1) $\dim \mathbb{V} = \dim \mathbb{W} + \dim \mathbb{W}^\perp$.
(2) $(\mathbb{W}^\perp)^\perp = \mathbb{W}$.
(3) $\mathbb{V} = \mathbb{W} \dot{+} \mathbb{W}^\perp \iff \mathbb{W}$ は非退化．このとき $\mathbb{W}^\perp$ も非退化．

この定理の証明は附録 B.1 で与える．$\mathcal{F}$ が内積のときは，どの線型部分空間も非退化であることに注意しよう．

直交直和分解を利用して直交射影子が定義できる．

命題 5.2 有限次元スカラー積空間 $\mathbb{V}$ とその非退化部分空間 $\mathbb{W}$ に対し直交直和分解 $\vec{x} = \vec{x}_1 + \vec{x}_2$（ただし $\vec{x}_1 \in \mathbb{W}$, $\vec{x}_2 \in \mathbb{W}_2$）を利用して線型写像 $P_\mathbb{W} : \mathbb{V} \to \mathbb{W}$ を $P_\mathbb{W}(\vec{x}) = \vec{x}_1$ で定義できる．$P_\mathbb{W}$ を $\mathbb{W}$ に関する**直交射影子** (orthogonal projection) とよぶ．$P_\mathbb{W}$ は次をみたす．

$$\text{すべての } \vec{x}, \vec{y} \in \mathbb{V} \text{ に対し } \mathcal{F}(P_\mathbb{W}(\vec{x}), P_\mathbb{W}(\vec{y})) = \mathcal{F}(\vec{x}, \vec{y}),$$

$$P_\mathbb{W} \circ P_\mathbb{W} = P_\mathbb{W}, \text{ すなわち } \quad P_\mathbb{W}(P_\mathbb{W}(\vec{x})) = P_\mathbb{W}(\vec{x}).$$

問題 5.7 n 次元スカラー積空間 $\mathbb{V}$ とその非退化部分空間 $\mathbb{W}$ に対し線型変換 $S_\mathbb{W}$ を $S_\mathbb{W} = P_\mathbb{W} - P_{\mathbb{W}^\perp}$ で定め $\mathbb{W}$ に関する**鏡映**という．$S_\mathbb{W}$ は $\mathbb{V}$ 間の線型等長写像であることおよび $S_\mathbb{W} \circ S_\mathbb{W} = \mathrm{Id}$ を示せ．

5.6 正規直交基底

定理 5.2 を利用して次の基本定理が示される．

定理 5.3 (シルヴェスターの慣性法則) n 次元**実**線型空間 $\mathbb{V}$ 上のスカラー積 $\mathcal{F}$ に対し次の条件をみたす基底 $\mathcal{U}=\{\vec{u}_1,\vec{u}_2,\cdots,\vec{u}_n\}$ が存在する．

$$\mathcal{F}(\vec{u}_i,\vec{u}_i)=-1,\quad 1\leq i\leq \nu,$$
$$\mathcal{F}(\vec{u}_i,\vec{u}_i)=1,\quad \nu+1\leq i\leq n,$$
$$\mathcal{F}(\vec{u}_i,\vec{u}_j)=0,\quad i\neq j.$$

この基底 $\mathcal{U}$ を $\mathcal{F}$ に関する $\mathbb{V}$ の**正規直交基底**という．ν は正規直交基底に共通の値である．ν を $\mathcal{F}$ の**指数** (index) という．$(n-\nu,\nu)$ を $\mathcal{F}$ の**符号** (signature) とよぶ．

シルヴェスターの慣性法則の証明は附録 B.2 で与える．

問題 5.8 有限次元**実**線型空間 $\mathbb{V}$ 上の対称双線型形式 $\mathcal{F}$ が**正値性条件**

$$\mathcal{F}(\vec{x},\vec{x})\geq 0.\ \text{とくに}\ \mathcal{F}(\vec{x},\vec{x})=0\Rightarrow\vec{x}=\vec{0}$$

をみたすことと $\mathcal{F}$ が指数 0 のスカラー積であることが同値であることを確かめよ．

内積でないスカラー積のことを**不定値スカラー積** (indefinite scalar product) とか**不定値内積** (indefinite inner product) とよぶ．

実スカラー積空間 $(\mathbb{V},\mathcal{F})$ において正規直交基底 $\mathcal{E}=\{\vec{e}_1,\vec{e}_2,\ldots,\vec{e}_n\}$ をとり $\varepsilon_i=\mathcal{F}(\vec{e}_i,\vec{e}_i)$ とおく[*7]．

各 $\vec{x}\in\mathbb{V}$ は

$$\vec{x}=\sum_{i=1}^{n}\varepsilon_i x_i\vec{e}_i,\quad x_i=\mathcal{F}(\vec{x},\vec{e}_i) \tag{5.18}$$

と表すことができる．この式を $\vec{x}$ の $\mathcal{E}$ に関する**展開**という．

[*7] 正規直交基底をとる際には $(\varepsilon_1,\varepsilon_2,\ldots,\varepsilon_n)$ は必ずしも $(-1,-1,\ldots,-1,1,1,\ldots,1)$ と並んでなくてもよいとする．

問題 5.9 $\mathrm{M}_n\mathbb{R}$ のスカラー積を

$$\langle X, Y\rangle = \mathrm{tr}\,(XY) \tag{5.19}$$

で与える．このスカラー積の符号を求めよ．

註 5.11 (双対空間への移植) 有限次元 $\mathbb{K}$ 線型空間 $\mathbb{V}$ にスカラー積 $\mathcal{F}$ が与えられているとする．このとき双対空間 $\mathbb{V}^*$ にスカラー積が移植される．まず $\flat : \mathbb{V} \to \mathbb{V}^*$ を $\flat\vec{v}(\vec{w}) = \mathcal{F}(\vec{v}, \vec{w})$ で定めることができる．$\flat$ は線型写像であり逆写像 $\sharp : \mathbb{V}^* \to \mathbb{V}$ をもつ．実際 $\alpha \in \mathbb{V}^*$ に対し $\sharp\alpha \in \mathbb{V}$ は

$$\alpha(\vec{w}) = \mathcal{F}(\sharp\alpha, \vec{w}), \quad \vec{w} \in \mathbb{V} \tag{5.20}$$

で与えられる．$\vec{v} \in \mathbb{V}$ に対し $\flat\vec{v}$ を $\vec{v}$ の $\mathcal{F}$ に関する**計量的双対コベクトル** (metrical dual covector) とよぶ．双対コベクトルと略称することも多い．また $\alpha \in \mathbb{V}^*$ に対し $\sharp\alpha \in \mathbb{V}$ を $\alpha \in \mathbb{V}^*$ の**計量的双対ベクトル**とよぶ．これも双対ベクトルと略称されることが多い．

$\sharp$ と $\flat$ は線型同型写像である．そこで $\mathbb{V}^*$ のスカラー積 $\mathcal{F}^*$ を

$$\mathcal{F}^*(\alpha, \beta) = \mathcal{F}(\sharp\alpha, \sharp\beta) \tag{5.21}$$

で定めることができる．$\mathcal{F}^*$ を**双対スカラー積**という．

逆に $\mathbb{V}^*$ の方にスカラー積 $\mathcal{F}^*$ が与えられているが $\mathbb{V}$ にまだスカラー積が与えられていないとき

$$\mathcal{F}(\vec{v}, \vec{w}) = \mathcal{F}^*(\flat\vec{v}, \flat\vec{w}) \tag{5.22}$$

で $\mathbb{V}$ のスカラー積 $\mathcal{F}$ を与えることができる．この $\mathcal{F}$ を $\mathcal{F}^*$ の双対スカラー積とよぶ．このやり方はリー環論においてルート系を扱うときに用いる (『リー環』4.7 節)．

例 5.10 (双対スカラー積) $(\mathbb{V}, \mathcal{F})$ を有限次元**実**スカラー積空間とする．このとき $\flat : (\mathbb{V}, \mathcal{F}) \to (\mathbb{V}^*, \mathcal{F}^*)$ は線型等長写像であることに注意しよう．とくにスカラー積 $\mathcal{F}$ が内積のときは $\mathcal{F}^*$ を $\mathcal{F}$ の**双対内積**とよぶ．$\mathbb{V}$ の正規直交基底 $\{\vec{e}_1, \vec{e}_2, \ldots, \vec{e}_n\}$ の双対基底 $\{\sigma_1, \sigma_2, \ldots, \sigma_n\}$ をとろう．双対基底の定義より $\sigma_i(\vec{e}_i) = 1$, $i \neq j$ のとき $\sigma_i(\vec{e}_j) = 0$ であった．さて $\vec{e}_i$ の計量的双対コベクトル $\flat\vec{e}_i$ は

$$\flat\vec{e}_i(\vec{e}_j) = \mathcal{F}(\vec{e}_i, \vec{e}_j)$$

で定義されたことから $i \neq j$ のとき $\flat\vec{e}_i(\vec{e}_j) = 0$. $\flat\vec{e}_i(\vec{e}_i) = \varepsilon_i$ をみたすことから $\flat\vec{e}_i = \varepsilon\sigma_i$ を得る．とくに $\mathcal{F}$ が**内積**のときは $\sigma_i = \flat\vec{e}_i$ である．

実スカラー積空間で鏡映を考察するとどうなるだろうか．零ベクトルでも光的でもないベクトル $\vec{n}$（すなわち $\mathcal{F}(\vec{n},\vec{n}) \neq 0$）をとり $\Pi := (\mathbb{R}\vec{n})^{\perp}$ とおく．$\Pi = \{\vec{x} \in \mathbb{V} \mid \mathcal{F}(\vec{x},\vec{n}) = 0\}$ は $(n-1)$ 次元線型部分空間であり，$\vec{0}$ を通り $\vec{n}$ を法線ベクトルにもつ超平面とよばれる．超平面 Π に関する鏡映 S_{Π} は例 5.13 において内積をスカラー積に一般化し $c = 0$ と選んだものである．すると (5.16) と同様の次の式が証明できる．

$$S_{\Pi}(\vec{v}) = \vec{v} - \frac{2\mathcal{F}(\vec{v},\vec{n})}{\mathcal{F}(\vec{n},\vec{n})}\vec{n}$$

問題 5.10 この表示式を確かめよ．

この表示式をもとに次の定義を与える．

定義 5.15 n 次元**実**スカラー積空間 $\mathbb{V}$ において光的ベクトルでも零ベクトルでもない $\vec{n} \in \mathbb{V}$ に対し線型変換 $S_{\vec{n}}$ を

$$S_{\vec{n}}(\vec{v}) := \vec{v} - \frac{2\mathcal{F}(\vec{v},\vec{n})}{\mathcal{F}(\vec{n},\vec{n})}\vec{n} \tag{5.23}$$

で定め $\vec{n}$ に沿う**鏡映**（reflection along $\vec{n}$）とよぶ．

$\lambda \in \mathbb{R}$（$\lambda \neq 0$）に対し $S_{\lambda\vec{n}} = S_{\vec{n}}$ であることに注意しよう．

問題 5.11 $\boldsymbol{n} \in \mathbb{E}^n$ を単位ベクトルとする．鏡映 $S_{\boldsymbol{n}}$ の標準基底 $\{\boldsymbol{e}_1, \boldsymbol{e}_2, \ldots, \boldsymbol{e}_n\}$ に関する表現行列 $\mathsf{S}_{\boldsymbol{n}}$ が

$$\mathsf{S}_{\boldsymbol{n}} = E_n - 2\boldsymbol{n}\,{}^t\boldsymbol{n} \tag{5.24}$$

で与えられることを示せ．この行列を**鏡映行列**（reflection matrix）とよぶ．

6 直交群とローレンツ群

この章から第 8 章にかけてコンパクトな線型リー群の例を紹介する．まずは第 1 章で解説した平面幾何における直交群 O(2) を一般次元の数空間に拡張する．また前章で準備したスカラー積を用いて非コンパクトなリー群の大事な例であるローレンツ群も定義する．

6.1 擬直交群

スカラー積

$$\langle \boldsymbol{x}, \boldsymbol{y} \rangle = -\sum_{i=1}^{\nu} x_i y_i + \sum_{j=\nu+1}^{n} x_j y_j$$

を備えた擬ユークリッド空間 $\mathbb{E}^n_\nu$ を考察する（例 5.7）．第 1 章で定義した 2 次の直交群 O(2) をまねて

$$\mathrm{O}_\nu(n) = \{A \in \mathrm{M}_n\mathbb{R} \mid \text{すべての } \boldsymbol{x}, \boldsymbol{y} \in \mathbb{E}^n_\nu \text{に対し } \langle A\boldsymbol{x}, A\boldsymbol{y} \rangle = \langle \boldsymbol{x}, \boldsymbol{y} \rangle\}$$

とおく．

$$\mathcal{E}_\nu = \begin{pmatrix} -E_\nu & O \\ O & E_{n-\nu} \end{pmatrix}$$

をこのスカラー積の**符号行列**とよぶ．ここで $E_\nu \in \mathrm{M}_\nu\mathbb{R}$, $E_{n-\nu} \in \mathrm{M}_{n-\nu}\mathbb{R}$ は単位行列である．指数と次数の両方がわかる必要があるときは

$$\mathcal{E}_{\nu,n-\nu} = \begin{pmatrix} -E_\nu & O \\ O & E_{n-\nu} \end{pmatrix}$$

という表記を使う．

スカラー積 $\langle \cdot, \cdot \rangle$ はユークリッド内積と

$$\langle \boldsymbol{x}, \boldsymbol{y} \rangle = (\mathcal{E}_\nu \boldsymbol{x} | \boldsymbol{y}) \tag{6.1}$$

という関係にあることから

$$\mathrm{O}_\nu(n) = \{A \in \mathrm{M}_n\mathbb{R} \mid {}^tA\mathcal{E}_\nu A = \mathcal{E}_\nu\} \tag{6.2}$$

と書き直せる．この表示から $\mathrm{O}_\nu(n)$ は $\mathrm{GL}_n\mathbb{R}$ の部分群であることがわかる（確かめよ）．

定義 6.1 $\mathrm{O}_\nu(n)$ を次数 n, 指数 ν の**擬直交群**（pseudo-orthogonal group）という．とくに $\mathrm{O}_0(n)$ を $\mathrm{O}(n)$ と書き n 次**直交群**（orthogonal group）という．

$\mathrm{O}_\nu(n)$ の元を**擬直交行列**とよぶ．$\mathrm{O}(2)$ は第 1 章で定義した 2 次直交群と一致している．$\mathrm{O}(n)$ の元を n 次**直交行列**とよぶ．$\mathrm{O}_1(n)$ は n 次**ローレンツ群**（Lorentz group）とよばれる． 擬直交行列 $A \in \mathrm{O}_\nu(n)$ の定める 1 次変換 $f_A : \mathbb{E}^n_\nu \to \mathbb{E}^n_\nu$ を擬直交変換という．とくに $A \in \mathrm{O}(n)$ の定める $\mathbb{E}^n$ 上の 1 次変換を**直交変換**という[*1]．

註 6.1 擬ユークリッド空間および擬直交群の記法は本によって異なる．たとえばスカラー積を

$$\langle \boldsymbol{x}, \boldsymbol{y} \rangle = \sum_{i=1}^{p} x_i y_i - \sum_{i=1}^{q} x_{p+i} y_{p+i}, \quad p + q = n$$

で与えた $\mathbb{R}^n$ を $\mathbb{R}^{p,q}$ と書き，擬直交群を $\mathrm{O}(p,q)$ と書く流儀もある．

擬直交群は線型リー群である．実際 $F : \mathrm{M}_n\mathbb{R} \to \mathrm{M}_n\mathbb{R}$ を $F(X) = {}^tX\mathcal{E}_\nu X$ で定めると，これは連続であり $\mathrm{O}_\nu(n) = F^{-1}\{\mathcal{E}_\nu\}$ であるから $\mathrm{GL}_n\mathbb{R}$ の閉部分群である．

6.2 回転群

直交群 $\mathrm{O}(n) = \{A \in \mathrm{M}_n\mathbb{R} \mid {}^tAA = E\}$ についてもう少し詳しく調べておこう．

$$1 = \det E = \det({}^tAA) = (\det A)^2$$

[*1] $n = 2$ の場合はすでに定義 1.9 で与えてある．

より直交行列の行列式は ± 1 である．ところで $\mathrm{GL}_n\mathbb{R}$ の 2 つの部分群 $\mathrm{O}(n)$ と $\mathrm{SL}_n\mathbb{R}$ の共通部分

$$\mathrm{SO}(n) = \mathrm{O}(n) \cap \mathrm{SL}_n\mathbb{R} = \{A \in \mathrm{O}(n) \mid \det A = 1\}$$

も $\mathrm{GL}_n\mathbb{R}$ の部分群である．この群 $\mathrm{SO}(n)$ を n 次の**回転群**という．$n = 2$ のときは命題 2.1 で定めた $\mathrm{O}^+(2)$ と一致することに注意しよう．

問題 6.1 群 $G = (G, *)$ のふたつの部分群 H_1 と H_2 に対し，その共通部分 $H_1 \cap H_2$ も G の部分群であることを確かめよ．

回転群が線型リー群かどうか調べよう．いま収束する列 $\{X_k\} \subset \mathrm{SO}(n)$ が与えられているとしよう．$\{X_k\} \subset \mathrm{O}(n)$ で，かつ $\mathrm{O}(n)$ は閉集合であるから $X = \lim_{n\to\infty} X_k \in \mathrm{O}(n)$. 一方，$\{X_k\} \subset \mathrm{SL}_n\mathbb{R}$ で，かつ $\mathrm{SL}_n\mathbb{R}$ は閉集合であるから $X \in \mathrm{SL}_n\mathbb{R}$. したがって $X \in \mathrm{SO}(n)$ なので $\mathrm{SO}(n)$ も線型リー群である．位相空間論に慣れている読者は次の補題を使ってもよい．

補題 6.1 距離空間 $(\mathcal{X}, d)$ において 2 つの閉集合 $\mathcal{F}_1$, $\mathcal{F}_2$ の共通部分 $\mathcal{F}_1 \cap \mathcal{F}_2$ は閉集合である．

ここでコンパクト線型リー群の概念を定義しておく．

定義 6.2 $\mathbb{R}^N$ の部分集合 W に対し正の数 M が存在し，すべての 2 点 P, Q に対し $\mathrm{d}(\mathrm{P}, \mathrm{Q}) \leq M$ が成立するとき W は**有界**であるという．有界な閉集合のことを**コンパクト集合**（compact set）という[*2].

定義 6.3 線型リー群 $G \subset \mathrm{GL}_n\mathbb{R}$ が $\mathrm{M}_n\mathbb{R}$ 内のコンパクト集合であるとき**コンパクト線型リー群**とよぶ．

この章の主目標は次の定理である．

*2 位相空間について学んだ読者向けの注意：距離空間（より一般に位相空間）における「コンパクト集合」の定義はこのままでは通用せず修正を要する（位相空間に関する教科書，たとえば [14] を参照）．

定理 6.1 $\mathrm{O}(n)$ および $\mathrm{SO}(n)$ はコンパクト線型リー群である．

【証明】 有界であることを示せばよい．$A \in \mathrm{M}_n\mathbb{R}$ の長さ（ノルム）は $\|A\| = \sqrt{\mathrm{tr}({}^tAA)}$ で与えられたことを思い出す．${}^tAA = E$ より

$$\mathrm{d}(O, A)^2 = \|A\|^2 = \mathrm{tr}({}^tAA) = n$$

であるから，どの A, $B \in \mathrm{O}(n)$ についても

$$\mathrm{d}(A, B) \leq \mathrm{d}(A, O) + \mathrm{d}(O, B) = 2n$$

が言える． ■

$\nu > 0$ のとき擬直交群 $\mathrm{O}_\nu(n)$ はコンパクトでないことを注意しておく．

註 6.2 $\mathrm{SO}(n)$ は $\mathrm{O}(n)$ の正規部分群であり，準同型定理より $\mathrm{O}(n)/\mathrm{SO}(n) \cong \{\pm 1\}$.

6.3 オイラーの角

第 2 章で $\mathrm{SO}(2) = \mathrm{O}^+(2)$ が

$$\mathrm{SO}(2) = \left\{ \begin{pmatrix} \cos\theta & -\sin\theta \\ \sin\theta & \cos\theta \end{pmatrix} \middle| \ 0 \leq \theta < 2\pi \right\}$$

と表せることを説明した．$n \geq 3$ のときは $\mathrm{SO}(n)$ の元を具体的に表示するのは複雑である．ここでは応用上大切な $n = 3$ の場合を述べておこう．回転群 $\mathrm{SO}(3)$ に対し次の事実は基本的である ([2, p. 74] 参照).

定理 6.2 (オイラーの角) どの $A \in \mathrm{SO}(3)$ についても

$$0 \leq \phi < 2\pi, \quad 0 \leq \psi < 2\pi, \quad 0 \leq \theta \leq \pi$$

をみたす角 ϕ, θ, ψ が存在し $A = R_3(\phi)R_2(\theta)R_3(\psi)$,

$$R_3(\phi) = \begin{pmatrix} \cos\phi & -\sin\phi & 0 \\ \sin\phi & \cos\phi & 0 \\ 0 & 0 & 1 \end{pmatrix}, \quad R_2(\theta) = \begin{pmatrix} \cos\theta & 0 & \sin\theta \\ 0 & 1 & 0 \\ -\sin\theta & 0 & \cos\theta \end{pmatrix}$$

と分解される．(ϕ, θ, ψ) を**オイラーの角**とよぶ．

註 6.3 (オイラーの角の不定性) $A \in \mathrm{SO}(3)$ をオイラーの角 (ϕ, θ, ψ) を用いて $A = A(\phi, \theta, \psi)$ と表記するとき次が成立する.

(1) $\theta \neq 0, \pi$ のとき

$$A(\phi, \theta, \psi) = A(\phi', \theta', \psi') \Longleftrightarrow (\phi, \theta, \psi) = (\phi', \theta', \psi');$$

すなわち $\theta \neq 0, \pi$ のとき ϕ と ψ は A に対し一意的に決まる.

(2) どの $\alpha \in \mathbb{R}$ に対しても $A(\phi, 0, \psi) = A(\phi + \alpha, 0, \psi - \alpha)$;

(3) どの $\alpha \in \mathbb{R}$ に対しても $A(\phi, \pi, \psi) = A(\phi + \alpha, \pi, \psi + \alpha)$.

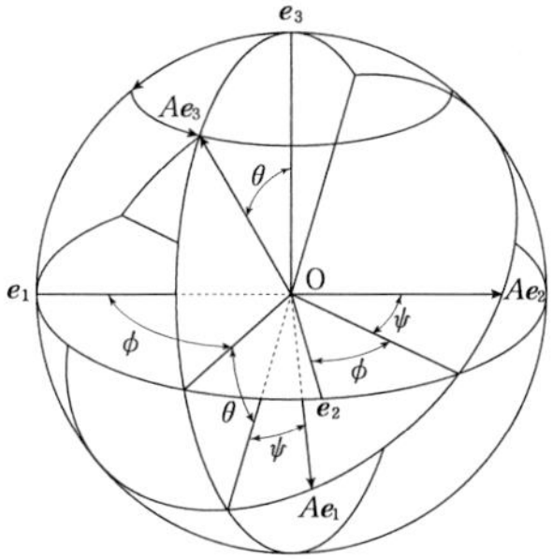

図 6.1 オイラーの角

6.4 合同変換群・再考

n 次元ユークリッド空間 $\mathbb{E}^n$ にはユークリッド距離函数 d が定義されていた (4.4 節). 1.2 節と同様に $\mathbb{E}^n$ の合同変換群を等距離変換として定義する (定義 1.1, 定義 4.12). すなわち, すべての P, Q $\in \mathbb{E}^n$ に対し

$$\mathrm{d}(f(\mathrm{P}), f(\mathrm{Q})) = \mathrm{d}(\mathrm{P}, \mathrm{Q}) \tag{6.3}$$

をみたす変換 f を $\mathbb{E}^n$ の**合同変換**という. 第 2 章で $\mathbb{E}^2$ の合同変換を分類したことを思い出そう. 補題 2.1 と補題 2.3 は $\mathbb{R}^n$ でも全く同様に成立する. 補題

2.2 は $\mathbb{E}^2$ を $\mathbb{E}^n$ に置き換えて証明することができる（確かめよ）．したがって定理 2.1 は $\mathbb{E}^n$ でも成立する．

定理 6.3 $\mathbb{E}^n$ の合同変換の全体のなす群 $\mathrm{E}(n)$ は $\{(A,\boldsymbol{b})\ |A \in \mathrm{O}(n), \boldsymbol{b} \in \mathbb{R}^n\}$ に次の演算を定めたものである．

$$(C,\boldsymbol{d})\circ(A,\boldsymbol{b}) = (CA, C\boldsymbol{b}+\boldsymbol{d}). \tag{6.4}$$

【証明】 $(A,\boldsymbol{b})$ の定める合同変換は

$$(A,\boldsymbol{b})(\boldsymbol{p}) = A\boldsymbol{p}+\boldsymbol{b}$$

であるから，これに $(C,\boldsymbol{d})$ の定める合同変換を施すと

$$(C,\boldsymbol{d})(A\boldsymbol{p}+\boldsymbol{b}) = CA\boldsymbol{p}+C\boldsymbol{b}+\boldsymbol{d}$$

である．$(\mathrm{E}(n),\circ)$ が

$$\begin{aligned}
&(C,\boldsymbol{d})\circ(A,\boldsymbol{b}) = (CA, C\boldsymbol{b}+\boldsymbol{d}),\\
&(A,\boldsymbol{b})\circ(E,\boldsymbol{0}) = (E,\boldsymbol{0})\circ(A,\boldsymbol{b}) = (A,\boldsymbol{b}),\\
&(A,\boldsymbol{b})\circ(A^{-1},-A^{-1}\boldsymbol{b}) = (E,\boldsymbol{0})
\end{aligned}$$

をみたすこと，結合法則：

$$\{(A,\boldsymbol{b})\circ(C,\boldsymbol{d})\}\circ(F,\boldsymbol{g}) = (A,\boldsymbol{b})\circ\{(C,\boldsymbol{d})\circ(F,\boldsymbol{g})\}$$

をみたすことも確かめられる．■

$\mathrm{E}(n)$ の部分群

$$\mathrm{SE}(n) = \{(A,\boldsymbol{b}) \in \mathrm{E}(n)\ |\ \det A = 1\}$$

を $\mathbb{R}^n$ の**運動群**（motion group）とよぶ．

註 6.4 第 2 章の最後で $\mathrm{E}(2)$ が線対称で生成されることを述べた．より一般に $\mathrm{E}(n)$ は鏡映で生成される．この事実については [2, 定理 2.62]，[11] を参照．

とくに直交群については次の定理が知られている（証明は [42] 参照）．

定理 6.4 $\mathrm{O}(n)$ は鏡映行列で生成される．すなわち任意に選んだ $A \in \mathrm{O}(n)$ に対し単位ベクトル $\boldsymbol{n}_1, \boldsymbol{n}_2, \ldots, \boldsymbol{n}_k$ が存在し $A = \mathsf{S}_{\boldsymbol{n}_1}\mathsf{S}_{\boldsymbol{n}_2}\cdots\mathsf{S}_{\boldsymbol{n}_k}$ と表せる．

擬ユークリッド空間 $\mathbb{E}^n_\nu$ $(\nu > 0)$ においてはスカラー積が距離函数を定めないため合同変換群を

$$\mathrm{E}_\nu(n) = \{(A, \boldsymbol{b}) \mid A \in \mathrm{O}_\nu(n),\ \boldsymbol{b} \in \mathbb{R}^n\} \tag{6.5}$$

に (6.4) で定まる演算を与えたもので定義する．とくにミンコフスキー空間 $\mathbb{L}^n = \mathbb{E}^n_1$ においては $\mathrm{E}_1(n)$ の要素による変換を**ポアンカレ変換**, $A \in \mathrm{O}_1(n)$ の定める 1 次変換を**ローレンツ変換**とよぶ．$\mathrm{E}_1(n)$ は**ポアンカレ群**とよばれる．

問題 6.2 平行移動全体のなす $\mathrm{E}_\nu(n)$ の部分群 $\boldsymbol{T}(\mathbb{R}^n) = \{(E, \boldsymbol{v}) \mid \boldsymbol{v} \in \mathbb{R}^n\}$ は $\mathbb{R}^n$ に加法を定めた可換群 $(\mathbb{R}^n, +)$ と同型であることを確かめよ．この部分群を**並進群** (translation group) とよぶ．さらに $\boldsymbol{T}(\mathbb{R}^n)$ は $\mathrm{E}_\nu(n)$ の正規部分群であることを示せ．

合同変換群は線型リー群だろうか．この疑問に答えるため次の群を用意する．

$$\mathrm{A}(n) = \left\{ \begin{pmatrix} A & \boldsymbol{b} \\ O_{1,n} & 1 \end{pmatrix} \middle| \ A \in \mathrm{GL}_n\mathbb{R},\ \boldsymbol{b} \in \mathbb{R}^n \right\} \subset \mathrm{GL}_{n+1}\mathbb{R}. \tag{6.6}$$

この群は $\mathrm{GL}_{n+1}\mathbb{R}$ の閉部分群である．$f : \mathrm{E}_\nu(n) \to \mathrm{GL}_{n+1}\mathbb{R}$ を

$$f\left((A, \boldsymbol{b})\right) = \begin{pmatrix} A & \boldsymbol{b} \\ O_{1,n} & 1 \end{pmatrix}$$

で定めると f は群の準同型でありしかも単射．したがって f を介して $\mathrm{E}_\nu(n)$ を $\mathrm{A}(n)$ の閉部分群

$$\left\{ \begin{pmatrix} A & \boldsymbol{b} \\ O_{1,n} & 1 \end{pmatrix} \middle| \ A \in \mathrm{O}_\nu(n),\ \boldsymbol{b} \in \mathbb{R}^n \right\} \subset \mathrm{A}(n)$$

と思うことができる．このやり方で $\mathrm{E}_\nu(n)$ を線型リー群と考える．

A(n) の元が定める $\mathbb{R}^n$ の変換

$$\boldsymbol{p} \longmapsto (A, \boldsymbol{b})\boldsymbol{p} = A\boldsymbol{p} + \boldsymbol{b}$$

は $\mathbb{R}^n$ の**アフィン変換**とよばれる．そのため A(n) は $\mathbb{R}^n$ の**アフィン変換群**とよばれている．アフィン変換群の閉部分群は $\mathbb{R}^n$ 上の種々の幾何学（クライン幾何）を定める．合同変換群の定める幾何をユークリッド幾何，アフィン変換群の定める幾何をアフィン幾何という．種々の（クライン）幾何については拙著 [2] を参照してほしい．この本でも第 III 部でクライン幾何を簡単に紹介する．

7 ユニタリ群

前章で直交群 $\mathrm{O}(n)$ および回転群 $\mathrm{SO}(n)$ を定義した．本章では数空間 $\mathbb{R}^n$ を複素数空間 $\mathbb{C}^n$ に置き換えてみよう．

7.1 複素数空間

この章では主に n 次元**複素数空間**

$$\mathbb{C}^n = \{\mathrm{Z} = (z_1, z_2, \ldots, z_n) \mid z_1, z_2, \ldots, z_n \in \mathbb{C}\}$$

を扱う．$\mathrm{O} = (0, 0, \ldots, 0)$ を基点とする点 Z の位置ベクトルは $\boldsymbol{z} = \overrightarrow{\mathrm{OZ}}$ で表す．（位置）ベクトル $\boldsymbol{z}$ は複素数を成分とする $(n, 1)$ 型行列と考える．以後，$\mathbb{R}^n$ のときと同様に Z とその位置ベクトルをいちいち区別せず $\boldsymbol{z} \in \mathbb{C}^n$ のように表記する．

ベクトル $\boldsymbol{z} = (z_1, z_2, \ldots, z_n)$ と $\boldsymbol{w} = (w_1, w_2, \ldots, w_n)$ の標準的**エルミート内積** $\langle \boldsymbol{z} | \boldsymbol{w} \rangle$ を

$$\langle \boldsymbol{z} | \boldsymbol{w} \rangle = {}^t\boldsymbol{z}\overline{\boldsymbol{w}} = \sum_{k=1}^{n} z_k \overline{w_k}$$

で定義する．エルミート内積は次の性質をもつ．

命題 7.1 $\boldsymbol{z}$, $\boldsymbol{z}_1$, $\boldsymbol{z}_2$, $\boldsymbol{w} \in \mathbb{C}^n$ および $\lambda \in \mathbb{C}$ に対し

(1) $\langle \boldsymbol{z} | \boldsymbol{w} \rangle = \overline{\langle \boldsymbol{w} | \boldsymbol{z} \rangle}$.

(2) $\langle \boldsymbol{z}_1 + \boldsymbol{z}_2 | \boldsymbol{w} \rangle = \langle \boldsymbol{z}_1 | \boldsymbol{w} \rangle + \langle \boldsymbol{z}_2 | \boldsymbol{w} \rangle$.

(3) $\langle \lambda \boldsymbol{z} | \boldsymbol{w} \rangle = \lambda \langle \boldsymbol{z} | \boldsymbol{w} \rangle$.

(4) $\langle \boldsymbol{z} | \boldsymbol{z} \rangle \geq 0$ が成り立つ．$\langle \boldsymbol{z} | \boldsymbol{z} \rangle$ となるのは $\boldsymbol{z} = \boldsymbol{0}$ のときに限る．

$\|\boldsymbol{z}\| = \sqrt{\langle \boldsymbol{z} | \boldsymbol{z} \rangle}$ を $\boldsymbol{z}$ の**長さ**という．

註 7.1 量子力学の教科書で $\langle \boldsymbol{z}|\boldsymbol{w}\rangle = \overline{z_1}w_1 + \overline{z_2}w_2 + \cdots + \overline{z_n}w_n$ と定義してあるものが多いので読み比べるときは注意されたい．この定義を採用している線型代数の教科書もある（例えば [30]）．

$\mathbb{C}^n$ の距離函数 d を

$$\mathrm{d}(\boldsymbol{z},\boldsymbol{w}) = \|\boldsymbol{z}-\boldsymbol{w}\|, \quad \boldsymbol{z},\boldsymbol{w} \in \mathbb{C}^n \tag{7.1}$$

で定めておく．$\mathbb{C}^n$ における距離函数であることを明示する必要があるときは $\mathrm{d}_{\mathbb{C}^n}$ と書く．今後 $\mathbb{C}^n$ に標準的エルミート内積を指定したものを n 次元**複素ユークリッド空間**という[*1]．

註 7.2 (ユニタリ空間) 註 5.8 の繰り返しになるが, 改めてエルミート内積の定義を述べておこう．複素線型空間 $\mathbb{V}$ 上の 2 変数函数で命題 7.1 の (1)–(4) をみたすものを $\mathbb{V}$ 上のエルミート内積という．エルミート内積を与えられた有限次元複素線型空間は**ユニタリ空間**ともよばれる．

註 7.3 (エルミート内積とスカラー積) $\mathbb{C}^n$ において

$$(\boldsymbol{z}|\boldsymbol{w}) = {}^t\boldsymbol{z}\boldsymbol{w} = \sum_{i=1}^{n} z_i w_i$$

と定めると $\mathbb{C}^n$ のスカラー積である．このスカラー積はエルミート内積と

$$\langle \boldsymbol{z}|\boldsymbol{w}\rangle = (\boldsymbol{z}|\overline{\boldsymbol{w}})$$

という関係にある．

7.2 ユニタリ群

複素数を成分とする n 次正方行列の全体 $\mathrm{M}_{n,n}\mathbb{C}$ を $\mathrm{M}_n\mathbb{C}$ と略記しよう．また

$$\mathrm{GL}_n\mathbb{C} = \{A \in \mathrm{M}_n\mathbb{C} \mid A \text{ は逆行列 } A^{-1} \text{をもつ}\}$$

[*1] ユークリッド空間 $\mathbb{E}^n$ のように特別に決まった記法がないので $\mathbb{C}^n$ で表す．

とおくと

$$\mathrm{GL}_n\mathbb{C} = \{A \in \mathrm{M}_n\mathbb{C} \mid \det A \neq 0\} \tag{7.2}$$

と表せる．$\mathrm{GL}_n\mathbb{R}$ 同様に $\mathrm{GL}_n\mathbb{C}$ も行列の積に関し群になる．$\mathrm{GL}_n\mathbb{C}$ を n 次**複素一般線型群**という．

$$\mathrm{SL}_n\mathbb{C} = \{A \in \mathrm{M}_n\mathbb{C} \mid \det A = 1\} \tag{7.3}$$

は $\mathrm{GL}_n\mathbb{C}$ の部分群である．これを n 次**複素特殊線型群**という．

直交群 $\mathrm{O}(n)$ をまねて

$$\mathrm{U}(n) = \{A \in \mathrm{M}_n\mathbb{C} \mid \text{すべての } \boldsymbol{z}, \boldsymbol{w} \in \mathbb{C}^n \text{ に対し } \langle A\boldsymbol{z}|A\boldsymbol{w}\rangle = \langle \boldsymbol{z}|\boldsymbol{w}\rangle\}$$

とおこう．$A \in \mathrm{M}_n\mathbb{C}$ に対し，A^* を

$$A^* = \overline{{}^tA} = {}^t(\overline{A})$$

で定め A の**随伴行列**とよぶ．ここで $\overline{A}$ は A の**複素共軛行列**で次の要領で定められる．

定義 7.1 $A = (a_{ij}) \in \mathrm{M}_{m,n}\mathbb{C}$ に対し a_{ij} の共軛複素数 $\overline{a_{ij}}$ を (i,j) 成分にもつ (m,n) 型行列を $\overline{A}$ で表す[*2]．定義より $\bar{a}_{ij} = \overline{a_{ij}}$ である．

随伴行列を使って次の公式が得られる．

$$\langle A\boldsymbol{z}|\boldsymbol{w}\rangle = \langle \boldsymbol{z}|A^*\boldsymbol{w}\rangle.$$

この公式よりただちに

$$\mathrm{U}(n) = \{A \in \mathrm{M}_n\mathbb{C} \mid A^*A = E\} \tag{7.4}$$

と表せることが確かめられる．この表示式から $\mathrm{U}(n)$ は $\mathrm{GL}_n\mathbb{C}$ の部分群であることがわかる．$\mathrm{U}(n)$ を n 次**ユニタリ群** (unitary group)，$\mathrm{U}(n)$ の元を**ユニタリ行列**とよぶ．

[*2] $\overline{A}$ の (i,j) 成分を $\bar{a}_{ij}$ と書く本もある．

註 7.4 量子力学の教科書では $A \in \mathrm{M}_n\mathbb{C}$ の随伴行列を $A^\dagger$ と表記してあることが多い．記号 † はダガー（dagger/短剣）と読む．

$A = (a_{ij})$ の随伴行列 A^* の (i, j) 成分は $\overline{a_{ji}}$ であるから $\det A^* = \overline{\det A}$ である．ユニタリ行列 A は $AA^* = E$ をみたすから

$$1 = \det E = \det(AA^*) = \det A \ \det A^* = \det A \, \overline{\det A} = |\det A|^2.$$

したがって $\det A$ は絶対値 1 の複素数である．

ユニタリ行列 A の定める 1 次変換 f_A を $\mathbb{C}^n$ の**ユニタリ変換**という．

註 7.5 (正規直交基底) ユニタリ空間 $\mathbb{V}$ において $\langle \vec{e}_i | \vec{e}_j \rangle = \delta_{ij}$ をみたす基底を**正規直交基底**という．たとえば $\mathbb{C}^n$ の標準基底は正規直交である．$A \in \mathrm{M}_n\mathbb{C}$ を $A = (\boldsymbol{a}_1 \ \boldsymbol{a}_2 \ \ldots \ \boldsymbol{a}_n)$ と列ベクトル表示すると $A \in \mathrm{U}(n)$ であるための必要十分条件は $\{\boldsymbol{a}_1, \boldsymbol{a}_2, \ldots, \boldsymbol{a}_n\}$ が正規直交基底であることがわかる．

対称行列をまねてエルミート行列を定義しておこう．$A \in \mathrm{M}_n\mathbb{C}$ が $A^* = A$ をみたすとき**エルミート行列**（Hermitian matrix）という．

7.3 複素構造

複素数全体 $\mathbb{C}$ を数平面 $\mathbb{R}^2$ と対応させることができる．

$$\mathbb{C} \ni z = x + y\mathtt{i} \longleftrightarrow (x, y) \in \mathbb{R}^2.$$

1 は $\boldsymbol{e}_1 = (1, 0)$ に $\mathtt{i}$ は $\boldsymbol{e}_2 = (0, 1)$ に対応する．

$\mathbb{C}$ は 1 次元複素線型空間であるが $\mathbb{R}$ 上の 2 次元の線型空間でもある．$\{1, \mathtt{i}\}$ を基底にもつ 2 次元の実線型空間として $\mathbb{C}$ を扱ってみよう．$\{1, \mathtt{i}\}$ の定める座標系 $\varphi_{\mathbb{C}} : \mathbb{C} \to \mathbb{R}^2$ は $\varphi_{\mathbb{C}}(x + y\mathtt{i}) = (x, y)$ で与えられる．これを $\mathbb{C}$ の自然な**実座標**とよぶ．

$\mathbb{C}$ 上の変換 $f_{\mathtt{i}} : \mathbb{C} \to \mathbb{C}$ を $f_{\mathtt{i}}(z) = \mathtt{i}z$ で与えよう．$f_{\mathtt{i}}$ の基底 $\{1, \mathtt{i}\}$ に関する表現行列を求めてみる．

$f_{\mathtt{i}}(x + y\mathtt{i}) = \mathtt{i}(x + y\mathtt{i}) = -y + x\mathtt{i}$ であるから $f_{\mathtt{i}}$ は $\mathbb{R}^2$ 上では

$$f_{\mathtt{i}} \begin{pmatrix} x \\ y \end{pmatrix} = \begin{pmatrix} -y \\ x \end{pmatrix} = \begin{pmatrix} 0 & -1 \\ 1 & 0 \end{pmatrix} \begin{pmatrix} x \\ y \end{pmatrix}$$

という1次変換である．この1次変換は原点のまわりの $\pi/2$ 回転であることに注意しよう．第3章で使用した記法 $J = R(\pi/2)$ を用いると

$$f_{\mathtt{i}}(z) = \mathtt{i}z \longleftrightarrow f_{\mathtt{i}}\begin{pmatrix} x \\ y \end{pmatrix} = J\begin{pmatrix} x \\ y \end{pmatrix}$$

と表現できる．行列 J を $\mathbb{C}$ の**標準的複素構造**とよぶ．したがって $f_{\mathtt{i}}$ の表現行列は J であることがわかった．

いまの考察を一般化してみよう．$a+b\mathtt{i}$ をひとつとり変換 $f_{a+b\mathtt{i}}(z) = (a+b\mathtt{i})z$ で定めよう．$f_{a+b\mathtt{i}}$ は $\mathbb{R}^2$ では

$$f_{a+b\mathtt{i}}\begin{pmatrix} x \\ y \end{pmatrix} = \begin{pmatrix} a & -b \\ b & a \end{pmatrix}\begin{pmatrix} x \\ y \end{pmatrix}$$

という1次変換である．

さてここまでの観察をもとに写像 $\phi : \mathbb{C} \to \mathrm{M}_2\mathbb{R}$ を

$$\phi(a+b\mathtt{i}) = \begin{pmatrix} a & -b \\ b & a \end{pmatrix} = aE + bJ$$

と定めると

命題 7.2 ϕ は次をみたす．$\alpha, \beta \in \mathbb{C}$ に対し

(1) $\phi(1) = E$, $\phi(\mathtt{i}) = J$, $\phi(0) = O$.
(2) $\phi(\alpha+\beta) = \phi(\alpha) + \phi(\beta)$,
(3) $\phi(\alpha\beta) = \phi(\alpha)\phi(\beta)$.
(4) $\phi(\alpha^{-1}) = \phi(\alpha)^{-1}$.
(5) $\phi(\overline{\alpha}) = {}^t\{\phi(\alpha)\}$.
(6) $\det\phi(\alpha) = |\alpha|^2$.

代数学の知識のある読者は ϕ による $\mathbb{C}$ の像

$$\phi(\mathbb{C}) = \left\{ \begin{pmatrix} a & -b \\ b & a \end{pmatrix} \;\middle|\; a, b \in \mathbb{R} \right\}$$

が行列の加法と乗法に関し体をなすこと，ϕ が体の同型写像であることに気づいただろう．ここで次の問題を解いてみてほしい．

問題 7.1 実数を成分とする行列について考える.

(1) $A = \begin{pmatrix} a & -b \\ b & a \end{pmatrix}$, $X = \begin{pmatrix} x & y \\ z & w \end{pmatrix}$ に対して $AX - XA$ を計算せよ.

(2) $\begin{pmatrix} a & -b \\ b & a \end{pmatrix}$ の形の 2 次正方行列全体の集合を $\mathbf{C}$ とおく. 次の命題の真偽を調べよ.

命題：2 次正方行列 X が $\mathbf{C}$ に属するすべての行列 A に対して $AX = XA$ を満たしているための必要十分条件は, X が $\mathbf{C}$ に属することである.

〔広島市立大〕

問題 7.1 を通じて次の事実が得られたことに注意しよう.

命題 7.3 $\mathrm{M}_2\mathbb{R}_J = \{X \in \mathrm{M}_2\mathbb{R} \mid JX = XJ\}$ とおく. $\phi : \mathbb{C} \to \mathrm{M}_2\mathbb{R}$ に対し $\phi(\mathbb{C}) = \mathrm{M}_2\mathbb{R}_J$ が成立する. したがって

$$\mathrm{M}_2\mathbb{R}_J = \left\{ \begin{pmatrix} a & -b \\ b & a \end{pmatrix} \middle| \, a, b \in \mathbb{R} \right\} \tag{7.5}$$

と表される. $\mathrm{M}_2\mathbb{R}_J$ に属する二つの行列 X, Y についてつねに $XY = YX$ が成立している.

この事実に基づき $\mathrm{M}_1\mathbb{C} = \mathbb{C}$ を $\mathrm{M}_2\mathbb{R}$ の線型部分空間 $\mathrm{M}_2\mathbb{R}_J$ とみなして扱うことがある. その際 $\mathrm{M}_2\mathbb{R}_J$ を $\mathrm{M}_1\mathbb{C}$ と表記してしまう.

定義より

$$\mathrm{GL}_1\mathbb{C} = \mathbb{C}^\times = \{a + b\mathrm{i} \in \mathbb{C} \mid a^2 + b^2 \neq 0\}$$

である. ϕ により $\mathrm{GL}_1\mathbb{C}$ は

$$\mathrm{GL}_2\mathbb{R}_J = \left\{ \begin{pmatrix} a & -b \\ b & a \end{pmatrix} \in \mathrm{M}_2\mathbb{R}_J \, \middle| \, a^2 + b^2 \neq 0 \right\} \tag{7.6}$$

と対応する. $\mathrm{M}_2\mathbb{R}_J$, $\mathrm{GL}_2\mathbb{R}_J$ をそれぞれ $\mathrm{M}_1\mathbb{C}$, $\mathrm{GL}_1\mathbb{C}$ の**実表示**とよぶ. 写像 ϕ 自体も実表示とよばれる. $\mathrm{M}_1\mathbb{C}$ を実表示 $\mathrm{M}_2\mathbb{R}_J$ を用いて扱う際は $\mathrm{GL}_1\mathbb{C} = \mathrm{GL}_2\mathbb{R}_J$ と書いてしまう.

7.4 高次元化

複素数空間 $\mathbb{C}^n$ において $\boldsymbol{z} = (z_1, z_2, \ldots, z_n)$ の成分 $z_k = x_k + y_k\mathtt{i}$ の実部 x_k と虚部 y_k を用いて

$$\boldsymbol{x} = (x_1, x_2, \cdots, x_n),\ \boldsymbol{y} = (y_1, y_2, \cdots, y_n) \in \mathbb{R}^n$$

とおき $\boldsymbol{z} = \boldsymbol{x} + \mathtt{i}\boldsymbol{y}$ と分解する．$\boldsymbol{x}, \boldsymbol{y}$ をそれぞれ $\boldsymbol{z}$ の**実部**，**虚部**とよぶ．

$\boldsymbol{z} = \boldsymbol{x} + \mathtt{i}\boldsymbol{y} \in \mathbb{C}^n$ に対し

$$\langle \boldsymbol{z} | \boldsymbol{z} \rangle = \sum_{k=1}^{n} z_k \overline{z_k} = \sum_{k=1}^{n} (x_k + y_k\mathtt{i})(x_k - y_k\mathtt{i}) = \sum_{k=1}^{n} (x_k)^2 + \sum_{k=1}^{n} (y_k)^2$$

より $\boldsymbol{z}$ の長さは

$$\|\boldsymbol{z}\| = \sqrt{\sum_{k=1}^{n} (x_k)^2 + \sum_{k=1}^{n} (y_k)^2} \tag{7.7}$$

と計算される．

$\mathbb{C}^n$ を $\mathbb{R}^{2n}$ と対応させよう．

$$\boldsymbol{z} = \boldsymbol{x} + \mathtt{i}\boldsymbol{y} \longleftrightarrow (\boldsymbol{x}, \boldsymbol{y}) \in \mathbb{R}^{2n}.$$

$\mathbb{C}^n$ の基本ベクトル

$$\boldsymbol{e}_1 = \begin{pmatrix} 1 \\ 0 \\ 0 \\ \vdots \\ 0 \\ 0 \end{pmatrix},\ \boldsymbol{e}_2 = \begin{pmatrix} 0 \\ 1 \\ 0 \\ \vdots \\ 0 \\ 0 \end{pmatrix}, \ldots, \boldsymbol{e}_n = \begin{pmatrix} 0 \\ 0 \\ 0 \\ \vdots \\ 0 \\ 1 \end{pmatrix}$$

を思い出そう．$\mathbb{C}^n$ を $\mathbb{R}^{2n}$ と対応させるというのは $\mathbb{C}^n$ を

$$\{\boldsymbol{e}_1, \boldsymbol{e}_2, \ldots, \boldsymbol{e}_n, \mathtt{i}\boldsymbol{e}_1, \mathtt{i}\boldsymbol{e}_2, \ldots, \mathtt{i}\boldsymbol{e}_n\}$$

を基底とする $2n$ 次元の実線型空間と見るということである．この基底に関する座標系を $\varphi_{\mathbb{C}^n}$ で表す．

$$\varphi_{\mathbb{C}^n}(\boldsymbol{z}) = (x_1, x_2, \ldots, x_n, y_1, y_2, \ldots, y_n).$$

$\varphi_{\mathbb{C}^1} = \varphi_{\mathbb{C}}$ に注意．

(7.1) で定めた $\mathbb{C}^n$ の距離函数と $\mathbb{R}^{2n}$ のユークリッド距離函数の関係を調べておこう．(7.1) と (7.7) より

$$\mathrm{d}_{\mathbb{R}^{2n}}(\varphi_{\mathbb{C}}(\boldsymbol{z}), \varphi_{\mathbb{C}}(\boldsymbol{w})) = \mathrm{d}_{\mathbb{C}^n}(\boldsymbol{z}, \boldsymbol{w})$$

が成立している．すなわち $\varphi_{\mathbb{C}^n}$ は $(\mathbb{C}^n, \mathrm{d}_{\mathbb{C}^n})$ から $(\mathbb{R}^{2n}, \mathrm{d}_{\mathbb{R}^{2n}})$ への（距離空間の間の）等長写像．すなわち $(\mathbb{C}^n, \mathrm{d}_{\mathbb{C}^n})$ と $(\mathbb{R}^{2n}, \mathrm{d}_{\mathbb{R}^{2n}})$ は距離空間として同型である．そこで今後は（最初の記法に戻して）$\mathrm{d}_{\mathbb{C}^n}$ と $\mathrm{d}_{\mathbb{R}^{2n}}$ をどちらも d で表すことにしよう[*3]．

変換 $f_{\mathrm{i}} : \mathbb{C}^n \to \mathbb{C}^n$ を $f_{\mathrm{i}}(\boldsymbol{z}) = \mathrm{i}\boldsymbol{z}$ で定めると f_{i} は $\mathbb{R}^{2n}$ では

$$f_{\mathrm{i}} \begin{pmatrix} \boldsymbol{x} \\ \boldsymbol{y} \end{pmatrix} = \begin{pmatrix} O_n & -E_n \\ E_n & O_n \end{pmatrix} \begin{pmatrix} \boldsymbol{x} \\ \boldsymbol{y} \end{pmatrix}$$

と表現される．f_{i} の $\{\boldsymbol{e}_1, \boldsymbol{e}_2, \ldots, \boldsymbol{e}_n, \mathrm{i}\boldsymbol{e}_1, \mathrm{i}\boldsymbol{e}_2, \ldots, \mathrm{i}\boldsymbol{e}_n\}$ に関する f_{i} の表現行列を J_n と表記する．すなわち

$$J_n = \begin{pmatrix} O_n & -E_n \\ E_n & O_n \end{pmatrix}. \tag{7.8}$$

$J_1 = J$ である．

$\mathrm{M}_1\mathbb{C} \subset \mathrm{M}_2\mathbb{R}$ をまねて $\phi_n : \mathrm{M}_n\mathbb{C} \to \mathrm{M}_{2n}\mathbb{R}$ を

$$\phi_n(A + \mathrm{i}B) = \begin{pmatrix} A & -B \\ B & A \end{pmatrix}$$

で定める．次の命題を確かめてほしい．

命題 7.4 $Z, W \in \mathrm{M}_n\mathbb{C}$ に対し

*3 距離空間として同型なので同じ d で表記しても混乱しないことがわかったから．

(1) $\phi_n(Z+W)=\phi_n(Z)+\phi_n(W)$.

(2) $\phi_n(ZW)=\phi_n(Z)\phi_n(W)$.

(3) $\phi_n(Z^{-1})=\phi_n(Z)^{-1}$.

(4) $\phi_n(Z^*)={}^t\{\phi_n(Z)\}$.

(5) $\det\phi_n(Z)=|\det Z|^2$.

問題 7.2 命題 7.4 の (5), すなわち $A,\ B\in \mathrm{M}_n\mathbb{R}$ に対し

$$\det\begin{pmatrix} A & -B \\ B & A \end{pmatrix}=|\det(A+\mathtt{i}B)|^2.$$

が成立することを確かめよ．

ϕ_n による $\mathrm{M}_n\mathbb{C}$ の像 $\phi_n(\mathrm{M}_n\mathbb{C})=\{\phi_n(Z)\mid Z\in\mathrm{M}_n\mathbb{C}\}$ を $\mathrm{M}_n\mathbb{C}$ の**実表示**とよぶ[*4]．実表示は

$$\phi_n(\mathrm{M}_n\mathbb{C})=\mathrm{M}_{2n}\mathbb{R}_J:=\{X\in\mathrm{M}_{2n}\mathbb{R}\mid XJ_n=J_nX\} \tag{7.9}$$

と表示できる．$\mathrm{GL}_n\mathbb{C}$ は $\mathrm{GL}_{2n}\mathbb{R}$ の部分群

$$\mathrm{GL}_{2n}\mathbb{R}_J:=\{X\in\mathrm{GL}_{2n}\mathbb{R}\mid XJ_n=J_nX\}$$

に対応する．この部分群を $\mathrm{GL}_n\mathbb{C}$ の**実表示**という．実表示の定義方程式 $XJ_n=J_nX$ より $\mathrm{GL}_{2n}\mathbb{R}_J$ は $\mathrm{GL}_{2n}\mathbb{R}$ の閉部分群であることがわかる．$\phi_n:\mathrm{M}_n\mathbb{C}\to\mathrm{M}_{2n}\mathbb{R}$ を介して $\mathrm{GL}_n\mathbb{C}$ を $\mathrm{GL}_{2n}\mathbb{R}$ の閉部分群と考えてよい．したがって $\mathrm{GL}_n\mathbb{C}$ は線型リー群である．$\mathrm{GL}_{2n}\mathbb{R}_J=\mathrm{GL}_{2n}\mathbb{R}\cap\mathrm{M}_{2n}\mathbb{R}_J$ であることを注意しておこう．

7.5 斜交群

$\boldsymbol{z}=\boldsymbol{x}+\mathtt{i}\boldsymbol{y},\ \boldsymbol{w}=\boldsymbol{u}+\mathtt{i}\boldsymbol{v}\in\mathbb{C}^n$ に対し $\vec{z}=(\boldsymbol{x};\boldsymbol{y}),\ \vec{w}=(\boldsymbol{u};\boldsymbol{v})\in\mathbb{R}^{2n}$ とおき $\vec{z}$ と $\vec{w}$ のエルミート内積を計算すると

[*4] 写像 ϕ_n も実表示とよばれる．

$$\begin{aligned}\langle \vec{z}|\vec{w}\rangle &= \sum_{k=1}^{n}(x_k + y_k\mathtt{i})(u_k - v_k\mathtt{i}) \\ &= \sum_{k=1}^{n}(x_k u_k + y_k v_k) - \mathtt{i}\sum_{k=1}^{n}(x_k v_k - y_k u_k) \\ &= (\vec{z}|\vec{w}) + \mathtt{i}\,{}^t\vec{z}\,J_n\,\vec{w}.\end{aligned}$$

ここで $\mathbb{R}^{2n}$ 上の 2 変数函数 Ω を

$$\Omega(\vec{z},\vec{w}) = {}^t\vec{z}\,J_n\,\vec{w} \tag{7.10}$$

で定義し $\mathbb{R}^{2n}$ の**標準的斜交形式**（**標準的シンプレクティック形式**）とよぶ．

Ω は**交代双線型形式**であること，すなわち $\Omega(\vec{z},\vec{w}) = -\Omega(\vec{w},\vec{z})$ をみたすことを注意しておこう．とくに Ω の表現行列は J_n であるから Ω は非退化である．

直交群をまねて

$$\mathrm{Sp}(n;\mathbb{R}) = \{A \in \mathrm{M}_{2n}\mathbb{R} \mid \text{すべての } \vec{z},\vec{w} \in \mathbb{R}^{2n} \text{に対し } \Omega(A\vec{z},A\vec{w}) = \Omega(\vec{z},\vec{w})\}$$

とおく．

$$\Omega(\vec{z},\vec{w}) = (\vec{z}|\,J_n\vec{w})$$

と表せることから

$$\mathrm{Sp}(n;\mathbb{R}) = \{A \in \mathrm{M}_{2n}\mathbb{R} \mid {}^tAJ_nA = J_n\} \tag{7.11}$$

という表示が得られる．$\mathrm{Sp}(n;\mathbb{R})$ は $\mathrm{GL}_{2n}\mathbb{R}$ の閉部分群であることが確かめられる．$\mathrm{Sp}(n;\mathbb{R})$ を**実斜交群**（real symplectic group）とか**実シンプレクティック群**とよぶ．

註 7.6 $A \in \mathrm{Sp}(n;\mathbb{R})$ ならば

$$1 = \det J = \det({}^tAJA) = \det A\ \det J\ \det A = (\det A)^2$$

より $\det A = \pm 1$ がわかる．$\mathrm{Sp}(n;\mathbb{R})$ が連結であることからつねに $\det A = 1$ であることがわかる．したがって $\mathrm{Sp}(n;\mathbb{R})$ は $\mathrm{SL}_{2n}\mathbb{R}$ の部分群である．

註 7.7 非退化な交代双線型形式を備えた実線型空間に対しスカラー積空間の正規直交基底に相当する斜交基底，鏡映の類似である斜交移換，また $\mathrm{Sp}(n;\mathbb{R})$ に対する定理 6.4 の類似などが知られている．これらについては附録 B.3 を参照．

問題 7.3 $\lambda \in \mathbb{R}$ が $A \in \mathrm{Sp}(n;\mathbb{R})$ の固有値ならば $1/\lambda$ も固有値であることを証明せよ．

実シンプレクティック群を用いてユニタリ群 $\mathrm{U}(n)$ の実表示を考察しよう．

等式 $\langle \boldsymbol{z}|\boldsymbol{w}\rangle = (\vec{z}|\vec{w}) + \mathtt{i}\Omega(\vec{z},\vec{w})$ より $C \in \mathrm{M}_n\mathbb{C}$ に対し

$$\langle C\boldsymbol{z}|C\boldsymbol{w}\rangle = (\phi_n(C)\vec{z}|\phi_n(C)\vec{w}) + \mathtt{i}\Omega(\phi_n(C)\vec{z},\phi_n(C)\vec{w})$$

であるから

$$C \in \mathrm{U}(n) \Longleftrightarrow \phi_n(C) \in \mathrm{O}(2n) \text{ かつ } \phi_n(C) \in \mathrm{Sp}(n;\mathbb{R}).$$

ゆえに $\mathrm{U}(n)$ の実表示 $\phi_n(\mathrm{U}(n))$ が

$$\phi_n(\mathrm{U}(n)) = \mathrm{O}(2n) \cap \mathrm{Sp}(n;\mathbb{R}) \subset \mathrm{SO}(2n)$$

で与えられることがわかった．この事実をしばしば

$$\mathrm{U}(n) = \mathrm{O}(2n) \cap \mathrm{Sp}(n;\mathbb{R})$$

と略記する．

$C = A + \mathtt{i}B \in \mathrm{U}(n)$ とその実表示 $\phi_n(C) = \phi_n(A+\mathtt{i}B)$ の行列式は一致しないことに注意しよう．$\det\phi_n(A+\mathtt{i}B) = 1$ であるが $\det(A+\mathtt{i}B)$ は既に確認したように絶対値 1 の複素数である．実表示を扱う際は行列式に注意が必要である．さて

$$\mathrm{SU}(n) = \mathrm{U}(n) \cap \mathrm{SL}_n\mathbb{C} \tag{7.12}$$

は $\mathrm{U}(n)$ の部分群である．この群を n 次**特殊ユニタリ群**とよぶ．$\mathrm{U}(n)$ も $\mathrm{SL}_n\mathbb{C}$ も $\mathrm{GL}_{2n}\mathbb{R}$ の閉集合なので $\mathrm{SU}(n)$ は線型リー群である．

問題 7.4 $\mathrm{U}(n)$ の実表示は

$$\left\{ \begin{pmatrix} A & -B \\ B & A \end{pmatrix} \middle| \ A, B \in \mathrm{M}_n\mathbb{R},\ {}^tAA + {}^tBB = E,\ {}^tAB = {}^tBA \right\} \tag{7.13}$$

で与えられることを確かめよ．この表示から $X \in \mathrm{M}_{2n}\mathbb{R}_J$ に対し $X \in \phi_n(\mathrm{U}(n)) \iff X \in \mathrm{O}(2n)$ であることがわかる．したがって $\mathrm{U}(n)$ の別の実表示

$$\mathrm{U}(n) = \mathrm{O}(2n) \cap \mathrm{GL}_n\mathbb{C} \tag{7.14}$$

が得られる．また

$$\mathrm{SU}(n) = \mathrm{O}(2n) \cap \mathrm{SL}_n\mathbb{C} \tag{7.15}$$

が得られる．

7.6 複素行列のノルム

複素正方行列に対してもエルミート内積，ノルム，距離を定めておこう．$Z = (z_{ij}) \in \mathrm{M}_n\mathbb{C}$ に対し，各成分 z_{ij} を $z_{ij} = x_{ij} + y_{ij}\mathrm{i} \in \mathbb{C}$ と分解し

$$X := (x_{ij}),\quad Y := (y_{ij}) \in \mathrm{M}_n\mathbb{R}$$

とおく．さらに $Z = X + \mathrm{i}Y$ と表す．このとき X, Y をそれぞれ Z の**実部**，**虚部**といい $\mathrm{Re}\, Z, \mathrm{Im}\, Z$ と表記する．$Z = (z_{ij}) \in \mathrm{M}_n\mathbb{C}$ の**ノルム** $\|Z\|$ を

$$\|Z\| = \sqrt{\sum_{i,j=1}^{n} |z_{ij}|^2} = \sqrt{\sum_{i,j=1}^{n} (x_{ij})^2 + \sum_{i,j=1}^{n} (y_{ij})^2} \tag{7.16}$$

で定める．$\mathrm{M}_n\mathbb{C}$ におけるノルムであることを強調する必要があるときは $\|Z\|_{\mathrm{M}_n\mathbb{C}}$ とも表記しよう．

$$({}^tZ\bar{Z})_{ij} = \sum_{k=1}^{n} z_{ki}\overline{z_{kj}},\quad (Z^*Z)_{ij} = \sum_{k=1}^{n} \overline{z_{ki}}z_{kj}$$

であるから

$$\mathrm{tr}({}^tZ\bar{Z}) = \mathrm{tr}(Z^*Z) = \|Z\|^2$$

を得る．これを

$$\|Z\|_{\mathrm{M}_n\mathbb{C}} = \sqrt{\mathrm{tr}(Z^*Z)} = \sqrt{\mathrm{tr}({}^tZ\bar{Z})} \tag{7.17}$$

と書き換えておこう．この表示式から $\mathrm{M}_n\mathbb{C}$ のエルミート内積を

$$\langle Z|W\rangle = \mathrm{tr}\,({}^tZ\overline{W}),\quad Z, W \in \mathrm{M}_n\mathbb{C} \tag{7.18}$$

で定めておくと都合がよい．このエルミート内積に関し $\mathcal{E}_{n,n} = \{E_{ij} \mid i, j = 1, 2, \ldots, n\}$ は正規直交である．

ここで定義したノルムは問題 4.11 と同様に次の性質をもつ．

命題 7.5 $X, Y \in \mathrm{M}_n\mathbb{C}$, $\lambda \in \mathbb{C}$ に対し

(1) $\|X\| = 0 \iff X = O$,
(2) $\|\lambda X\| = |\lambda|\,\|X\|$,
(3) $\|X + Y\| \leq \|X\| + \|Y\|$,
(4) $\|XY\| \leq \|X\|\,\|Y\|$

が成り立つ．

このノルムを用いて $\mathrm{M}_n\mathbb{C}$ に距離函数が定義される．

$$\mathrm{d}(Z, W) = \|Z - W\|.$$

$\mathrm{M}_n\mathbb{C}$ における距離函数であることを強調したいときは $\mathrm{d}_{\mathrm{M}_n\mathbb{C}}$ と書こう．

この距離を具体的に書いてみよう．$Z = X + \mathrm{i}Y$, $W = U + \mathrm{i}V$ に対し

$$\mathrm{d}(Z, W) = \mathrm{tr}\,\{(Z - W)^*(Z - W)\} = \sqrt{\sum_{i,j=1}^{n} |z_{ij} - w_{ij}|^2}$$
$$= \sqrt{\sum_{i,j=1}^{n} (x_{ij} - u_{ij})^2 + \sum_{i,j=1}^{n} (y_{ij} - v_{ij})^2}.$$

ところで実表示を介して $\mathrm{M}_n\mathbb{C}$ を $\mathrm{M}_{2n}\mathbb{R}$ の実線型部分空間と思うことができた．$\mathrm{M}_{2n}\mathbb{R}$ には距離函数 (4.15) が定義されていて，$\mathbb{R}^{4n^2}$ と距離空間として同

型であった (補題 4.1)．そこで $\mathrm{M}_n\mathbb{C}$ と $\mathrm{M}_{2n}\mathbb{R}$ の距離函数を比べてみよう．まず $Z = X + \mathtt{i}Y \in \mathrm{M}_n\mathbb{C}$ に対し

$$\phi_n(Z) = \phi_n(X + \mathtt{i}Y) = \begin{pmatrix} X & -Y \\ Y & X \end{pmatrix}$$

であるから $\phi_n(Z)$ の $\mathrm{M}_{2n}\mathbb{R}$ におけるノルムは

$$\begin{aligned}\|\phi_n(X + \mathtt{i}Y)\|^2_{\mathrm{M}_{2n}\mathbb{R}} &= \sum_{i,j=1}^{n}(x_{ij})^2 + \sum_{i,j=1}^{n}(-y_{ij})^2 + \sum_{i,j=1}^{n}(y_{ij})^2 + \sum_{i,j=1}^{n}(x_{ij})^2 \\ &= 2\left\{\sum_{i,j=1}^{n}(x_{ij})^2 + \sum_{i,j=1}^{n}(y_{ij})^2\right\}\end{aligned}$$

と求められる．したがって

$$\|\phi_n(Z)\|_{\mathrm{M}_{2n}\mathbb{R}} = \sqrt{2}\,\|Z\|_{\mathrm{M}_n\mathbb{C}}, \quad Z \in \mathrm{M}_n\mathbb{C} \tag{7.19}$$

を得た．$\sqrt{2}$ 倍という違いがあるが写像・函数の連続性を議論する際の「行列の列の収束」はどちらの距離を使っても結論は変わらない．実際 $\{Z_k\}$ を $\mathrm{M}_n\mathbb{C}$ 内の列とする．この列が $\mathrm{M}_n\mathbb{C}$ の距離函数に関し $Z = X + \mathtt{i}Y$ に収束するというのは

$$\lim_{k\to\infty} \mathrm{d}_{\mathrm{M}_n\mathbb{C}}(Z_k, Z) = \lim_{k\to\infty} \|Z_k - Z\|_{\mathrm{M}_n\mathbb{C}} = 0$$

ということであるが，$Z_k = X_k + \mathtt{i}Y_k$ と分解すると

$$\|Z_k - Z\|_{\mathrm{M}_n\mathbb{C}} = \sqrt{\|X_k - X\|^2_{\mathrm{M}_n\mathbb{R}} + \|Y_k - Y\|^2_{\mathrm{M}_n\mathbb{R}}}$$

であるから

$$\lim_{k\to\infty} Z_k = Z \Longleftrightarrow \lim_{k\to\infty} X_k = X \text{ かつ } \lim_{k\to\infty} Y_k = Y$$

を得る．一方 $\{Z_k\}$ を ϕ_n で写して $\mathrm{M}_{2n}\mathbb{R}_J$ 内で考えてみると (7.19) より

$$\begin{aligned}\lim_{k\to\infty} \|\phi_n(Z_k) - \phi_n(Z)\|_{\mathrm{M}_{2n}\mathbb{R}} &= \lim_{k\to\infty} \|\phi_n(Z_k - Z)\|_{\mathrm{M}_{2n}\mathbb{R}} \\ &= \sqrt{2}\lim_{k\to\infty} \sqrt{\|X_k - X\|^2_{\mathrm{M}_n\mathbb{R}} + \|Y_k - Y\|^2_{\mathrm{M}_n\mathbb{R}}}\end{aligned}$$

であるから $\{Z_k\}$ が $(\mathrm{M}_n\mathbb{C}, \mathrm{d}_{\mathrm{M}_n\mathbb{C}})$ において Z に収束することと，$\{\phi_n(Z_k)\}$ が $(\mathrm{M}_{2n}\mathbb{R}_J, \mathrm{d}_{\mathrm{M}_{2n}\mathbb{R}_J})$ において $\phi_n(Z)$ に収束することは同値である．したがって「指定された部分集合が閉集合である」という性質は $(\mathrm{M}_n\mathbb{C}, \mathrm{d}_{\mathrm{M}_n\mathbb{C}})$ で考えても $(\mathrm{M}_{2n}\mathbb{R}_J, \mathrm{d}_{\mathrm{M}_{2n}\mathbb{R}_J})$ で考えてもよいのである．とくに次の事実をみたしていることを注意しておこう．

命題 7.6 $\phi_n : (\mathrm{M}_n\mathbb{C}, \mathrm{d}_{\mathrm{M}_n\mathbb{C}}) \to (\mathrm{M}_{2n}\mathbb{R}_J, \mathrm{d}_{\mathrm{M}_{2n}\mathbb{R}_J})$ は連続であり，逆写像も連続である．

$\mathrm{M}_n\mathbb{C}$ の部分集合に対してコンパクト性を考えたい．$\mathrm{M}_n\mathbb{C}$ を $\mathbb{C}^{n^2}$ と考え，さらに $\mathbb{C}^{n^2}$ を $\mathbb{R}^{2n^2}$ と考えることにしよう．そうすれば部分集合 $\mathcal{W} \subset \mathrm{M}_n\mathbb{C}$ に対して有界かどうかを考えることができる．対応

$$\mathrm{M}_n\mathbb{C} \ni Z = (z_{ij}) \longmapsto (x_{11}, x_{12}, \ldots, x_{nn}, y_{11}, y_{12}, \ldots, y_{nn}) \in \mathbb{R}^{2n^2}$$

は $(\mathrm{M}_n\mathbb{C}, \mathrm{d}_{\mathrm{M}_n\mathbb{C}})$ から $(\mathbb{R}^{2n^2}, \mathrm{d}_{\mathbb{R}^{2n^2}})$ への等長写像であることに注意．

$Z \in \mathrm{U}(n)$ とすると $Z^*Z = E$ より

$$\mathrm{d}_{\mathrm{M}_n\mathbb{C}}(O, Z)^2 = \mathrm{tr}(Z^*Z) = \mathrm{tr}\, E = n$$

であるから直交群 $\mathrm{O}(n)$ のとき（定理 6.1 の証明）と同様に $\mathrm{U}(n)$ は $\mathrm{M}_n\mathbb{C}$ 内の有界集合であることがわかる．したがって $\mathrm{U}(n)$ はコンパクト・リー群である．$\mathrm{SU}(n)$ もコンパクト・リー群である．

註 7.8 (複素鏡映行列) 単位ベクトル $\boldsymbol{a} \in \mathbb{C}^n$ と絶対値 1 の複素数 λ に対し行列 $\mathsf{S}^{\lambda}_{\boldsymbol{a}}$ を $\mathsf{S}^{\lambda}_{\boldsymbol{a}} = E_n + (\lambda - 1)\boldsymbol{a}\,\boldsymbol{a}^*$ で定めるとユニタリ行列である．これを**複素鏡映行列**という．とくに $\lambda = -1$ のものはハウスホルダー行列とよばれ数値解析などで用いられる．直交群と同様に $\mathrm{U}(n)$ は複素鏡映行列で生成される（[42] 参照).

7.7 低次の場合

ユニタリ群 $\mathrm{U}(n)$ において次数 n が 2 以下の場合を詳しく調べておこう．$n = 1$ のとき，$\mathrm{M}_1\mathbb{C} = \mathbb{C}$ である．$z \in \mathrm{M}_1\mathbb{C}$ に対し $z^* = \overline{z}$ だから

$$\mathrm{U}(1) = \{z \in \mathbb{C} \mid |z| = 1\}$$

となるから $\mathrm{U}(1)$ は複素平面 $\mathbb{C}$ 内の原点を中心とする単位円 $\mathbb{S}^1$ である．そこで $\mathrm{U}(1)$ を**円周群**（circle group）ともよぶ．

註 7.9 $\mathrm{SU}(n)$ は $\mathrm{U}(n)$ の正規部分群であり，準同型定理より $\mathrm{U}(n)/\mathrm{SU}(n) \cong \mathrm{U}(1)$.

定義 7.2 複素数 $z = x + y\mathtt{i}$ に対し，その大きさ（絶対値）$r = |z| = \sqrt{x^2 + y^2}$ と偏角 θ を用いて

$$z = re^{\mathtt{i}\theta} = r(\cos\theta + \mathtt{i}\sin\theta) \tag{7.20}$$

と表示することができる．これを z の**極表示**とよぶ．

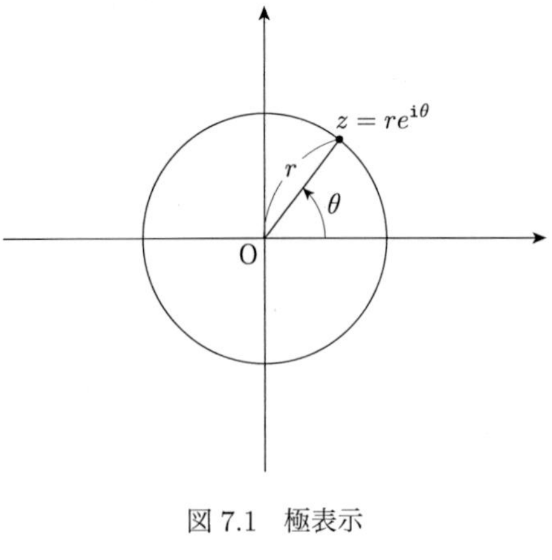

図 7.1　極表示

$z \in \mathrm{U}(1)$ に対し極表示 $z = e^{\mathrm{i}\theta}$ を用いると

$$\mathrm{U}(1) = \{e^{\mathrm{i}\theta} = \cos\theta + \mathrm{i}\sin\theta \mid 0 \leq \theta < 2\pi\}$$

と書き直せる．$z_1 = e^{\mathrm{i}\theta_1}$, $z_2 = e^{\mathrm{i}\theta_2}$ に対しその積は $z_1 z_2 = e^{\mathrm{i}(\theta_1+\theta_2)}$ で与えられる．$\mathrm{U}(1)$ の単位元は 1．また $z = e^{\mathrm{i}\theta}$ の逆元は $z^{-1} = e^{-\mathrm{i}\theta}$ である．

円周群 $\mathrm{U}(1)$ の実表示は

$$\left\{\begin{pmatrix} \cos\theta & -\sin\theta \\ \sin\theta & \cos\theta \end{pmatrix} \;\middle|\; 0 \leq \theta < 2\pi\right\}$$

となり，これは回転群 $\mathrm{SO}(2)$ である．この事実に基づきしばしば $\mathrm{U}(1) = \mathrm{SO}(2)$ と書いたりする．

等式 $\mathrm{U}(1) = \mathrm{O}(2) \cap \mathrm{Sp}(1;\mathbb{R})$ を確かめておこう．$\boldsymbol{x} = (x_1, x_2)$, $\boldsymbol{y} = (y_1, y_2) \in \mathbb{R}^2$ に対し

$$\Omega(\boldsymbol{x}, \boldsymbol{y}) = {}^t\boldsymbol{x} J_1 \boldsymbol{y} = x_1 y_2 - x_2 y_1 = \det(\boldsymbol{x}\,\boldsymbol{y})$$

であるから $\mathrm{Sp}(1;\mathbb{R}) = \mathrm{SL}_2\mathbb{R}$ である．したがって

$$\mathrm{O}(2) \cap \mathrm{Sp}(1;\mathbb{R}) = \mathrm{O}(2) \cap \mathrm{SL}_2\mathbb{R} = \mathrm{SO}(2)$$

であるから $\mathrm{U}(1) = \mathrm{SO}(2)$ がふたたび得られた．

次に $n = 2$ のときを考えよう．$C = (c_{ij}) \in \mathrm{U}(2)$ に対し $C^{-1} = C^*$ であるから

$$\frac{1}{c_{11}c_{22} - c_{12}c_{21}} \begin{pmatrix} c_{22} & -c_{12} \\ -c_{21} & c_{11} \end{pmatrix} = \begin{pmatrix} \overline{c_{11}} & \overline{c_{21}} \\ \overline{c_{12}} & \overline{c_{22}} \end{pmatrix}$$

であるから

$$C \in \mathrm{U}(2) \iff \overline{c_{11}} = c_{22}/|C| \text{ かつ } \overline{c_{21}} = -c_{12}/|C|$$

である．とくに

$$C \in \mathrm{SU}(2) \iff \overline{c_{11}} = c_{22},\ \overline{c_{21}} = -c_{12} \text{ かつ } |c_{11}|^2 + |c_{21}|^2 = 1$$

より $c_{11} = \alpha$, $c_{21} = \beta$ と書き換えて

$$\mathrm{SU}(2) = \left\{ \begin{pmatrix} \alpha & -\overline{\beta} \\ \beta & \overline{\alpha} \end{pmatrix} \;\middle|\; |\alpha|^2 + |\beta|^2 = 1 \right\}$$

を得た．ここで $\alpha = \xi_0 + \xi_1 \mathtt{i}$, $\beta = \xi_2 + \xi_3 \mathtt{i}$ とおくと

$$\mathrm{SU}(2) = \left\{ \begin{pmatrix} \xi_0 + \xi_1 \mathtt{i} & -\xi_2 - \xi_3 \mathtt{i} \\ \xi_2 - \xi_3 \mathtt{i} & \xi_0 - \xi_1 \mathtt{i} \end{pmatrix} \;\middle|\; \xi_0^2 + \xi_1^2 + \xi_2^2 + \xi_3^2 = 1 \right\}$$

と書き換えられる．ということは $\mathrm{SU}(2)$ は $(\xi_0, \xi_1, \xi_2, \xi_3)$ を座標系にもつ 4 次元数空間 $\mathbb{R}^4$ 内の 3 次元球面

$$\mathbb{S}^3 = \{(\xi_0, \xi_1, \xi_2, \xi_3) \in \mathbb{R}^4 \mid \xi_0^2 + \xi_1^2 + \xi_2^2 + \xi_3^2 = 1\}$$

と思えることを意味する．$\mathrm{SU}(2) = \mathbb{S}^3$ という一致を詳しく理解するためには数の世界を複素数から四元数に拡げるのがよい．次章で四元数について解説しよう．

8 シンプレクティック群

これまでに紹介してきた直交群 $\mathrm{O}(n)$, ユニタリ群 $\mathrm{U}(n)$ に続くコンパクト線型リー群の例であるユニタリ・シンプレクティック群 $\mathrm{Sp}(n)$ を紹介する．$\mathrm{Sp}(n)$ は四元数を用いて定義される．前章の最後に述べた事実 "$\mathrm{SU}(2) = \mathbb{S}^3$" も四元数を用いて再考しよう．

8.1 四元数

実数，複素数に続く数としてハミルトン（William Rowan Hamilton, 1805–1865）は**四元数**（quaternion）を考案した．複素数は 1 と虚数単位 $\mathtt{i}$ からつくられたことを思い出そう．四元数は 1 と 3 つの虚数単位 $\mathtt{i}$, $\mathtt{j}$, $\mathtt{k}$ からつくられる数

$$\xi = \xi_0 1 + \xi_1 \mathtt{i} + \xi_2 \mathtt{j} + \xi_3 \mathtt{k}$$

である．3 つの虚数単位 $\mathtt{i}$, $\mathtt{j}$, $\mathtt{k}$ は

$$\mathtt{i}^2 = \mathtt{j}^2 = \mathtt{k}^2 = -1,$$

$$\mathtt{ij} = -\mathtt{ji} = \mathtt{k},\ \mathtt{jk} = -\mathtt{kj} = \mathtt{i},\ \mathtt{jk} = -\mathtt{kj} = \mathtt{i}$$

という積の規則に従うものとする．また 1 はすべての実数と**交換可能**，すなわち

$$1x = x1\ (x \in \mathbb{R})$$

をみたすとする．

また $\xi = \xi_0 1 + \xi_1 \mathtt{i} + \xi_2 \mathtt{j} + \xi_3 \mathtt{k}$ をしばしば

$$\xi = \xi_0 + \xi_1 \mathtt{i} + \xi_2 \mathtt{j} + \xi_3 \mathtt{k}$$

と略記する．

環や体について学んだ読者向けの注意をすると，四元数の全体

$$\mathbf{H} = \{\xi = \xi_0 + \xi_1\mathtt{i} + \xi_2\mathtt{j} + \xi_3\mathtt{k} \mid \xi_0, \xi_1, \xi_2, \xi_3 \in \mathbb{R}\}$$

は非可換な体（斜体または加除環）である．そこで $\mathbf{H}$ を**四元数体**とよぶ．

四元数 $\xi = \xi_0 + \xi_1\mathtt{i} + \xi_2\mathtt{j} + \xi_3\mathtt{k}$ に対し，その**共軛四元数** $\bar{\xi}$ を $\bar{\xi} = \xi_0 - \xi_1\mathtt{i} - \xi_2\mathtt{j} - \xi_3\mathtt{k}$ で定める．また ξ_0 を ξ の**実部**といい $\mathrm{Re}\,\xi$ で表す．$\mathrm{Im}\,\xi = \xi_1\mathtt{i} + \xi_2\mathtt{j} + \xi_3\mathtt{k}$ を ξ の**虚部**という．複素数のときと虚部の定義の仕方が異なることに注意．$\xi, \eta \in \mathbf{H}$ に対し $\overline{\xi\eta} = \bar{\eta}\bar{\xi}$ が成り立つ．

$$\xi\bar{\xi} = \bar{\xi}\xi = \xi_0^2 + \xi_1^2 + \xi_2^2 + \xi_3^2 \geq 0$$

である．そこで ξ の**大きさ**（絶対値）$|\xi|$ を $|\xi| = \sqrt{\xi\bar{\xi}}$ で定める．

実数 a は $a + 0\mathtt{i} + 0\mathtt{j} + 0\mathtt{k}$ という四元数と考える．複素数 $u + v\mathtt{i}$ は $u + v\mathtt{i} + 0\mathtt{j} + 0\mathtt{k}$ という四元数と考える．この約束で $\mathbb{R} \subset \mathbb{C} \subset \mathbf{H}$ と見なす．

複素数体 $\mathbb{C}$ をユークリッド平面 $\mathbb{E}^2$ と対応させたように四元数体 $\mathbf{H}$ を

$$\xi_0 + \xi_1\mathtt{i} + \xi_2\mathtt{j} + \xi_3\mathtt{k} = \xi \longleftrightarrow \boldsymbol{\xi} = (\xi_0, \xi_1, \xi_2, \xi_3)$$

により 4 次元ユークリッド空間 $\mathbb{E}^4$ と対応させる．座標の番号を 0 から始めていることに注意．正確に表現すると，$\mathbf{H}$ を $\{1, \mathtt{i}, \mathtt{j}, \mathtt{k}\}$ を基底にもつ実 4 次元の線型空間として扱うということである．このとき $|\xi|$ は ξ に対応する 4 次元ベクトル $\boldsymbol{\xi}$ の長さ $\|\boldsymbol{\xi}\|$ である．

8.2　複素表示

四元数 ξ を

$$\xi = \xi_0 + \xi_1\mathtt{i} + \xi_2\mathtt{j} + \xi_3\mathtt{k} = (\xi_0 + \xi_1\mathtt{i}) + \mathtt{j}(\xi_2 - \xi_3\mathtt{i})$$

と書き換える．この表示に着目し四元数 ξ を複素数の組 $(\xi_0 + \xi_1\mathtt{i}, \xi_2 - \xi_3\mathtt{i})$ に対応させよう．すなわち $\mathbf{H}$ を

$$\mathbb{C} \oplus \mathtt{j}\mathbb{C} = \{\alpha + \mathtt{j}\beta \mid \alpha, \beta \in \mathbb{C}\}$$

と考え，2 次元複素数空間 $\mathbb{C}^2$ と思い直すのである．言い換えると $\mathbf{H}$ を $\{1, \mathtt{j}\}$ を基底にもつ複素線型空間として取り扱うのである．

ところが $\mathbf{H}$ の非可換性が問題になる．というのは複素数 $c = a + b\mathtt{i}$ に対し

$$\mathtt{j}(a + b\mathtt{i}) = a\mathtt{j} - b\mathtt{k}, \quad (a + b\mathtt{i})\mathtt{j} = a\mathtt{j} + b\mathtt{k}$$

であるから j を左から複素数にかけることと右からかけることでは**結果が異なってしまう**．

$$\mathtt{j}\alpha = \overline{\alpha}\mathtt{j}, \quad \alpha \in \mathbb{C}. \tag{8.1}$$

また

$$\overline{\xi} = \overline{\alpha + \mathtt{j}\beta} = \overline{\alpha} - \mathtt{j}\beta \tag{8.2}$$

である．そこで $\mathbf{H}$ を複素線型空間と見るときには複素数によるスカラー乗法は**右からのみ行う**と約束する．この約束に基づき，$\mathbf{H}$ は**複素右線型空間**であると言い表す．

さて $\alpha + \mathtt{j}\beta \in \mathbf{H}$ をひとつとり $\mathbf{H}$ 上の変換 $f_{\alpha+\mathtt{j}\beta}$ を $f_{\alpha+\mathtt{j}\beta}(z + \mathtt{j}w) = (\alpha + \mathtt{j}\beta)(z + \mathtt{j}w)$ で定義しよう．この変換の基底 $\{1, \mathtt{j}\}$ に関する表現行列を求める．

$$f_{\alpha+\mathtt{j}\beta}(z + \mathtt{j}w) = (\alpha + \mathtt{j}\beta)(z + \mathtt{j}w) = (\alpha z - \overline{\beta}w) + \mathtt{j}(\beta z + \overline{\alpha}w)$$

より

$$f_{\alpha+\mathtt{j}\beta}\begin{pmatrix} z \\ w \end{pmatrix} = \begin{pmatrix} \alpha & -\overline{\beta} \\ \beta & \overline{\alpha} \end{pmatrix}\begin{pmatrix} z \\ w \end{pmatrix}$$

を得る．そこで $\psi : \mathbf{H} \to \mathrm{M}_2\mathbb{C}$ を

$$\psi(\alpha + \mathtt{j}\beta) = \begin{pmatrix} \alpha & -\overline{\beta} \\ \beta & \overline{\alpha} \end{pmatrix}$$

と定めよう．前章の $\phi : \mathbb{C} \to \mathrm{M}_2\mathbb{R}$ と同様に次の命題が示される．

命題 8.1 ψ は次をみたす．$\xi, \eta \in \mathbf{H}$ に対し

(1) $\psi(1) = E$, $\psi(\mathtt{j}) = J$, $\psi(0) = O$.

$$\phi(\mathtt{i}) = \begin{pmatrix} \mathtt{i} & 0 \\ 0 & -\mathtt{i} \end{pmatrix}, \ \psi(\mathtt{k}) = \begin{pmatrix} 0 & -\mathtt{i} \\ -\mathtt{i} & 0 \end{pmatrix}.$$

(2) $\psi(\xi + \eta) = \psi(\xi) + \psi(\eta)$.

(3) $\psi(\xi\eta) = \psi(\xi)\psi(\eta)$.

(4) $\psi(\xi^{-1}) = \psi(\xi)^{-1}$.

(5) $\psi(\overline{\xi}) = \{\phi(\xi)\}^*$.

(6) $\det \psi(\xi) = |\xi|^2$.

$\mathbf{H}$ の要素を成分に持つ n 次行列全体の空間を $\mathrm{M}_n\mathbf{H}$ で表す．さらに

$$\mathrm{GL}_n\mathbf{H} = \left\{ A \in \mathrm{M}_n\mathbf{H} \mid A \text{ は逆行列 } A^{-1} \text{をもつ} \right\}$$

とおく．これは行列の積に関し群をなす．$\mathrm{GL}_n\mathbf{H}$ を n 次**四元数一般線型群**とよぶ．

四元数体 $\mathbf{H}$ は非可換であるため，行列 $C \in \mathrm{M}_n\mathbf{H}$ の行列式を $\mathbb{R}$ や $\mathbb{C}$ の場合と同様に定義することはできない．そこで次のように考える．

C の (i,j) 成分 c_{ij} を $c_{ij} = a_{ij} + \mathtt{j}b_{ij} \in \mathbb{C} \oplus \mathtt{j}\mathbb{C}$ と表示する．

a_{ij} を成分にもつ n 次複素行列を A, b_{ij} を成分にもつ n 次複素行列を B とし $C = A + \mathtt{j}B$ と表示しよう．これを利用して $\psi_n : \mathrm{M}_n\mathbf{H} \to \mathrm{M}_{2n}\mathbb{C}$ を

$$\psi_n(A + \mathtt{j}B) = \begin{pmatrix} A & -\overline{B} \\ B & \overline{A} \end{pmatrix} \in \mathrm{M}_{2n}\mathbb{C}$$

で定める．$\psi_1 = \psi$ に注意．$C \in \mathrm{M}_n\mathbf{H}$ に対し $\psi_n(C)$ を C の**複素表示**とよぶ．

$$\left\{ \begin{pmatrix} A & -\overline{B} \\ B & \overline{A} \end{pmatrix} \in \mathrm{M}_{2n}\mathbb{C} \;\middle|\; A, B \in \mathrm{M}_n\mathbb{C} \right\}$$

を $\mathrm{M}_n\mathbf{H}$ の**複素表示**とよぶ．四元数行列は扱いが面倒なので，このやりかたで複素行列に直して扱う方が便利なことが多い．(8.1) より $\mathrm{M}_n\mathbf{H}$ の複素表示は

$$\mathrm{M}_{2n}\mathbb{C}_J = \left\{ Z \in \mathrm{M}_{2n}\mathbb{C} \mid J_n Z = \bar{Z} J_n \right\} \tag{8.3}$$

と書き換えられることを注意しておこう．

長い準備になってしまったが，$C \in \mathrm{M}_n\mathbf{H}$ に対し

$$\operatorname{Sdet} C := \det \begin{pmatrix} A & -\overline{B} \\ B & \overline{A} \end{pmatrix}$$

と定義し C の**スタディ行列式** (Study determinant) とよぶ．Sdet を用いると

$$\mathrm{GL}_n\mathbf{H} = \{A \in \mathrm{M}_n\mathbf{H} \mid \operatorname{Sdet} A \neq 0\}$$

と表すことができる．$\mathrm{GL}_n\mathbf{H}$ は $\mathrm{GL}_{2n}\mathbb{C}$ の閉部分群であることが確かめられる．したがって線型リー群である．

さらに**四元数特殊線型群** $\mathrm{SL}_n\mathbf{H}$ を

$$\mathrm{SL}_n\mathbf{H} = \{A \in \mathrm{M}_n\mathbf{H} \mid \operatorname{Sdet} A = 1\}$$

で定義する．これも線型リー群である．

註 8.1 (別表記) $\mathrm{GL}_n\mathbf{H}$ の複素表示

$$\left\{ \begin{pmatrix} A & -\overline{B} \\ B & \overline{A} \end{pmatrix} \in \mathrm{M}_{2n}\mathbb{C} \;\middle|\; A, B \in \mathrm{M}_n\mathbb{C},\ \ \det \begin{pmatrix} A & -\overline{B} \\ B & \overline{A} \end{pmatrix} \neq 0 \right\}$$

を $\mathrm{U}^*(2n)$ と表記する本もあることを注意しておく ([18, 46])．この表記を用いると

$$\mathrm{SL}_n\mathbf{H} = \mathrm{U}^*(2n) \cap \mathrm{SL}_{2n}\mathbb{C}$$

であるから $\mathrm{SL}_n\mathbf{H}$ を $\mathrm{SU}^*(2n)$ とも表記する．また線型リー群 $\mathrm{O}^*(2n)$, $\mathrm{SO}^*(2n)$ が

$$\mathrm{O}^*(2n) = \{X \in \mathrm{U}^*(2n) \mid {}^tXX = E\}, \quad \mathrm{SO}^*(2n) = \mathrm{SL}_{2n}\mathbb{C} \cap \mathrm{O}^*(2n)$$

で定義される．$\mathrm{O}^*(2n)$, $\mathrm{SO}^*(2n)$ は O という名称であるが複素行列のなす群であることに注意．

8.3 ユニタリー・シンプレクティック群

直交群，ユニタリー群に相当する群を四元数でも考えよう．そのためには四元数ユークリッド空間から考える必要がある．$\mathbb{R}^n$, $\mathbb{C}^n$ と同様に n 次元四元数

空間 $\mathbf{H}^n$ を

$$\mathbf{H}^n = \{(\xi_1, \xi_2, \ldots, \xi_n) \mid \xi_1, \xi_2, \ldots, \xi_n \in \mathbf{H}\}$$

で定義する．

$\boldsymbol{\xi} = (\xi_1, \xi_2, \ldots, \xi_n)$, $\boldsymbol{\eta} = (\eta_1, \eta_2, \ldots, \eta_n) \in \mathbf{H}^n$ に対し $\boldsymbol{\xi}$ と $\boldsymbol{\eta}$ の標準的**四元数エルミート内積** $\langle \boldsymbol{\xi}, \boldsymbol{\eta} \rangle$ を

$$\langle \boldsymbol{\xi}, \boldsymbol{\eta} \rangle = \sum_{k=1}^{n} \overline{\xi_k} \eta_k \tag{8.4}$$

で定義する．$\mathbb{C}^n$ のときとの違い（前の項に ─ をつけている）に注意[*1]．

$\mathbf{H}$ と同様に $n > 1$ のときも $\mathbf{H}^n$ を $\mathbb{C}$ 上の**右線型空間**として扱うことにしよう．複素数によるスカラー乗法は**右からのみ行い**，行列による線型変換は**左からのみ行う**と約束する．このように約束しておくと $A \in \mathrm{M}_n\mathbf{H}$ に対し

$$A(\boldsymbol{\xi}\lambda) = (A\boldsymbol{\xi})\lambda, \quad \boldsymbol{\xi} \in \mathbf{H}^n, \quad \lambda \in \mathbf{H}$$

が成立する．

ユニタリ群 $\mathrm{U}(n)$ の定義をまねて n 次**ユニタリ・シンプレクティック群** (unitary symplectic group) $\mathrm{Sp}(n)$ を

$$\mathrm{Sp}(n) = \{A \in \mathrm{M}_n\mathbf{H} \mid \text{すべての } \boldsymbol{\xi}, \boldsymbol{\eta} \in \mathbf{H}^n \text{ に対し } \langle A\boldsymbol{\xi}, A\boldsymbol{\eta} \rangle = \langle \boldsymbol{\xi}, \boldsymbol{\eta} \rangle\} \tag{8.5}$$

で定義しよう．$\mathrm{U}(n)$ と同様に

$$\mathrm{Sp}(n) = \left\{ A \in \mathrm{M}_n\mathbf{H} \;\middle|\; \overline{{}^t A} A = E \right\} \tag{8.6}$$

という表示ができる．この表示から $\mathrm{Sp}(n)$ がコンパクト線型リー群であることを確かめることは読者に委ねよう．

註 8.2 (四元数鏡映行列) 定理 6.4，註 7.8 同様に**四元数鏡映行列**を

$$\mathsf{S}_{\boldsymbol{\xi}}^{\lambda} = E_n + \boldsymbol{\xi}(\lambda - 1)\boldsymbol{\xi}^*, \quad \boldsymbol{\xi} \in \mathbf{H}^n, \ \langle \boldsymbol{\xi}, \boldsymbol{\xi} \rangle = 1, \ \lambda \in \mathbf{H}, \ |\lambda| = 1$$

で定める．四元数の非可換性を反映して $\boldsymbol{\xi}(\lambda - 1)\boldsymbol{\xi}^*$ という順序で積を計算することに注意．$\mathrm{Sp}(n)$ は四元数鏡映行列で生成される．[42] 参照．

[*1] 複素数と四元数でエルミート内積を統一的に扱うためには註 7.1 のように $\mathbb{C}^n$ のエルミート内積を定義するとよい．

【コラム】 (Sp(n) **の命名**) ワイル (Hermann Klaus Hugo Weyl, 1885–1955) は著書『古典群』([54]) で Sp(n) の名称として symplectic group を提唱した．もともと line complex group とよばれていたが complex は複体という意味と，複素という意味の両方で使われ紛らわしいため complex のラテン語 (complexus) に対応するギリシア語 symplektikos ($\sigma\upsilon\mu\pi\lambda\epsilon\kappa\tau\iota\kappa\acute{o}\zeta$) から着想したという．

8.4 複素シンプレクティック群

ユニタリ群 U(n) の実表示は直交群 O($2n$) と実シンプレクティック群 Sp($n;\mathbb{R}$) の共通部分であった．ここでは Sp(n) と U($2n$) の関係を調べよう．

四元数ベクトル

$$\boldsymbol{\xi} = (\xi_1, \xi_2, \ldots, \xi_n), \quad \boldsymbol{\eta} = (\eta_1, \eta_2, \ldots, \eta_n) \in \mathbf{H}^n$$

の成分 ξ_m, η_m を

$$\xi_m = \alpha_m + \mathrm{j}\beta_m, \quad \eta_m = \gamma_m + \mathrm{j}\delta_m \in \mathbb{C} \oplus \mathrm{j}\mathbb{C}$$

と表し

$$\begin{aligned} \boldsymbol{\alpha} &= (\alpha_1, \alpha_2, \ldots, \alpha_n), \quad \boldsymbol{\beta} = (\beta_1, \beta_2, \ldots, \beta_n), \\ \boldsymbol{\gamma} &= (\gamma_1, \gamma_2, \ldots, \gamma_n), \quad \boldsymbol{\delta} = (\delta_1, \delta_2, \ldots, \delta_n) \end{aligned}$$

とおくと

$$\boldsymbol{\xi} = \boldsymbol{\alpha} + \mathrm{j}\boldsymbol{\beta}, \quad \boldsymbol{\eta} = \boldsymbol{\gamma} + \mathrm{j}\boldsymbol{\delta}$$

と表せる．四元数エルミート内積 $\langle \boldsymbol{\xi}, \boldsymbol{\eta} \rangle$ は

$$\langle \boldsymbol{\xi}, \boldsymbol{\eta} \rangle = \sum_{m=1}^{n} \overline{\xi_m} \eta_m = \sum_{m=1}^{n} (\overline{\alpha_m} - \mathrm{j}\beta_m)(\gamma_m + \mathrm{j}\delta_m)$$
$$= \sum_{m=1}^{n} (\overline{\alpha_m}\gamma_m + \overline{\beta_m}\delta_m) + \mathrm{j} \sum_{m=1}^{n} (\alpha_m\delta_m - \beta_m\gamma_m)$$

と計算される．ここで

$$\vec{\xi} = (\boldsymbol{\alpha}, \boldsymbol{\eta}), \quad \vec{\eta} = (\boldsymbol{\gamma}, \boldsymbol{\delta}) \in \mathbb{C}^{2n}$$

とおき

$$\Omega(\vec{\xi}, \vec{\eta}) = {}^t\vec{\xi} J_n \vec{\eta} = {}^t\vec{\xi} \begin{pmatrix} O_n & -E_n \\ E_n & O_n \end{pmatrix} \vec{\eta}$$

と定めておこう．実シンプレクティック群をまねて**複素シンプレクティック群** (complex symplectic group) $\mathrm{Sp}(n; \mathbb{C})$ を

$$\mathrm{Sp}(n; \mathbb{C}) = \{A \in \mathrm{M}_{2n}\mathbb{C} \mid \text{すべての } \boldsymbol{z}, \boldsymbol{w} \in \mathbb{C}^{2n} \text{ に対し } \Omega(A\boldsymbol{z}, A\boldsymbol{w}) = \Omega(\boldsymbol{z}, \boldsymbol{w})\}$$

で定義しよう[*2]．やはり

$$\mathrm{Sp}(n; \mathbb{C}) = \left\{A \in \mathrm{M}_{2n}\mathbb{C} \mid {}^tAJ_nA = J_n\right\} \tag{8.7}$$

と表示できる．この表示から線型リー群であることがわかる．

四元数エルミート内積の計算に戻ろう．$\mathbb{C}^{2n}$ のエルミート内積 $\langle\cdot|\cdot\rangle$ と Ω を使うと

$$\langle \boldsymbol{\xi}, \boldsymbol{\eta} \rangle = \overline{(\vec{\xi}|\vec{\eta})} - \mathrm{j}\Omega(\vec{\xi}, \vec{\eta})$$

と書き直せるから $\mathrm{Sp}(n)$ の実表示は

$$\mathrm{U}(2n) \cap \mathrm{Sp}(n; \mathbb{C}) = \mathrm{Sp}(n)$$

が得られる．ユニタリ・シンプレクティック群の名称はこの等式に基づく．この等式からも $\mathrm{Sp}(n)$ がコンパクト線型リー群であることが確かめられる．

---

*2 $\mathrm{Sp}(2n; \mathbb{C})$ と表記する本もある．

8.5 四元数の円周群

Sp(1) を詳しく調べよう．まず $\mathrm{M}_1\mathbf{H}=\mathbf{H}$ である．$\xi\in\mathrm{M}_1\mathbf{H}$ に対し $\xi^*=\overline{\xi}$ であるから

$$\mathrm{Sp}(1)=\{\xi\in\mathbf{H}\mid|\xi|=1\}$$

である．$\mathbf{H}$ を $(\xi_0,\xi_1,\xi_2,\xi_3)$ を座標系にもつ 4 次元ユークリッド空間 $\mathbb{E}^4$ と思うと Sp(1) は $\mathbb{E}^4$ 内の 3 次元単位球面

$$\mathbb{S}^3=\{(\xi_0,\xi_1,\xi_2,\xi_3)\in\mathbb{E}^4\mid\xi_0^2+\xi_1^2+\xi_2^2+\xi_3^2=1\}$$

を表すことがわかった．

$\mathrm{Sp}(1;\mathbb{C})$ を調べよう．$\boldsymbol{z}=(z_1,z_2)$, $\boldsymbol{w}=(w_1,w_2)\in\mathbb{C}^2$ に対し

$$\Omega(\boldsymbol{z},\boldsymbol{w})={}^t\boldsymbol{z}J_1\boldsymbol{w}=z_1w_2-z_2w_1=\det(\boldsymbol{z}\,\boldsymbol{w})$$

であるから $\mathrm{Sp}(1;\mathbb{C})=\mathrm{SL}_2\mathbb{C}$ である．したがって

$$\mathrm{U}(2)\cap\mathrm{Sp}(1;\mathbb{C})=\mathrm{U}(2)\cap\mathrm{SL}_2\mathbb{C}=\mathrm{SU}(2)$$

であるから $\mathrm{Sp}(1)=\mathrm{SU}(2)$ が得られた．以上のことから前章の最後でふれた事実「$\mathrm{SU}(2)=\mathbb{S}^3$」を四元数を介して説明することができた．

8.6 随伴表現

3 次元ユークリッド空間 $\mathbb{E}^3$ の直交変換を四元数を使って調べてみよう．まず $\mathbb{E}^3$ を実部が 0 の四元数（**純虚四元数**）の全体

$$\mathrm{Im}\,\mathbf{H}=\{\xi_1\mathtt{i}+\xi_2\mathtt{j}+\xi_3\mathtt{k}\mid\xi_1,\xi_2,\xi_3\in\mathbb{R}\}$$

と思うことにしよう．すなわち

$$\mathtt{i}=(1,0,0)=\boldsymbol{e}_1,\ \mathtt{j}=(0,1,0)=\boldsymbol{e}_2,\ \mathtt{k}=(0,0,1)=\boldsymbol{e}_3\in\mathbb{E}^3$$

と考える．

次に $\psi:\mathbf{H}\to \mathrm{M}_2\mathbb{C}$ により四元数 $\xi=\xi_0+\xi_1\mathtt{i}+\xi_2\mathtt{j}+\xi_3\mathtt{k}$ は行列

$$\begin{pmatrix} \xi_0+\xi_1\mathtt{i} & -\xi_2-\xi_3\mathtt{i} \\ \xi_2-\xi_3\mathtt{i} & \xi_0-\xi_1\mathtt{i} \end{pmatrix}$$

と対応したことを思い出そう．そこで 2 つの対応 $\mathbb{E}^3 \longleftrightarrow \mathrm{Im}\,\mathbf{H}$ と $\psi:\mathbf{H}\to \mathrm{M}_2\mathbb{C}$ を組み合わせて $\mathbb{E}^3$ を

$$\psi(\mathrm{Im}\,\mathbf{H})=\{\psi(\xi)\ |\xi\in \mathrm{Im}\,\mathbf{H}\}\subset \mathrm{M}_2\mathbb{C}$$

と思うことにしよう．

$$\boldsymbol{i}=\psi(\mathtt{i}),\ \boldsymbol{j}=\psi(\mathtt{j}),\ \boldsymbol{k}=\psi(\mathtt{k})$$

とおくと

$$\psi(\mathrm{Im}\,\mathbf{H})=\{\xi_1\boldsymbol{i}+\xi_2\boldsymbol{j}+\xi_3\boldsymbol{k}\mid \xi_1,\xi_2,\xi_3\in\mathbb{R}\} \tag{8.8}$$

と書き直せる．この対応を具体的に書いておく．$\mathbb{E}^3$ の点の位置ベクトル $\boldsymbol{\xi}=(\xi_1,\xi_2,\xi_3)$ を

$$\boldsymbol{\xi}=\begin{pmatrix}\xi_1\\ \xi_2\\ \xi_3\end{pmatrix}\longmapsto \psi(\boldsymbol{\xi})=\begin{pmatrix} \xi_1\mathtt{i} & -\xi_2-\xi_3\mathtt{i} \\ \xi_2-\xi_3\mathtt{i} & -\xi_1\mathtt{i} \end{pmatrix}$$

という行列と考えてやるのである．このとき 2 つのベクトル $\boldsymbol{\xi}=(\xi_1,\xi_2,\xi_3)$ と $\boldsymbol{\eta}=(\eta_1,\eta_2,\eta_3)\in\mathbb{R}^3$ の内積 $(\boldsymbol{\xi}|\boldsymbol{\eta})$ および外積 $\boldsymbol{\xi}\times\boldsymbol{\eta}$ は $\psi(\mathrm{Im}\,\mathbf{H})$ 上では

$$(\psi(\boldsymbol{\xi})|\psi(\boldsymbol{\eta}))=-\frac{1}{2}\mathrm{tr}(\psi(\boldsymbol{\xi})\psi(\boldsymbol{\eta})), \tag{8.9}$$

$$\psi(\boldsymbol{\xi})\times\psi(\boldsymbol{\eta})=\frac{1}{2}\left\{\psi(\boldsymbol{\xi})\psi(\boldsymbol{\eta})-\psi(\boldsymbol{\eta})\psi(\boldsymbol{\xi})\right\} \tag{8.10}$$

と計算される（確かめよ）．

註 8.3 (パウリ行列) 物理学では行列の組 $\{\sigma_x, \sigma_y, \sigma_z\}$ を $\sigma_x = -i\boldsymbol{j}$, $\sigma_y = i\boldsymbol{k}$, $\sigma_z = -i\boldsymbol{i}$ と定め，**パウリ行列**（またはパウリのスピン行列）とよぶ[*3]．$\{\sigma_1, \sigma_2, \sigma_3\}$ と表記することもある．

$\mathbb{R}^3$ 上の直交変換を $\mathrm{Sp}(1) = \mathrm{SU}(2)$ を用いて表示しておこう．$a \in \mathrm{SU}(2)$ を用いて $\mathrm{Im}\,\mathbf{H}$ 上の線型変換 $\mathrm{Ad}(a)$ を

$$\mathrm{Ad}(a)\boldsymbol{\xi} = a\,\boldsymbol{\xi}\,a^{-1},\ \boldsymbol{\xi} \in \mathrm{Im}\,\mathbf{H}$$

で定めると直交変換であることがわかる．実際

$$(\mathrm{Ad}(a)\boldsymbol{\xi}|\mathrm{Ad}(a)\boldsymbol{\eta}) = -\frac{1}{2}\mathrm{tr}\,(a\boldsymbol{\xi}a^{-1}\,a\boldsymbol{\eta}a^{-1}) = -\frac{1}{2}\mathrm{tr}\,(\boldsymbol{\xi}\,\boldsymbol{\eta}) = (\boldsymbol{\xi}|\boldsymbol{\eta}).$$

$\mathrm{Im}\,\mathbf{H}$ の基底 $\{\boldsymbol{i}, \boldsymbol{j}, \boldsymbol{k}\}$ に関する $\mathrm{Ad}(a)$ の表現行列を同じ記号 $\mathrm{Ad}(a)$ で表すことにすると，対応 $a \longmapsto \mathrm{Ad}(a)$ は

$$\mathrm{Ad} : \mathrm{SU}(2) \to \mathrm{O}(3)$$

という写像を定めている．$\mathrm{Ad}(ab) = \mathrm{Ad}(a)\mathrm{Ad}(b)$ であることに注意しよう．すなわち Ad は群準同型写像である．$\mathrm{Ad} : \mathrm{SU}(2) \to \mathrm{O}(3)$ の核と像は $\mathrm{Ker}\,\mathrm{Ad} = \{\pm E_2\}$, $\mathrm{Ad}(\mathrm{SU}(2)) = \mathrm{SO}(3)$ であることが知られている[*4]．$\mathbb{Z}_2 = \{-1, 1\}$ は乗法に関し群をなす．同様に $\{-E_2, E_2\}$ も乗法に関し群をなし $\mathbb{Z}_2$ と同型である（-1 を $-E_2$ に, 1 を E_2 に対応させればよい）．この同型を介して $\mathbb{Z}_2 \subset \mathrm{SU}(2)$ とみなそう．すると準同型定理により $\mathrm{SU}(2)/\mathbb{Z}_2 \cong \mathrm{SO}(3)$ が得られる．$\mathrm{Ad} : \mathrm{SU}(2) \to \mathrm{SO}(3)$ を $\mathrm{SU}(2)$ の**随伴表現**（ずいはん）とよぶ．

定義 8.1 有限次元実線型空間 $\mathbb{V}$ 上の線型自己同型写像の全体を $\mathrm{GL}(\mathbb{V})$ で表す．$\mathrm{GL}(\mathbb{V})$ は合成に関し群をなす．群 G から $\mathrm{GL}(\mathbb{V})$ への群準同型写像 $\rho : G \to \mathrm{GL}(\mathbb{V})$ を G の $\mathbb{V}$ 上の**表現**という．

$\mathrm{Ad} : \mathrm{SU}(2) \to \mathrm{SO}(3)$ は $\mathrm{SU}(2)$ の $\mathbb{R}^3$ 上の表現である．

---

*3 Wolfgang Ernst Pauli, 1900–1958.

*4 $\mathrm{Ad}(\mathrm{SU}(2)) = \mathrm{SO}(3)$ であることの詳細な証明は例えば [41, pp. 44–45] にある．

註 8.4 (無限次元表現) ここで定義した表現は正確には「有限次元表現」とよばれるものである．$\mathbb{V}$ が無限次元の場合は G と $\mathbb{V}$ の双方に位相に関する条件を課すのが普通である．たとえば G を局所コンパクトなハウスドルフ位相群（たとえばリー群）とし $\mathbb{V}$ を線型位相空間（たとえばヒルベルト空間）と仮定する．また $\mathrm{GL}(\mathbb{V})$ は連続な線型自己同型写像の全体とする．ρ についても連続性を要請する．

8.7 オイラーの角．再訪

$\mathrm{Sp}(1) = \mathrm{SU}(2)$ の随伴表現を使って第6章で説明したオイラーの角を導きだしてみよう．$g = \cos\theta + \sin\theta\mathtt{i}$ とすると $g^{-1} = \cos\theta - \sin\theta\mathtt{i}$ であるから

$$\begin{aligned}\mathrm{Ad}(g)\mathtt{i} &= (\cos\theta + \sin\theta\mathtt{i})\mathtt{i}(\cos\theta - \sin\theta\mathtt{i}) = \mathtt{i},\\ \mathrm{Ad}(g)\mathtt{j} &= (\cos\theta + \sin\theta\mathtt{i})\mathtt{j}(\cos\theta - \sin\theta\mathtt{i}) = \cos(2\theta)\mathtt{j} + \sin(2\theta)\mathtt{k},\\ \mathrm{Ad}(g)\mathtt{k} &= (\cos\theta + \sin\theta\mathtt{i})\mathtt{k}(\cos\theta - \sin\theta\mathtt{i}) = -\sin(2\theta)\mathtt{j} + \cos(2\theta)\mathtt{k}\end{aligned}$$

より $\mathrm{Ad}(g)$ の基底 $\{\mathtt{i},\mathtt{j},\mathtt{k}\}$ に関する表現行列は

$$R_1(2\theta) = \begin{pmatrix} 1 & 0 & 0\\ 0 & \cos(2\theta) & -\sin(2\theta)\\ 0 & \sin(2\theta) & \cos(2\theta)\end{pmatrix}$$

であることがわかった．

問題 8.1 $\cos\theta + \sin\theta\,\mathtt{j}$, $\cos\theta + \sin\theta\,\mathtt{k}$ の表現行列はそれぞれ

$$R_2(2\theta) = \begin{pmatrix} \cos(2\theta) & 0 & \sin(2\theta)\\ 0 & 1 & 0\\ -\sin(2\theta) & 0 & \cos(2\theta)\end{pmatrix},$$

$$R_3(2\theta) = \begin{pmatrix} \cos(2\theta) & -\sin(2\theta) & 0\\ \sin(2\theta) & \cos(2\theta) & 0\\ 0 & 0 & 1\end{pmatrix}$$

で与えられることを確かめよ．

$A \in \mathrm{SO}(3)$ をオイラーの角 (ϕ,θ,ψ) を使って $A = R_1(\phi)R_2(\theta)R_1(\psi)$ と表示すると

$$g = g_1(\phi)g_2(\theta)g_1(\psi),\quad g_1(\phi) = \cos\frac{\phi}{2} + \sin\frac{\phi}{2}\mathtt{i},\quad g_2(\theta) = \cos\frac{\theta}{2} + \sin\frac{\theta}{2}\mathtt{j}$$

を用いて $A = \mathrm{Ad}(g_1(\phi)g_2(\theta)g_1(\psi))$ と表せることがわかった．

回転行列の四元数表示は CG 分野で活用されていることを注記しておこう（[6, 3 章] 参照，英文でもよければ [45, 50] も参照）．

註 8.5 拙著 [6, 3 章] では $\boldsymbol{j} = -\psi(\mathtt{k})$, $\boldsymbol{k} = J = \psi(\mathtt{j})$ と選んでいるので読み比べるときは注意してほしい．

8.8 四元数の実表示

この章では四元数を複素数を使って表示する方法（複素表示）を使ってきた．複素数を避けて**実数のみ**で四元数を取り扱うこともできる．$\xi = \xi_0 + \xi_1\mathtt{i} + \xi_2\mathtt{j} + \xi_3\mathtt{k} \in \mathbf{H}$ をひとつとり $\mathbf{H}$ 上の変換 L_ξ を

$$L_\xi(\eta) = \xi\eta, \quad \eta \in \mathbf{H}$$

で定める．$\mathbf{H}$ を $\{1, \mathtt{i}, \mathtt{j}, \mathtt{k}\}$ を基底とする 4 次元の実線型空間と考える．

$$\begin{aligned}
(\xi_0 + \xi_1\mathtt{i} + \xi_2\mathtt{j} + \xi_3\mathtt{k})\mathtt{i} &= -\xi_1 + \xi_0\mathtt{i} + \xi_3\mathtt{j} - \xi_2\mathtt{k}, \\
(\xi_0 + \xi_1\mathtt{i} + \xi_2\mathtt{j} + \xi_3\mathtt{k})\mathtt{j} &= -\xi_2 - \xi_3\mathtt{i} + \xi_0\mathtt{j} + \xi_1\mathtt{k}, \\
(\xi_0 + \xi_1\mathtt{i} + \xi_2\mathtt{j} + \xi_3\mathtt{k})\mathtt{k} &= -\xi_3 + \xi_2\mathtt{i} - \xi_1\mathtt{j} + \xi_0\mathtt{k}
\end{aligned}$$

より L_ξ の $\{1, \mathtt{i}, \mathtt{j}, \mathtt{k}\}$ に関する表現行列は

$$\begin{pmatrix} \xi_0 & -\xi_1 & -\xi_2 & -\xi_3 \\ \xi_1 & \xi_0 & -\xi_3 & \xi_2 \\ \xi_2 & \xi_3 & \xi_0 & -\xi_1 \\ \xi_3 & -\xi_2 & \xi_1 & \xi_0 \end{pmatrix}$$

で与えられる．そこで $\varphi^L_{\mathbf{H}} : \mathbf{H} \to \mathrm{M}_4\mathbb{R}$ を

$$\varphi^L_{\mathbf{H}}(\xi) = \begin{pmatrix} \xi_0 & -\xi_1 & -\xi_2 & -\xi_3 \\ \xi_1 & \xi_0 & -\xi_3 & \xi_2 \\ \xi_2 & \xi_3 & \xi_0 & -\xi_1 \\ \xi_3 & -\xi_2 & \xi_1 & \xi_0 \end{pmatrix}$$

で定めると $\varphi^L_{\mathbf{H}}$ は実線型写像である．また $\varphi^L_{\mathbf{H}}(\xi\eta) = \varphi^L_{\mathbf{H}}(\xi)\varphi^L_{\mathbf{H}}(\eta)$ をみたしている．$\varphi^L_{\mathbf{H}}(\xi)$ を ξ の**実表示**とよぶ．基底 $\{1, \mathtt{i}, \mathtt{j}, \mathtt{k}\}$ はそれぞれ

$$1 \leftrightarrow \begin{pmatrix} 1 & 0 & 0 & 0 \\ 0 & 1 & 0 & 0 \\ 0 & 0 & 1 & 0 \\ 0 & 0 & 0 & 1 \end{pmatrix}, \quad \mathtt{i} \leftrightarrow \begin{pmatrix} 0 & -1 & 0 & 0 \\ 1 & 0 & 0 & 0 \\ 0 & 0 & 0 & -1 \\ 0 & 0 & 1 & 0 \end{pmatrix},$$

$$\mathtt{j} \leftrightarrow \begin{pmatrix} 0 & 0 & -1 & 0 \\ 0 & 0 & 0 & 1 \\ 1 & 0 & 0 & 0 \\ 0 & -1 & 0 & 0 \end{pmatrix}, \quad \mathtt{k} \leftrightarrow \begin{pmatrix} 0 & 0 & 0 & -1 \\ 0 & 0 & -1 & 0 \\ 0 & 1 & 0 & 0 \\ 1 & 0 & 0 & 0 \end{pmatrix}$$

という実4次行列に対応する．とくに $\varphi^L_{\mathbf{H}}(\mathtt{i})$, $\varphi^L_{\mathbf{H}}(\mathtt{j})$, $\varphi^L_{\mathbf{H}}(\mathtt{k})$ は交代行列である．したがって転置をとる操作と共軛をとる操作が

$${}^t\{\varphi^L_{\mathbf{H}}(\xi)\} = {}^t\left(\xi_0 E_4 + \xi_1\varphi^L_{\mathbf{H}}(\mathtt{i}) + \xi_2\varphi^L_{\mathbf{H}}(\mathtt{j}) + \xi_3\varphi^L_{\mathbf{H}}(\mathtt{k})\right) = \varphi^L_{\mathbf{H}}(\bar{\xi})$$

という関係で結ばれていることがわかる．これを用いると

$${}^t\{\varphi^L_{\mathbf{H}}(\xi)\}\varphi^L_{\mathbf{H}}(\xi) = \varphi^L_{\mathbf{H}}(\bar{\xi})\varphi^L_{\mathbf{H}}(\xi) = \varphi^L_{\mathbf{H}}(|\xi|^2)$$

が得られるので $\xi \in \mathrm{Sp}(1) \Longleftrightarrow \varphi^L_{\mathbf{H}}(\xi) \in \mathrm{O}(4)$ がわかる．問題7.2より

$$\det \varphi^L_{\mathbf{H}}(\xi) = |\xi|^4 \tag{8.11}$$

であるから，$\xi \in \mathrm{Sp}(1)$ であれば $\varphi^L_{\mathbf{H}}(\xi) \in \mathrm{SO}(4)$ である．

問題 8.2 (8.11) を確かめよ．すなわち

$$\det \begin{pmatrix} \xi_0 & -\xi_1 & -\xi_2 & -\xi_3 \\ \xi_1 & \xi_0 & -\xi_3 & \xi_2 \\ \xi_2 & \xi_3 & \xi_0 & -\xi_1 \\ \xi_3 & -\xi_2 & \xi_1 & \xi_0 \end{pmatrix} = (\xi_0^2 + \xi_1^2 + \xi_2^2 + \xi_3^2)^2$$

を示せ．

以上を整理しておこう．

定理 8.1 四元数体 $\mathbf{H}$ は

$$\left\{\begin{pmatrix} \xi_0 & -\xi_1 & -\xi_2 & -\xi_3 \\ \xi_1 & \xi_0 & -\xi_3 & \xi_2 \\ \xi_2 & \xi_3 & \xi_0 & -\xi_1 \\ \xi_3 & -\xi_2 & \xi_1 & \xi_0 \end{pmatrix} \;\middle|\; \xi_0, \xi_1, \xi_2, \xi_3 \in \mathbb{R}\right\}$$

と斜体として同型である．とくに $\mathrm{Sp}(1)$ は

$$\left\{\begin{pmatrix} \xi_0 & -\xi_1 & -\xi_2 & -\xi_3 \\ \xi_1 & \xi_0 & -\xi_3 & \xi_2 \\ \xi_2 & \xi_3 & \xi_0 & -\xi_1 \\ \xi_3 & -\xi_2 & \xi_1 & \xi_0 \end{pmatrix} \;\middle|\; \xi_0^2 + \xi_1^2 + \xi_2^2 + \xi_3^2 = 1\right\} \subset \mathrm{SO}(4) \tag{8.12}$$

で定まる線型リー群と同型である．ここで与えた $\mathrm{SO}(4)$ の部分群を $\mathrm{Sp}(1)$ の**実表示**とよぶ.

(7.13) と (7.15) より $\mathrm{Sp}(1)$ の実表示は $\mathrm{SU}(2)$ の実表示と一致することが確かめられる.

問題 8.3 $\xi \in \mathbf{H}$ に対し $\mathbf{H}$ 上の実線型変換 R_ξ を $R_\xi(\eta) = \eta\xi$ で定める.

(1) R_ξ の $\{1, \mathtt{i}, \mathtt{j}, \mathtt{k}\}$ に関する表現行列 $\varphi^R_{\mathbf{H}}(\xi)$ を求めよ.

(2) $\mathrm{Sp}(1)$ の直積群 $\mathrm{Sp}(1) \times \mathrm{Sp}(1)$ を考える．$\rho : \mathrm{Sp}(1) \times \mathrm{Sp}(1) \to \mathrm{GL}_4\mathbb{R}$ を

$$\rho(\xi, \eta) = \varphi^L_{\mathbf{H}}(\xi)\, \varphi^R_{\mathbf{H}}(\bar{\eta})$$

で定めると ρ は $\mathrm{Sp}(1) \times \mathrm{Sp}(1)$ の $\mathbb{R}^4$ 上の表現であることを示せ.

(3) $\mathrm{Ker}\,\rho = \{(1,1), (-1,-1)\} \cong \mathbb{Z}_2$ であることを示せ．したがって準同型定理により $(\mathrm{Sp}(1) \times \mathrm{Sp}(1))/\mathbb{Z}_2 \cong \mathrm{SO}(4)$ が得られる.

9 行列の指数函数

9.1 複素数の極表示

第 7 章で複素数の実表示 $\phi : \mathbb{C} \to \mathrm{M}_2\mathbb{R}$;

$$\phi(a + b\mathtt{i}) = \begin{pmatrix} a & -b \\ b & a \end{pmatrix} = aE + bJ$$

を活用した．複素数 $c = a + b\mathtt{i}$ の大きさ $r = |c| = \sqrt{a^2 + b^2}$ と偏角 θ を使って c を $c = re^{\mathtt{i}\theta} = r(\cos\theta + \mathtt{i}\sin\theta)$ と極表示しよう（式 (7.20) 参照）．

$$\phi(c) = \phi(re^{\mathtt{i}\theta}) = r \begin{pmatrix} \cos\theta & -\sin\theta \\ \sin\theta & \cos\theta \end{pmatrix}$$

であるから次の命題が得られた．

命題 9.1 どの $X \in \mathrm{M}_2\mathbb{R}_J$ も $X = r\{(\cos\theta)E + (\sin\theta)J\}$ の形に表すことができる．

行列 $\cos\theta E + \sin\theta J$ も**指数関数の形で表せるだろうか**．この章ではこの疑問について考えることにしよう．目標をはっきりさせるために先に定理を述べておこう．

定理 9.1 どの $X \in \mathrm{M}_n\mathbb{C}$ についても

$$\exp X = \sum_{k=0}^{\infty} \frac{1}{k!} X^k \text{ は収束する．}$$

9.2　ノルム収束

定理 9.1 の証明のために準備をしよう．まず行列 $X = (x_{ij}) \in \mathrm{M}_n\mathbb{C}$ に対し，その**大きさ**（または**ノルム**）$\|X\|$ を

$$\|X\| = \sqrt{\sum_{i,j=1}^{n} |x_{ij}|^2}$$

で定めたことを思い出そう．

定理 9.2 行列の列 $\{X_k\} \subset \mathrm{M}_n\mathbb{C}$ に対し無限級数 $\displaystyle\sum_{k=0}^{\infty} \|X_k\|$ が収束すれば $\displaystyle\sum_{k=0}^{\infty} X_k$ も収束する．このとき $\displaystyle\sum_{k=0}^{\infty} X_k$ は**絶対収束**する（または**ノルム収束**する）という．

【証明】　$S_l = \displaystyle\sum_{k=0}^{l} X_k$ が基本列であることを示そう．

- $l > m$ のとき $S_l - S_m = S_{m+1} + S_{m+2} + \cdots + S_l$
- $l < m$ のとき $S_l - S_m = -(S_{l+1} + S_{l+2} + \cdots + S_m)$

であるから $l \neq m$ に対し，ノルムの性質（問題 4.11，命題 7.5）より

$$\|S_l - S_m\| = \|X_{\min(l,m)} + X_{\min(l,m)+1} + \cdots + X_{\max(l,m)}\| \leq \sum_{k=\min(l,m)}^{\max(l,m)} \|X_k\|$$

である．ここで記号 $\max(a, b)$ は $\{a, b\}$ の最大値，$\min(a, b)$ は $\{a, b\}$ の最小値を表す．

一方，定理 9.2 の仮定より数列 $a_l = \displaystyle\sum_{k=0}^{l} \|X_k\|$ は収束するので基本列である．したがって

$$\lim_{l,m\to\infty} |a_l - a_m| = 0.$$

ここで

$$|a_l - a_m| = \left|\sum_{k=0}^{l} \|X_k\| - \sum_{k=0}^{m} \|X_k\|\right| = \sum_{k=\min(l,m)+1}^{\max(l,m)} \|X_k\|$$

と変形できるから

$$\|S_l - S_m\| \leq |a_l - a_m|$$

が示せた．$\{a_l\}$ が基本列だから

$$\lim_{l,m\to 0} \|S_l - S_m\| = 0.$$

すなわち $\{S_l\}$ は基本列．定理 4.7 は $\mathrm{M}_n\mathbb{C}$ でも成立することに注意すれば $\displaystyle\sum_{k=0}^{\infty} X_k$ は収束することが言える． ■

定理 9.1 を証明しよう．

$$\lim_{l\to\infty} \sum_{k=0}^{l} \frac{\|X\|^k}{k!} = e^{\|X\|}$$

だから $\displaystyle\sum_{k=0}^{\infty} \left\|\frac{1}{k!}X^k\right\|$ は収束する．ゆえに定理 9.2 より $\displaystyle\sum_{k=0}^{\infty} \frac{1}{k!}X^k$ は収束する．

（定理 9.1 の証明終わり）

X に $e^X = \exp(X)$ を対応させることできまる写像 $\exp : \mathrm{M}_n\mathbb{C} \to \mathrm{M}_n\mathbb{C}$ を行列の**指数函数**とよぶ．

簡単な例を計算しよう．$t \in \mathbb{R}$ に対し

$$\exp(tE) = \sum_{k=0}^{\infty} \frac{(tE)^k}{k!} = \sum_{k=0}^{\infty} \frac{t^k}{k!}E = e^t\, E.$$

とくに $t = 0$ と選べば $\exp O = E$ である．いまは $t \in \mathbb{R}$ で考えたが，複素数の場合の指数函数を既に学んでいる読者は $z \in \mathbb{C}$ に対しても

$$\exp(zE) = e^z E$$

が成立することがわかるだろう.

$\theta \in \mathbb{R}$ とし，$\exp(\theta J)$ を計算してみよう．$J^2 = -E$ より $k = 0, 1, 2, \ldots$ に対し

$$J^{2k} = (-1)^k E, \quad J^{2k+1} = (-1)^k J$$

であるから

$$\begin{aligned}\exp(\theta J) &= \sum_{k=0}^{\infty} \frac{\theta^k}{k!} J^k \\ &= \sum_{k=0}^{\infty} \frac{\theta^{2k}}{(2k)!} J^{2k} + \sum_{k=0}^{\infty} \frac{\theta^{2k+1}}{(2k+1)!} J^{2k+1} \\ &= \sum_{k=0}^{\infty} (-1)^k \frac{\theta^{2k}}{(2k)!} E + \sum_{k=0}^{\infty} (-1)^k \frac{\theta^{2k+1}}{(2k+1)!} J\end{aligned}$$

が得られる．ここで余弦函数と正弦函数のテイラー級数展開

$$\cos\theta = \sum_{k=0}^{\infty} (-1)^k \frac{\theta^{2k}}{(2k)!}, \quad \sin\theta = \sum_{n=0}^{\infty} (-1)^k \frac{\theta^{2k+1}}{(2k+1)!}$$

を思い出せば $\exp(\theta J) = \cos\theta E + \sin\theta J$ が得られる．以上より $X \in \mathrm{M}_1\mathbb{C}$ は $X = r\exp(\theta J)$ と表示できることがわかった．これを X の**極表示**とよぶ.

極表示を使ってみると次の問題の意味がつかめるだろう.

問題 9.1 行列 $A = \begin{pmatrix} 1/2 & -\sqrt{3}/2 \\ \sqrt{3}/2 & 1/2 \end{pmatrix}$ と実数 x, y, z, w を成分とする行列 $X = \begin{pmatrix} x & y \\ z & w \end{pmatrix}$ を考える.

(1) X について $XA = AX$ が成立するための x, y, z, w の条件を求めよ.

(2) X が $X^2 = A$ を満たすとき，$XA = AX$ が成立することを示せ.

(3) $X^2 = A$ を満たす行列をすべて求めよ.

〔神戸大・理系〕

行列の指数函数 exp の大事な性質を述べておく.

定理 9.3 $\exp : \mathrm{M}_n\mathbb{C} \to \mathrm{M}_n\mathbb{C}$ は連続写像.

行列の指数函数の連続性を証明しよう.

補題 9.1 m を自然数とする. $X, Y \in \mathrm{M}_n\mathbb{C}$ に対し

$$\|X^m - Y^m\| \leq m\, M^{m-1}\|X - Y\|, \quad M = \max(\|X\|, \|Y\|)$$

が成立する.

【証明】 数学的帰納法で証明する. $m = 1$ のとき

$$\text{左辺} = \|X - Y\| = 1 \times M^0 \times \|X - Y\| = \text{右辺}.$$

$m = k$ のときに正しいと仮定して $k + 1$ のときの成立を確かめる. $\|X\| \leq M$, $\|Y\| \leq M$ とノルムの性質（問題 4.11）を使う.

$$\begin{aligned}
\|X^{k+1} - Y^{k+1}\| &= \|X(X^k - Y^k) + (X - Y)Y^k\| \\
&\leq \|X(X^k - Y^k)\| + \|(X - Y)Y^k\| \\
&\leq \|X\|\,\|X^k - Y^k\| + \|X - Y\|\,\|Y^k\| \\
&\leq \|X\|\,\|X^k - Y^k\| + \|X - Y\|\,\|Y\|^k \quad \text{帰納法の仮定より} \\
&\leq \|X\|\,(kM^{k-1}\|X - Y\|) + \|X - Y\|\,\|Y\|^k \\
&= \|X - Y\|\left(kM^{k-1}\|X\| + \|Y\|^k\right) \\
&\leq \|X - Y\|(kM^{k-1}M + M^k) = (k + 1)M^k\|X - Y\|.
\end{aligned}$$

したがって $k + 1$ のときも成立している. ■

補題 9.2 $X, Y \in \mathrm{M}_n\mathbb{C}$ に対し $M = \max(\|X\|, \|Y\|)$ とおくと

$$\|\exp X - \exp Y\| \leq e^M\|X - Y\|. \tag{9.1}$$

したがって $\exp : \mathrm{M}_n\mathbb{C} \to \mathrm{M}_n\mathbb{C}$ は連続である.

【証明】 自然数 ℓ に対し

$$\left\| \sum_{m=0}^{\ell} \frac{X^m}{m!} - \sum_{m=0}^{\ell} \frac{Y^m}{m!} \right\| = \left\| \sum_{m=1}^{\ell} \frac{1}{m!}(X^m - Y^m) \right\|$$
$$\leq \sum_{m=1}^{\ell} \frac{1}{m!} \| X^m - Y^m \| \quad \text{補題 9.1 より}$$
$$\leq \sum_{m=1}^{\ell} \frac{M^{m-1}}{(m-1)!} \|X - Y\|.$$

ここで

$$\sum_{m=1}^{\ell} \frac{M^{m-1}}{(m-1)!} \leq \sum_{m=1}^{\infty} \frac{M^{m-1}}{(m-1)!} = e^M$$

であるから

$$\left\| \sum_{m=0}^{\ell} \frac{X^m}{m!} - \sum_{m=0}^{\ell} \frac{Y^m}{m!} \right\| \leq e^M \|X - Y\|.$$

この式で $\ell \to \infty$ とすれば (9.1) を得る．

次に，X に収束する行列の列 $\{X_k\}$ をとる．$\{X_k\}$ は収束するので

$$\|X_k\| \leq L$$

となる定数 $L > 0$ が存在する[*1]．(9.1) より

$$\|e^{X_k} - e^X\| \leq e^a \|X_k - X\|, \quad a = \max(L, \|X\|)$$

が得られる．この式で $k \to \infty$ とすれば

$$\lim_{k \to \infty} e^{X_k} = e^X$$

が得られる．以上より exp は連続である．

■

問題 9.2 次の公式を証明せよ．

[*1] 次の定理を援用すればわかる事実．「収束する数列 $\{a_n\} \subset \mathbb{R}$ は有界である．すなわち $L > 0$ が存在して，すべての番号 n に対し $|a_n| \leq L$ をみたす」．この事実の証明は微分積分学の教科書，たとえば [27, p. 11, 命題 2.4] を参照．

(1) $X \in \mathrm{M}_n\mathbb{C}$ に対し ${}^t(\exp X) = \exp({}^tX)$.
(2) $X \in \mathrm{M}_n\mathbb{C}$, $P \in \mathrm{GL}_n\mathbb{C}$ に対し $P^{-1}\ \exp X\ \ P = \exp(P^{-1}XP)$.

(2 次実行列の場合に限られるが) 行列の指数函数の具体的な計算については拙著 [4] を参照してほしい.

9.3 微分方程式

行列の指数函数の大切な応用を挙げよう. $A \in \mathrm{M}_n\mathbb{C}$ をひとつとり $\mathbb{C}^n$ に値をもつ複素ベクトル値函数 $\boldsymbol{z}(t) = (z_1(t), z_2(t), \ldots, z_n(t))$ に関する連立一階常微分方程式

$$\frac{\mathrm{d}}{\mathrm{d}t}\boldsymbol{z}(t) = A\boldsymbol{z}(t), \quad \boldsymbol{z}(0) = \boldsymbol{z}_0 \tag{9.2}$$

を考えよう. このような連立常微分方程式は自然科学や人文科学の様々な場面に登場する ([5] と参考文献を参照).

$n = 1$, $A = a \in \mathrm{M}_1\mathbb{R}$ とし, $x(t)$ を実数値函数として常微分方程式

$$\frac{\mathrm{d}}{\mathrm{d}t}x(t) = ax(t), \quad x(0) = x_0$$

を考えると $x(t) = e^{ta}x_0$ が解である. ということは $n \geq 2$ や $A \in \mathrm{M}_n\mathbb{C}$ であっても $\boldsymbol{z}(t) = \exp(tA)\boldsymbol{z}_0$ が (9.2) の解であることを期待したくなる. そこで $\boldsymbol{z}(t) = e^{tA}\ \boldsymbol{z}_0$ が (9.2) をみたすかどうか試してみよう.

まず $A = (a_{ij}) \in \mathrm{M}_n\mathbb{C}$ に対し A^k の (i,j) 成分を $a_{ij}^{(k)}$ と書くと e^{tA} の (i,j) 成分 $f_{ij}(t)$ は

$$f_{ij}(t) = \sum_{k=0}^{\infty} \frac{a_{ij}^{(k)}}{k!}t^k$$

で与えられる. 項別微分を行う（ノルム収束しているので可能）と

$$\frac{\mathrm{d}}{\mathrm{d}t}f_{ij}(t) = \sum_{k=1}^{\infty} \frac{\mathrm{d}}{\mathrm{d}t}\left(\frac{a_{ij}^{(k)}}{k!}t^k\right) = \sum_{k=1}^{\infty} \frac{a_{ij}^{(k)}}{(k-1)!}t^{k-1}.$$

ここで $A^k = AA^{k-1}$ より

$$a_{ij}^{(k)} = \sum_{l=1}^{n} a_{il} a_{lj}^{(k-1)}$$

であることを利用すると

$$\begin{aligned}\frac{\mathrm{d}}{\mathrm{d}t} f_{ij}(t) &= \sum_{k=1}^{\infty} \left(\sum_{l=1}^{n} a_{il} a_{lj}^{(k-1)} \right) \frac{1}{(k-1)!} t^{k-1} \\ &= \sum_{l=1}^{n} a_{il} \left(\sum_{k=1}^{\infty} \frac{a_{lj}^{(k-1)}}{(k-1)!} t^{k-1} \right) \\ &= \sum_{l=1}^{n} a_{il} f_{lj}(t).\end{aligned}$$

これは

$$\frac{\mathrm{d}}{\mathrm{d}t} e^{tA} = A\, e^{tA}$$

にほかならない．同様に $A^k = A^{k-1}A$ を使って $\dfrac{\mathrm{d}}{\mathrm{d}t} e^{tA} = e^{tA}\, A$ も確かめられる．

定理 9.4 $A \in \mathrm{M}_n\mathbb{C}$ とする．行列値函数 $t \longmapsto e^{tA}$ はすべての実数 t に対し微分可能で

$$\frac{\mathrm{d}}{\mathrm{d}t} e^{tA} = A\, e^{tA} = e^{tA}\, A$$

をみたす．

この定理を使って常微分方程式論で大切な次の事実が示される．

定理 9.5 $\boldsymbol{z}_0 \in \mathbb{C}^n$ をひとつとる．常微分方程式 (9.2) の解で初期条件 $\boldsymbol{z}(0) = \boldsymbol{z}_0$ をみたす解は $\boldsymbol{z}(t) = e^{tA}\boldsymbol{z}_0$ で与えられ，しかもこれのみである．

【証明】 $\boldsymbol{z}(t) = e^{tA}\boldsymbol{z}_0$ を微分すると

$$\frac{\mathrm{d}}{\mathrm{d}t}\boldsymbol{z}(t) = \frac{\mathrm{d}}{\mathrm{d}t}(e^{tA}\boldsymbol{z}_0) = Ae^{tA}\boldsymbol{z}_0 = A\boldsymbol{z}(t)$$

だから確かに (9.2) の解で初期条件 $\boldsymbol{z}(0)=\boldsymbol{z}_0$ をみたしている.

同じ初期条件をみたす別の解 $\boldsymbol{w}(t)$ があると仮定する. いま $\boldsymbol{\zeta}(t)=e^{-tA}\boldsymbol{w}(t)$ とおくと

$$\dot{\boldsymbol{\zeta}}(t)=\frac{\mathrm{d}}{\mathrm{d}t}(e^{-tA})\boldsymbol{w}(t)+(e^{-tA})\dot{\boldsymbol{w}}(t)=e^{-tA}(-A)\boldsymbol{w}(t)+e^{-tA}A\boldsymbol{w}(t)=\mathbf{0}.$$

したがって $\boldsymbol{\zeta}(t)$ は定ベクトル. 初期条件から $\boldsymbol{\zeta}(0)=\boldsymbol{w}(0)=\boldsymbol{z}_0$ なので $e^{-tA}\boldsymbol{w}(t)=\boldsymbol{z}_0$, すなわち $\boldsymbol{w}(t)=\boldsymbol{z}(t)$. ■

問題 9.3 区間 I で定義され $\mathrm{GL}_n\mathbb{C}$ に値をもつ微分可能な行列値函数 $F(s)$ に対し次のふたつの公式を証明せよ. $F(s)=(f_{ij}(s))$ の列ベクトル表示を $F(s)=(\boldsymbol{f}_1(s)\,\boldsymbol{f}_2(s)\,\ldots\,\boldsymbol{f}_n(s))$ とすると

$$\frac{\mathrm{d}}{\mathrm{d}s}\det F(s)=\sum_{k=1}^{n}\det\left(\boldsymbol{f}_1(s)\,\boldsymbol{f}_2(s)\,\ldots\,\frac{\mathrm{d}}{\mathrm{d}s}\boldsymbol{f}_k(s)\,\ldots\,\boldsymbol{f}_n(s)\right), \tag{9.3}$$

$$\frac{\mathrm{d}}{\mathrm{d}s}\det F(s)=\det F(s)\,\mathrm{tr}\left(\frac{\mathrm{d}F}{\mathrm{d}s}(s)\,F(s)^{-1}\right). \tag{9.4}$$

公式 (9.4) を利用して次の公式を導け.

$$\det\exp(sX)=\exp\{s\,(\mathrm{tr}\,X)\},\quad s\in\mathbb{R},\ X\in\mathrm{M}_n\mathbb{C}. \tag{9.5}$$

9.4 指数法則と 1 径数群

指数函数とはいうものの指数法則 $e^Xe^Y=e^{X+Y}$ は一般には成立しない. そもそも行列では一般には積が交換可能ではない. 指数法則は $XY=YX$ という条件下では成立する.

命題 9.2 (指数法則) $X,\,Y\in\mathrm{M}_n\mathbb{C}$ とする. $XY=YX$ ならば $\exp(X+Y)=\exp X\exp Y$.

【証明】 $XY=YX$ より二項定理が使えて

$$(X+Y)^k=\sum_{m=0}^{k}{}_k\mathrm{C}_mX^mY^{k-m}$$

と計算できる．

$$e^X = \sum_{m=0}^{\infty} \frac{X^m}{m!}, \quad e^Y = \sum_{l=0}^{\infty} \frac{Y^l}{l!}$$

の積

$$e^X e^Y = \sum_{m=0}^{\infty} \sum_{l=0}^{\infty} \frac{X^m}{m!} \frac{Y^l}{l!}$$

において $l+m=k$ となる項をまとめると

$$\begin{aligned} e^X e^Y &= \sum_{k=0}^{\infty} \left(\sum_{m=0}^{n} \frac{X^m Y^{k-m}}{m!(k-m)!} \right) = \sum_{k=0}^{\infty} \frac{1}{k!} \sum_{m=0}^{k} {}_k\mathrm{C}_m X^m Y^{k-m} \\ &= \sum_{k=0}^{\infty} \frac{1}{k!} (X+Y)^k = e^{X+Y}. \end{aligned}$$

■

とくに X と $-X$ は可換なので $e^X e^{-X} = e^{X-X} = E$ であるから $(e^X)^{-1} = e^{-X}$ を得る．

実数 s, t と行列 A に対し sA と tA は交換可能であるから指数法則より

$$\exp(sA)\exp(tA) = \exp(sA + tA) = \exp\{(s+t)A\}$$

が成立する．ここで $a(t) = \exp(tA)$ とおき，さらに

$$G_A = \{a(t) = \exp(tA) \mid t \in \mathbb{R}\}$$

とおく．

- $s, t \in \mathbb{R}$ に対し $a(s)a(t) = a(t)a(s) = a(s+t)$,
- $a(t)^{-1} = a(-t)$, $a(0) = E$

であるから，G_A は $\mathrm{GL}_n\mathbb{C}$ の部分群である．G_A を行列 A の定める **1 径数群** (1-parameter group) とよぶ ([4, 第 4 章] 参照)．

たとえば

$$j(t) = \exp(tJ) = R(t) = \begin{pmatrix} \cos t & -\sin t \\ \sin t & \cos t \end{pmatrix}$$

より $G_J = \mathrm{SO}(2)$ である．

9.5 円周群から見えてくること

7.7 節で考察した円周群 $\mathbb{S}^1 = \mathrm{U}(1)$ を行列の指数函数を用いて調べてみよう．1 点 $z_0 = e^{\mathrm{i}\theta_0}$ における $\mathbb{S}^1$ の接線 L_{z_0} は

$$L_{z_0} = \{w \in \mathbb{C} \mid (w - z_0) \perp z_0\}$$

で与えられる．L_{z_0} は原点を通らないので線型空間（ベクトル空間）ではないことに注意しよう．L_{z_0} を接点 z_0 が原点に重なるように平行移動して得られる直線を $T_{z_0}\mathbb{S}^1$ と表そう．

$$\begin{aligned} T_{z_0}\mathbb{S}^1 &= \{w = w_1 + w_2\mathtt{i} \in \mathbb{C} \mid z_0 \perp w\} \\ &= \{w_1 + w_2\mathtt{i} \in \mathbb{C} \mid w_1 \cos\theta_0 + w_2 \sin\theta_0 = 0\} \end{aligned}$$

と表示できる．接線 L_{z_0} と $T_{z_0}\mathbb{S}^1$ は

$$L_{z_0} = \{z_0 + w \mid w \in T_{z_0}\mathbb{S}^1\}$$

という関係にある．そこで $L_{z_0} = z_0 + T_{z_0}\mathbb{S}^1$ とも表す．L_{z_0} から接点 z_0 を除いて**接ベクトルの部分だけを抜き出したもの**が $T_{z_0}\mathbb{S}^1$ である．また $T_{z_0}\mathbb{S}^1$ は 1 次元の実線型空間（実ベクトル空間）である．そこで $T_{z_0}\mathbb{S}^1$ を（1 次元なのでちょっと大げさな名称だが）単位円 $\mathbb{S}^1$ の点 z_0 における**接ベクトル空間** (tangent vector space at z_0) とよぶ（附録 C も参照).

$\mathbb{S}^1 = \mathrm{U}(1)$ の単位元は 1 である．1 における接ベクトル空間は

$$T_1\mathbb{S}^1 = \{t\mathtt{i} \mid t \in \mathbb{R}\} = \mathbb{R}\mathtt{i} \tag{9.6}$$

である．円が均質な図形であることは接線や接ベクトル空間の性質に反映している．実際，$z_0 = e^{\mathrm{i}\theta_0}$ と $w \in T_{z_0}\mathbb{S}^1$ に対し

$$z_0^{-1}w = (\cos\theta_0 - \mathtt{i}\sin\theta_0)(w_1 + \mathtt{i}w_2) = i(\cos\theta_0 w_2 - \sin\theta_0 w_1)$$

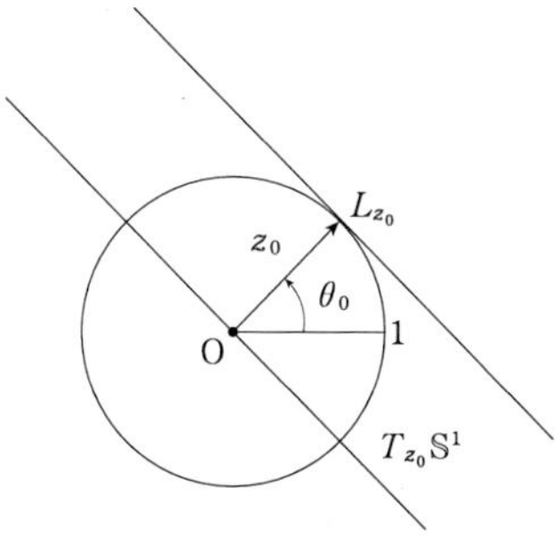

図 9.1 円の接線 L_{z_0} と接ベクトル空間 $T_{z_0}\mathbb{S}^1$

より $z_0^{-1}w \in T_1\mathbb{S}^1$.

逆に $v = \mathtt{i}t \in T_1\mathbb{S}^1$ に対し

$$z_0 v = (\cos\theta_0 + \mathtt{i}\sin\theta_0)(\mathtt{i}t) = -t\sin\theta_0 + \mathtt{i}\cos\theta_0.$$

この形から $z_0 v \in T_{z_0}\mathbb{S}^1$ であることが確かめられる．ということは $T_{z_0}\mathbb{S}^1$ は原点を中心として $T_1\mathbb{S}^1$ を θ_0 回転させたものである．接線の方で見れば L_{z_0} は 1 における接線 L_1 の接点を z_0 の位置まで**移動させたもの**である．したがって $\mathbb{S}^1$ の接ベクトル空間に**特別なものはない**．ゆえに接ベクトル空間を調べたければ 1 における接線だけを見ておけばよい．

第 3 章で平面曲線の取り扱いを述べたことを思い出そう．第 3 章での取り扱い方法を複素数を使って再考する．単位円 $x^2 + y^2 = 1$ は

$$\boldsymbol{p}(s) = (x(s), y(s)) = (\cos s, \sin s)$$

と表示できる．このとき s は弧長径数である．これを複素数を使って

$$z(s) = x(s) + y(s)\mathtt{i} = e^{\mathtt{i}s}$$

と書き直そう．すると $\boldsymbol{p}(s)$ の接ベクトル場 $\boldsymbol{T}(s) = \boldsymbol{p}'(s)$ は

$$z'(s) = (e^{\mathtt{i}s})' = \mathtt{i}z(s)$$

と表示される．$z'(s)$ は $\mathbb{S}^1$ の $z(s)$ における接ベクトルである．すなわち $z'(s) \in T_{z(s)}\mathbb{S}^1$．すると $z(s)^{-1}z'(s) \in T_1\mathbb{S}^1$ であり

$$z(s)^{-1}z'(s) = \mathtt{i}$$

をみたす．言い換えると $z(s)$ は微分方程式

$$z'(s) = z(s)\mathtt{i}$$

の初期条件 $z(0) = 1$ をみたす解である．この言い換えに着目する．

$\phi : \mathbb{C} \to \mathrm{M}_2\mathbb{R}$ を使ってここまでの観察を実表示で書き換えよう．まず単位円の径数表示 $z(s) = e^{\mathrm{i}s}$ は

$$\phi(z(s)) = \begin{pmatrix} \cos s & -\sin s \\ \sin s & \cos s \end{pmatrix} = R(s)$$

に写る．$R(s)$ は複素平面 $\mathbb{C}$ の実表示 $\mathrm{M}_1\mathbb{C} \subset \mathrm{M}_2\mathbb{R}$ 内の単位円を表している．$R(s)$ の接ベクトル場は

$$\begin{aligned}\frac{\mathrm{d}}{\mathrm{d}s}R(s) &= \begin{pmatrix} -\sin s & -\cos s \\ \cos s & -\sin s \end{pmatrix} \\ &= \begin{pmatrix} 0 & -1 \\ 1 & 0 \end{pmatrix}\begin{pmatrix} \cos s & -\sin s \\ \sin s & \cos s \end{pmatrix} = JR(s)\end{aligned}$$

で与えられる．すると

$$R(s)^{-1}R'(s) = J$$

が言える．これは $z(s)^{-1}z'(s) = \mathtt{i}$ とまったく同じ形であることに注意してほしい．ところで回転行列 $R(s)$ は行列の指数函数を使って

$$R(s) = \exp(sJ) = j(s)$$

と表せたことを思い出そう．また $j(s) = \exp(sJ)$ は微分方程式

$$j(s)^{-1}j'(s) = J$$

の初期条件 $j(0) = E$ をみたす解である．

以上のことから対応 ϕ により微分方程式

$$z(s)^{-1}z'(s) = \mathtt{i}, \quad z(0) = 1$$

とその解 $z(s) = e^{\mathtt{i}s}$ は

$$j(s)^{-1}j'(s) = J, \quad j(0) = E$$

とその解 $j(s) = \exp(sJ)$ に写ることがわかった．

さて ϕ で $\mathbb{S}^1 = \mathrm{U}(1)$ は $\mathrm{SO}(2)$ に写った．$T_1\mathbb{S}^1 \subset \mathbb{C}$ はどうなるだろうか．$v = t\mathtt{i} \in T_1\mathbb{S}^1$ に対し

$$\phi(v) = \phi(t\mathtt{i}) = tJ$$

であるから $\phi(T_1\mathbb{S}^1)$ は第3章で $\mathfrak{o}(2)$ と表示した2次交代行列の全体 $\mathrm{Alt}_2\mathbb{R}$ と一致している．

$$\phi(T_1\mathbb{S}^1) = \{tJ \mid t \in \mathbb{R}\} = \mathbb{R}J = \mathfrak{o}(2).$$

$V \in \mathrm{M}_2\mathbb{R}$ が $\phi(T_1\mathbb{S}^1)$ に含まれるための必要十分条件（${}^tV = -V$）を exp を使って書き換えてみよう．

まず $V \in \mathfrak{o}(2)$ をひとつ採ろう．$V = tJ$ と表せる．$v(s) = \exp(sV)$ を計算すると

$$v(s) = \exp(sV) = \exp\{s(tJ)\} = \exp\{(st)J\} = R(st) \in \mathrm{SO}(2)$$

であるから $G_V = \{\exp(sV) \mid s \in \mathbb{R}\} \subset \mathrm{SO}(2)$ である．

逆に $V \in \mathrm{M}_2\mathbb{R}$ が $G_V \subset \mathrm{SO}(2)$ をみたすとしよう．$v(s) = \exp(sV) \in \mathrm{SO}(2)$ より ${}^tv(s)v(s) = E$ である．この両辺を s で微分すると

$${}^tv'(s)v(s) + {}^tv(s)v'(s) = O.$$

$s = 0$ での値をとると（$v'(0) = V$ に注意）

$${}^tVE + EV = O \quad \text{すなわち} \quad {}^tV = -V.$$

したがって $V \in \mathfrak{o}(2)$.

以上を整理しよう．

定理 9.6 $V \in \mathrm{M}_2\mathbb{R}$ に対し $V \in \mathfrak{o}(2)$ であるための必要十分条件は $G_V \subset \mathrm{SO}(2)$ である．すなわち

$$V \in \mathfrak{o}(2) \Longleftrightarrow \text{すべての } s \in \mathbb{R} \text{ に対し } \exp(sV) \in \mathrm{SO}(2).$$

ここまでの観察を基に次の定義を行う．

定義 9.1 線型リー群 $G \subset \mathrm{GL}_n\mathbb{R}$ に対し

$$\mathfrak{g} = \{X \in \mathrm{M}_n\mathbb{R} \mid G_X \subset G\}$$

を G の**リー環**（または**リー代数**）とよぶ．

線型リー群のリー環は対応するドイツ小文字で表記する．たとえば線型リー群 G のリー環は $\mathfrak{g}$，線型リー群 H のリー環は $\mathfrak{h}$ といった具合に．

例 9.1 (一般線型群) 一般線型群 $\mathrm{GL}_n\mathbb{R}$ 自身，線型リー群である．この線型リー群のリー環 $\mathfrak{gl}_n\mathbb{R}$ は

$$\mathfrak{gl}_n\mathbb{R} = \{X \in \mathrm{M}_n\mathbb{R} \mid \text{すべての } t \in \mathbb{R} \text{ に対し } \exp(tX) \in \mathrm{GL}_n\mathbb{R}\}$$

で与えられるが，どの $Y \in \mathrm{M}_n\mathbb{R}$ に対しても $e^Y \in \mathrm{GL}_n\mathbb{R}$ であるから $\mathfrak{gl}_n\mathbb{R} = \mathrm{M}_n\mathbb{R}$ である．

$\mathrm{U}(1)$ はユークリッド平面 $\mathbb{E}^2$ 内の単位円 $\mathbb{S}^1$, $\mathrm{SU}(2)$ は $\mathbb{E}^4$ 内の 3 次元球面 $\mathbb{S}^3$ であった．より一般に線型リー群 G は $\mathrm{M}_n\mathbb{R} = \mathbb{E}^{n^2}$ 内の "曲がった図形 (多様体) " と捉えられる．

$\mathrm{U}(1) = \mathbb{S}^1$ の 1 における接線 L_1 は

$$L_1 = 1 + T_1\mathbb{S}^1 = 1 + \mathfrak{u}(1) = \{1 + t\mathtt{i} \mid t \in \mathbb{R}\}$$

で与えられた．接線は円周の第 1 次近似である．線型リー群 G において E における "第 1 次近似" は $E + \mathfrak{g}$ で与えられる．とくに $\mathfrak{g}$ は $\mathrm{M}_n\mathbb{R}$ の線型部分空間である．以上のことについては附録 C を参照してほしい．なお $\mathfrak{g}$ が $\mathrm{M}_n\mathbb{R}$ の線型部分空間であることは次章で証明を与える．

リー環 $\mathfrak{g}$ は線型空間であるだけでなく，実リー環とよばれる構造を持つことが示される[*2]．リー環について次章で解説しよう．

[*2] これが $\mathfrak{g}$ をリー環とよぶ理由．歴史的には順序が逆で $\mathfrak{g}$ のもつ性質を抽象化して「リー環」が導入された．

10 リー群からリー環へ

線型リー群 $G \subset \mathrm{GL}_n\mathbb{R}$ に対し

$$\mathfrak{g} = \{X \in \mathrm{M}_n\mathbb{R} \mid \text{すべての } s \in \mathbb{R} \text{ に対し } \exp(sX) \in G\} \tag{10.1}$$

を G のリー環と呼んだ．この章では線型リー群 $G \subset \mathrm{GL}_n\mathbb{R}$ のリー環 $\mathfrak{g} \subset \mathfrak{gl}_n\mathbb{R}$ のもつ構造を調べる．

10.1 線型リー群のリー環

この節の目標は次の定理である．

定理 10.1 線型リー群 $G \subset \mathrm{GL}_n\mathbb{R}$ のリー環 $\mathfrak{g}$ は次の性質をもつ．

(1) $\mathfrak{g}$ は $\mathfrak{gl}_n\mathbb{R}$ の線型部分空間である．
(2) $X, Y \in \mathfrak{g}$ ならば $XY - YX \in \mathfrak{g}$ である．

ここで次の記法を定めておこう．

定義 10.1 $X, Y \in \mathrm{M}_n\mathbb{C}$ に対し

$$[X, Y] := XY - YX$$

と定め X と Y の**交換子括弧**とよぶ．

$\mathrm{GL}_n\mathbb{R}$ のリー環は $\mathfrak{gl}_n\mathbb{R} = \mathrm{M}_n\mathbb{R}$ である．また (4.10) で定めた $\mathrm{GL}_n^+\mathbb{R}$ のリー環も $\mathfrak{gl}_n\mathbb{R}$ である．ここで行列の指数函数

$$\exp : \mathfrak{gl}_n\mathbb{R} \to \mathrm{GL}_n^+\mathbb{R}$$

を $n=1$ のときに考えてみよう．$n=1$ のとき $\mathfrak{gl}_1\mathbb{R}=(\mathbb{R},+)$ である．一方 $\mathrm{GL}_1^+\mathbb{R}=(\mathbb{R}^+,\times)$ である．このとき $\exp:(\mathbb{R},+)\to(\mathbb{R}^+,\times)$ はもともとの指数函数である．とくに逆函数

$$\log:\mathrm{GL}_1^+\mathbb{R}\to\mathfrak{gl}_1\mathbb{R}$$

をもつ．行列の指数函数の逆写像をこの節で活用する．次の定理を引用しよう ([25, p. 14], [26, p. 124]).

定理 10.2 $X\in\mathrm{M}_n\mathbb{R}$ が $\|X-E\|<1$ をみたせば

$$\log X=\sum_{n=1}^{\infty}\frac{(-1)^{n-1}}{n}(X-E)^n$$

は収束し，連続写像

$$\log:\{X\in\mathrm{M}_n\mathbb{R}\mid\|X-E\|<1\}\to\mathrm{M}_n\mathbb{R}$$

を定める．この写像を行列の**対数函数**とよぶ．log は行列の指数函数 exp と次の関係にある．

(1) $\|X\|<\log 2$ ならば $\log(\exp X)=X$,
(2) $\|X-E\|<1$ ならば $\exp(\log X)=X$.

線型リー群 $G\subset\mathrm{GL}_n\mathbb{R}$ のリー環 $\mathfrak{g}$ の要素 X, Y に対し $e^{tX}e^{tY}$ を考える．$\delta>0$ を

$$|t|<\delta\Longrightarrow V(t)=\log(e^{tX}e^{tY})\text{ が存在し，かつ }\exp V(t)=e^{tX}e^{tY}$$

が成立するように選んでおく．$V:(-\delta,\delta)\to\mathrm{M}_n\mathbb{R}$ において $V(0)=O$ であることに注意すると

$$V(t)=tV_1+\frac{t^2}{2}V_2+O(t^3)$$

と展開される．ここで記号 $O(t^3)$ を説明しよう (**ランダウの記号**とよばれる).

定義 10.2 0 を含む区間 I で定義された行列値函数 $F : I \to \mathrm{M}_n\mathbb{R}$ に対し，$t = 0$ の近くで $\|F(t)\|/|t|^k$ が有界であるとき $F(t) = O(t^k)$ と表す[*1].

したがって

$$\exp V(t) = E + tV_1 + \frac{t^2}{2}\{V_2 + (V_1)^2\} + O(t^3).$$

一方

$$\begin{aligned}\exp V(t) &= \exp\log(e^{tX}e^{tY}) = e^{tX}e^{tY}\\ &= \left(E + tX + \frac{t^2}{2!}X^2 + O(t^3)\right)\left(E + tY + \frac{t^2}{2}Y^2 + O(t^3)\right)\\ &= E + t(X+Y) + \frac{t^2}{2}(X^2 + 2XY + Y^2) + O(t^3)\end{aligned}$$

であるから両者を見比べて

$$V_1 = X + Y,\quad V_2 = X^2 + 2XY + Y^2 - (V_1)^2 = [X, Y]$$

を得る．したがって

$$\exp(tX)\exp(tY) = \exp\left\{t(X+Y) + \frac{t^2}{2}[X,Y] + O(t^3)\right\} \tag{10.2}$$

を得た．さらに

$$e^{tX}e^{tY} = E + t(X+Y) + \frac{t^2}{2!}(X^2 + 2XY + Y^2) + O(t^3)$$

を使って e^{tX} と e^{tY} の交換子を計算すると

[*1] 厳密に書くと：正の数 δ で $(-\delta, \delta) \subset I$ となるものと正の数 C が存在して

$$\frac{\|F(t)\|}{|t|^k} \leq C$$

がすべての $0 < |t| < \delta$ をみたす t に対し成立すること．

$$
\begin{aligned}
&e^{tX}e^{tY}e^{-tX}e^{-tY}\\
&=\left\{E+t(X+Y)+\frac{t^2}{2}(X^2+2XY+Y^2)+O(t^3)\right\}\\
&\quad\cdot\left\{E-t(X+Y)+\frac{t^2}{2}(X^2+2XY+Y^2)+O(t^3)\right\}\\
&=E+t^2[X,Y]+O(t^3)
\end{aligned}
$$

が得られる．一方，δ を $W(t)=\log(e^{tX}e^{tY}e^{-tX}e^{-tY})$ が意味をもつような範囲でとろう．$W(0)=O$ に注意．$W(t)$ は

$$
W(t)=tW_1+\frac{t^2}{2}W_2+O(t^3)
$$

と展開される．したがって

$$
\exp W(t)=E+tW_1+\frac{t^2}{2}\{W_2+(W_1)^2\}+O(t^3)
$$

を得る．したがって $W_1=O$, $W_2=[X,Y]$．以上より

$$
e^{tX}e^{tY}e^{-tX}e^{-tY}=\exp\left\{t^2[X,Y]+O(t^3)\right\} \tag{10.3}
$$

が得られた．これらを使って次の補題を示そう．

補題 10.1 $X,\ Y\in\mathfrak{g}\subset\mathfrak{gl}_n\mathbb{R}$ に対し

(10.4)

$$
\lim_{k\to\infty}\left\{\exp\left(\frac{X}{k}\right)\exp\left(\frac{Y}{k}\right)\right\}^k=\exp(X+Y).
$$

(10.5)

$$
\lim_{k\to\infty}\left\{\exp\left(\frac{X}{k}\right)\exp\left(\frac{Y}{k}\right)\exp\left(-\frac{X}{k}\right)\exp\left(-\frac{Y}{k}\right)\right\}^{k^2}=\exp[X+Y].
$$

【証明】　exp の連続性（定理 9.3）を用いる．$t=1/k$ とすると (10.2) より

$$
\exp\left(\frac{X}{k}\right)\exp\left(\frac{Y}{k}\right)=\exp\left\{\frac{1}{k}(X+Y)+\frac{1}{2k^2}[X,Y]+O(k^{-3})\right\}.
$$

したがって

$$\left\{\exp\left(\frac{X}{k}\right)\exp\left(\frac{Y}{k}\right)\right\}^k = \left\{\exp\left(\frac{1}{k}(X+Y)+O(k^{-2})\right)\right\}^k$$
$$= \exp\left\{(X+Y)+O(k^{-1})\right\}.$$

ゆえに

$$\lim_{k\to\infty}\left\{\exp\left(\frac{X}{k}\right)\exp\left(\frac{Y}{k}\right)\right\}^k = \lim_{k\to\infty}\exp\left\{(X+Y)+O(k^{-1})\right\}$$
$$= \exp(X+Y).$$

次に (10.3) より

$$\left\{\exp\left(\frac{X}{k}\right)\exp\left(\frac{Y}{k}\right)\exp\left(-\frac{X}{k}\right)\exp\left(-\frac{Y}{k}\right)\right\}^{k^2}$$
$$= \left\{\exp\left(\frac{1}{k^2}[X,Y]+O(k^{-3})\right)\right\}^{k^2}$$

であるから，この式で $k\to\infty$ とすれば (10.5) を得る． ■

定理 10.1 の証明を実行する．まず $X\in\mathfrak{g}$, $c\in\mathbb{R}$ に対し

$$\exp\{t(cX)\} = \exp\{(tc)X\} \in G$$

より $cX\in\mathfrak{g}$. 次に $t\in\mathbb{R}$ に対し X, $Y\in\mathfrak{g}$ より $\exp(tX/k)\in G$ かつ $\exp(tY/k)\in G$. ゆえに $\exp(tX/k)\exp(tY/k)\in G$. 繰り返し積をとって $\{\exp(tX/k)\exp(tY/k)\}^k\in G$ を得る．G は閉部分群であるから (10.4) を利用して

$$\exp\{t(X+Y)\} = \lim_{k\to\infty}\left\{\exp\left(\frac{tX}{k}\right)\exp\left(\frac{tY}{k}\right)\right\}^k \in G.$$

ということは $X+Y\in\mathfrak{g}$. 以上より $\mathfrak{g}$ は実線型空間である．同様に (10.5) を使って $[X,Y]\in\mathfrak{g}$ を得る． (定理 10.1 の証明終わり)．

註 10.1 (ベーカー・キャンベル・ハウスドルフの公式) 式 (10.2) を

$$e^{tX}e^{tY} = \exp\left(\sum_{n=0}^{\infty} c_n t^n\right) \tag{10.6}$$

と書き直すと $c_0 = O$, $c_1 = X + Y$, $c_2 = [X, Y]/2$ である．c_n ($n \geq 3$) はすべて $[X, Y]$ を用いて表されることが知られている．たとえば

$$\begin{aligned} c_3 &= \frac{1}{12}[X - Y, [X, Y]\,], \\ c_4 &= -\frac{1}{48}\{[Y, [X, [X, Y]\,]\,] + [X, [Y, [X, Y]\,]\,]\}. \end{aligned}$$

等式 (10.6) を**ベーカー・キャンベル・ハウスドルフの公式**とよぶ[*2]．

10.2 抽象的な定義

$\mathrm{M}_n\mathbb{K}$ は $\mathbb{K}$ 上の線型空間である上に，交換子括弧 $[\cdot, \cdot]$ についても閉じていた．さらに次の性質をもつ．

補題 10.2 X, Y, $Z \in \mathrm{M}_n\mathbb{K}$ に対し

$$[[X, Y], Z] + [[Y, Z], X] + [[Z, X], Y] = O \tag{10.7}$$

が成立する．この式を**ヤコビの恒等式**という．

問題 10.1 $\mathrm{M}_n\mathbb{K}$ においてヤコビの恒等式が成立することを確かめよ．

---

*2 Henry Frederick Baker (1905), Felix Hausdorff (1906), John Edward Campbell (1908). 詳しくは [41, pp. 129–131] を参照．ベーカーは無限可積分系理論におけるベーカー・アヒーゼル函数 (Baker-Akhiezer function) にも名を残している．ベーカー・キャンベル・ハウスドルフの公式の一般化についてはA. T. フォメンコ,『微分幾何とトポロジー』(三村護［訳］), 共立出版, 1996. または次の論文を参照．

R. V. Chakon, A. T. Fomenko, Recursion formulas for the Lie integral, Adv. Math. 88 (1991), no. 2, 200–257.

A. T. Fomenko, R. V. Chakon, Recurrence formulas for homogeneous terms of a convergent series that represents a logarithm of a multiplicative integral on Lie groups, Funktsional. Anal. i Prilozhen. **24** (1990), no. 1, 48–58. (英訳 Funct. Anal. Appl. **24** (1990), no. 1, 41–49).

この補題と定理 10.1 より線型リー群 G のリー環 $\mathfrak{g}$ もヤコビの恒等式をみたすことがわかる．これらの事実をもとに次の定義を行う．

定義 10.3 $\mathfrak{a}$ を $\mathbb{K}$ 上の線型空間とする[*3]．$\mathfrak{a}$ の 2 つの要素 X, Y から第 3 の要素 W を定める規則 $(X, Y) \longmapsto W = [X, Y]$ が定められていて以下の条件をみたすとき $[X, Y]$ を X と Y の**リー括弧**（または**括弧積**）という．

(1) $[\cdot, \cdot]$ は交代的，すなわち $[X, Y] = -[Y, X]$ をみたす．
(2) X, $Y \in \mathfrak{a}$ と a, $b \in \mathbb{K}$ に対し $[aX + bY, Z] = a[X, Z] + b[Y, Z]$ をみたす．
(3) **ヤコビの恒等式**

$$[X, [Y, Z]] + [Y, [Z, X]] + [Z, [X, Y]] = 0. \tag{10.8}$$

このとき $\mathfrak{a}$ は $[\cdot, \cdot]$ に関し（$\mathbb{K}$ 上の）リー環（または**リー代数**）をなすという．

$\mathbb{K} = \mathbb{R}$ のときは**実リー環**, $\mathbb{K} = \mathbb{C}$ のときは**複素リー環**とよぶ．また $\mathfrak{g}$ の線型空間としての次元を $\mathfrak{g}$ の次元といい $\dim \mathfrak{g}$ で表す．

註 10.2 複素リー環 $\mathfrak{a}$ を実線型空間とみなし，実リー環として扱うこともある．その場合は複素リー環としての次元と実リー環としての次元を混同しないように，$\dim_{\mathbb{C}} \mathfrak{a}$, $\dim_{\mathbb{R}} \mathfrak{a}$ と表記し，それぞれ $\mathfrak{a}$ の**複素次元**，**実次元**とよぶ．

例 10.1 ($\mathrm{M}_n\mathbb{K}$) $\mathbb{K}$ の元を成分にもつ n 次正方行列の全体 $\mathrm{M}_n\mathbb{K}$ において

$$[X, Y] = XY - YX$$

と定めると $\mathrm{M}_n\mathbb{K}$ は $\mathbb{K}$ 上のリー環である．$\mathrm{M}_n\mathbb{R}$ は $\mathfrak{gl}_n\mathbb{R}$ と表記される．

部分群や線型部分空間をまねて次の定義をしよう．

定義 10.4 $\mathbb{K}$ 上のリー環 $\mathfrak{a}$ の $\mathbb{K}$ 線型部分空間 $\mathfrak{b}$ が $[\cdot, \cdot]$ について閉じているとき，すなわち

$$X, Y \in \mathfrak{b} \Longrightarrow [X, Y] \in \mathfrak{b}$$

[*3] $\mathfrak{a}$ は A のドイツ小文字．$\mathfrak{a}$ は無限次元でもよい．

であるとき $\mathfrak{b}$ は $\mathfrak{a}$ の $[\cdot,\cdot]$ に関し $\mathbb{K}$ 上のリー環である．このとき $\mathfrak{b}$ を $\mathfrak{a}$ の**部分リー環**であるという．

この用語を使えば線型リー群 $G \subset \mathrm{GL}_n\mathbb{R}$ のリー環 $\mathfrak{g}$ は $\mathfrak{gl}_n\mathbb{R}$ の部分リー環であると言える[*4]．

例 10.2 ($\mathfrak{gl}_n\mathbb{C}$) $\mathrm{GL}_n\mathbb{C}$ のリー環 $\mathfrak{gl}_n\mathbb{C}$ を求めてみよう．2 通りの求め方を紹介する．

(1) 実表示を使う方法．$\phi_n : \mathrm{GL}_n\mathbb{C} \to \mathrm{GL}_{2n}\mathbb{R}$ を介して指数函数を計算する．ϕ_n の連続性に注意すると以下のように計算できる．

$$\exp(\phi_n(Z)) = \sum_{k=0}^{\infty} \frac{\phi_n(X)^k}{k!} = \lim_{l\to\infty} \sum_{k=0}^{l} \frac{\phi_n(Z)^k}{k!}$$
$$= \lim_{l\to\infty} \phi_n\left(\sum_{k=0}^{l} \frac{Z^k}{k!}\right) = \phi_n\left(\lim_{l\to\infty} \sum_{k=0}^{l} \frac{Z^k}{k!}\right)$$

であるから

$$\exp Z = \lim_{l\to\infty} \sum_{k=0}^{l} \frac{Z^k}{k!} = \phi_n^{-1}(\exp(\phi_n(Z)))$$

で計算すればよい．つまり $Z = X + \mathtt{i}Y$ に対し，まず $\exp\begin{pmatrix} X & -Y \\ Y & X \end{pmatrix}$ を計算する．

$$\exp\begin{pmatrix} X & -Y \\ Y & X \end{pmatrix} = \begin{pmatrix} A & -B \\ B & A \end{pmatrix}$$

と表せば，$\exp Z = A + \mathtt{i}B$ が答えである．とくに $\exp Z$ は正則行列である．したがって $Z \in \mathrm{M}_n\mathbb{C}$ と $t \in \mathbb{R}$ に対し $\exp(tZ)$ はつねに正則行列であることがわかる．以上より $\mathfrak{gl}_n\mathbb{C} = \mathrm{M}_n\mathbb{C}$ である．

[*4] $G \subset \mathrm{GL}_n\mathbb{R}$ の閉部分群を線型リー群とよぶことに対応して $\mathfrak{gl}_n\mathbb{R}$ の部分リー環を「線型リー環」とよんでもよい．線型リー群でないリー群は存在する．一方どの有限次元 $\mathbb{K}$ リー環も $\mathfrak{gl}_n\mathbb{K}$ の部分リー環として実現できる（Ado-岩澤の定理）．そのため「線型リー環」という用語を使わなくてもよい．

(2) 複素解析について既に学んだ読者向けの方法．定義どおり

$$\exp Z = \sum_{k=0}^{\infty} \frac{Z^k}{k!}$$

を計算すればよい．

どの $Z \in \mathrm{M}_n\mathbb{C}$ についても e^Z は正則行列なので $\mathfrak{gl}_n\mathbb{C} = \mathrm{M}_n\mathbb{C}$ である．$\mathfrak{gl}_n\mathbb{C}$ は実リー環であるだけでなく**複素リー環**でもあることを注意しておく．

註 10.3 (専門的な注意) 線型リー群とは限らない一般のリー群 G に対してもリー環 $\mathfrak{g}$ が定義される．リー群 G に対し単位元 e における接ベクトル空間 (p. 229 参照) $T_{\mathrm{e}}G$ に定義 10.3 の (1) から (3) をみたす双線型写像 $[\cdot,\cdot]$ が定義され，$T_{\mathrm{e}}G$ はリー環の構造を持つ．そこで $T_{\mathrm{e}}G$ を G のリー環とよび $\mathfrak{g}$ で表す．G が線型リー群のときは $T_{\mathrm{e}}G$ は (10.1) と一致する．また G が複素リー群，すなわち G が複素多様体で，演算写像と反転写像が正則写像（複素解析的）である場合は $\mathfrak{g}$ は複素リー環である．

問題 10.2 $\mathrm{D}_n\mathbb{K} = \{\mathrm{diag}(\lambda_1, \lambda_2, \ldots, \lambda_n) \in \mathrm{M}_n\mathbb{K} \mid \lambda_1, \lambda_2, \ldots, \lambda_n \neq 0\}$ のリー環 $\mathfrak{d}_n\mathbb{K}$ を求めよ．

線型空間や群と同様に「リー環の同型」を次のように定めよう．

定義 10.5 $\mathbb{K}$ 上のリー環 $\mathfrak{a}$ と $\mathfrak{b}$ に対し $\mathbb{K}$ 線型写像 $f : \mathfrak{a} \to \mathfrak{b}$ が

$$\text{すべての } X, Y \in \mathfrak{a} \text{ に対し } f([X, Y]) = [f(X), f(Y)]$$

をみたすとき f を**準同型写像**という．リー環の間の準同型写像であることを明示する必要があるときは**リー環準同型写像**（Lie algebra homomorphism）と言い表す．とくに f が $\mathbb{K}$ 線型同型であるとき f を同型写像という．線型同型写像との区別をはっきりさせるために**リー環同型写像**（Lie algebra isomorphism）ともよぶ．リー環同型写像 $f : \mathfrak{a} \to \mathfrak{b}$ が存在するとき，$\mathfrak{a}$ と $\mathfrak{b}$ はリー環として同型であるという．

10.3 リー環の計算

いままでに紹介してきた線型リー群のリー環を具体的に求めておこう．

例 10.3 (特殊線型群) 特殊線型群 $\mathrm{SL}_n\mathbb{K}$ の場合は，定義により

$$\exp(sX) \in \mathrm{SL}_n\mathbb{K} \quad \Longleftrightarrow \quad \det\exp(sX) = 1$$

である．ここで公式 (9.5) より

$$\det\exp(sX) = \exp\{s(\mathrm{tr}\, X)\}, \quad s \in \mathbb{R}.$$

であるから

$$\text{すべての } s \in \mathbb{R} \text{ に対し } \exp(sX) \in \mathrm{SL}_n\mathbb{K} \Longleftrightarrow \mathrm{tr}X = 0.$$

すなわち

$$\mathfrak{sl}_n\mathbb{K} = \{X \in \mathrm{M}_n\mathbb{K} \mid \mathrm{tr}\, X = 0\} \tag{10.9}$$

である．例 5.3 における (5.3) を思い出してほしい．例 5.3 で ($\mathbb{K} = \mathbb{R}$ の場合に) この線型部分空間を $\mathfrak{sl}_n\mathbb{R}$ と書いた理由はこれでやっと説明できた．$\mathbb{K} = \mathbb{C}$ のときも例 5.3 のときと全く同様に (5.7) で与えた

$$\{E_{ij}\ (i \neq j), E_{11} - E_{nn}, E_{22} - E_{nn}, \ldots, E_{n-1\, n-1} - E_{nn}\}$$

が $\mathfrak{sl}_n\mathbb{C}$ の基底を与える．したがって $\dim\mathfrak{sl}_n\mathbb{K} = n^2 - 1$ である．

問題 10.3 $\mathrm{GL}_n\mathbb{C}$ の実表示 $\mathrm{GL}_n\mathbb{R}_J$ のリー環が

$$\mathfrak{gl}_n\mathbb{R}_J = \left\{ \begin{pmatrix} X & -Y \\ Y & X \end{pmatrix} \middle| \ X, Y \in \mathrm{M}_n\mathbb{R} \right\} \tag{10.10}$$

で与えられることを利用して $\mathrm{SL}_n\mathbb{C}$ の実表示のリー環を求めよ．

問題 10.4 四元数の特殊線型群 $\mathrm{SL}_n\mathbf{H}$ に対し

$$\mathfrak{sl}_n\mathbf{H} = \left\{ \begin{pmatrix} A & -\overline{B} \\ B & \overline{A} \end{pmatrix} \in \mathrm{M}_{2n}\mathbb{C} \;\middle|\; \mathrm{tr}\, A \in \mathrm{i}\mathbb{R} \right\}$$

であることを確かめよ.

例 10.4 (直交群) 直交群 $\mathrm{O}(n)$ のリー環を求めよう. ${}^t(e^{sX})(e^{sX}) = E$ の両辺を s で微分すると

$${}^t(Xe^{sX})e^{sX} + {}^t(e^{sX})(Xe^{sX}) = O.$$

$s = 0$ とすると ${}^tX + X = O$ が得られる. すなわち X は実交代行列. したがって

$$\mathfrak{o}(n) = \left\{ X \in \mathrm{M}_n\mathbb{R} \mid {}^tX = -X \right\} \tag{10.11}$$

が得られる. これで第 I 部の最後に述べた「2 次交代行列の全体を $\mathfrak{o}(2)$ と表記し $\mathrm{O}(2)$ のリー環とよぶ」ことの理由が与えられた. また例 5.4 で $\mathrm{Alt}_n\mathbb{R}$ を $\mathfrak{o}(n)$ と書いた理由も説明できた. さて例 5.4 で説明したように (5.9)) で与えた $\{E_{ij} - E_{ji} \mid 1 \leq i < j \leq n\}$ が $\mathfrak{o}(n)$ の基底を与えるので $\dim \mathfrak{o}(n) = n(n-1)/2$. 実交代行列の対角成分はすべて 0 なので固有和は 0. したがって $\mathfrak{o}(n) \cap \mathfrak{sl}_n\mathbb{R} = \mathfrak{o}(n)$. すなわち $\mathfrak{so}(n) = \mathfrak{o}(n)$ であることに注意.

問題 10.5 擬直交群 $\mathrm{O}_\nu(n)$ のリー環が

$$\mathfrak{o}_\nu(n) = \{X \in \mathrm{M}_n\mathbb{R} \mid {}^tX\mathcal{E}_\nu = -\mathcal{E}_\nu X\} \tag{10.12}$$

で与えられること, および $\dim \mathfrak{o}_\nu(n) = \mathfrak{o}(n)$ であることを確かめよ. この結果から

$$\mathfrak{o}_\nu(n) = \left\{ \begin{pmatrix} X_{\mathrm{T}} & {}^tY \\ Y & X_{\mathrm{S}} \end{pmatrix} \;\middle|\; X_{\mathrm{T}} \in \mathfrak{o}(\nu),\ X_{\mathrm{S}} \in \mathfrak{o}(n-\nu),\ Y \in \mathrm{M}_{n-\nu,\nu}\mathbb{R} \right\} \tag{10.13}$$

とより具体的な表示が得られる.

ここまでに得た事実から $\mathbb{E}^n_\nu$ の合同変換群 (6.4 節) のリー環を求めることができる.

系 10.1 $\mathbb{E}^n_\nu$ の合同変換群 $\mathrm{E}_\nu(n)$ のリー環は

$$(10.14)\qquad \mathfrak{e}_\nu(n) = \left\{ \begin{pmatrix} X & \boldsymbol{v} \\ O_{1,n} & 0 \end{pmatrix} \;\middle|\; X \in \mathfrak{o}_\nu(n),\ \boldsymbol{v} \in \mathbb{R}^n \right\} \subset \mathfrak{gl}_{n+1}\mathbb{R}$$

で与えられる．$\dim \mathfrak{e}_\nu(n) = \dim \mathfrak{o}_\nu(n) + \dim \mathbb{R}^n = n(n+1)/2.$

註 10.4 (アフィン変換群のリー環) アフィン変換群 $\mathrm{A}(n)$ のリー環は

$$(10.15)\qquad \mathfrak{a}(n) = \left\{ \begin{pmatrix} X & \boldsymbol{v} \\ O_{1,n} & 0 \end{pmatrix} \;\middle|\; X \in \mathfrak{gl}_n\mathbb{R},\ \boldsymbol{v} \in \mathbb{R}^n \right\} \subset \mathfrak{gl}_{n+1}\mathbb{R}$$

で与えられる．

$\mathbb{C}^n$ の場合を考えよう．

問題 10.6 ユニタリ群 $\mathrm{U}(n)$ の場合は

$$(10.16)\qquad \mathfrak{u}(n) = \{Z \in \mathrm{M}_n\mathbb{C} \mid Z^* = -Z\}$$

となる．これを確かめよ．$Z^* = -Z$ をみたす $Z \in \mathrm{M}_n\mathbb{C}$ は**反エルミート行列**とか**歪エルミート行列**とよばれる．

$\mathfrak{u}(n)$ は複素数を成分にもつが，複素線型空間では**ない**ことに注意が必要である．実際 $Z \in \mathfrak{u}(n)$ とすると $(\mathtt{i}Z)^* = \bar{\mathtt{i}}Z^* = (-\mathtt{i})(-Z) = \mathtt{i}Z$ であるから $\mathtt{i}Z \notin \mathfrak{u}(n)$ である．$Z = (z_{ij}) = (x_{ij} + \mathtt{i}y_{ij})$ とおくと $Z^* = -Z$ より

$$\sum_{i,j=1}^{n} \overline{z_{ji}} E_{ij} = \sum_{i,j=1}^{n} (-z_{ij}) E_{ij}$$

であるから $\overline{z_{ji}} = -z_{ij}$，すなわち $z_{ji} = -\overline{z_{ij}}$ である．つまり $x_{ji} + \mathtt{i}y_{ji} = -x_{ij} + y_{ij}\mathtt{i}$．とくに $z_{ii} = -\overline{z_{ii}}$ であることより $z_{ii} = y_{ii}\mathtt{i} \in \mathtt{i}\mathbb{R}$ がわかる．すると

$$
\begin{aligned}
Z &= \sum_{i<j} z_{ij}E_{ij} + \sum_{i>j} z_{ij}E_{ij} + \sum_{i=1} z_{ii}E_{ii} \\
&= \sum_{i<j} x_{ij}E_{ij} + \sum_{i<j} y_{ij}(\mathtt{i}E_{ij}) + \sum_{i<j} x_{ji}E_{ji} + \sum_{i<j} y_{ji}(\mathtt{i}E_{ij}) + \sum_{i=1} y_{ii}(\mathtt{i}E_{ii}) \\
&= \sum_{i<j} x_{ij}E_{ij} + \sum_{i<j} y_{ij}(\mathtt{i}E_{ij}) - \sum_{i<j} x_{ij}E_{ji} + \sum_{i<j} y_{ij}(\mathtt{i}E_{ij}) + \sum_{i=1} y_{ii}(\mathtt{i}E_{ii}) \\
&= \sum_{i<j} x_{ij}(E_{ij} - E_{ji}) + \sum_{i<j} y_{ij}\{\mathtt{i}(E_{ij} + E_{ji})\} + \sum_{i=1} y_{ii}(\mathtt{i}E_{ii})
\end{aligned}
$$

と書き換えられることから

$$\{E_{ij} - E_{ji}\,(i<j),\ \mathtt{i}(E_{ij}+E_{ji})\,(i<j),\ \mathtt{i}E_{ii}\,(i=1,2,\ldots,n)\}$$

が基底を与えるので

$$\dim \mathfrak{u}(n) = \frac{n(n-1)}{2} + \frac{n(n-1)}{2} + n = n^2.$$

とくに (9.6) で見たように

$$\mathfrak{u}(1) = \{z \in \mathbb{C} \mid \bar{z} = -z\} = \{\mathtt{i}t \mid t \in \mathbb{R}\}$$

は 1 次元である．$\mathfrak{u}(1)$ はしばしば $\mathbb{R}\mathtt{i}$ と表記される．

$\mathfrak{su}(n)$ の基底を求めよう．$i<j$ に対し

$$\mathrm{tr}\,(E_{ij} - E_{ji}) = 0, \quad \mathrm{tr}\,\{\mathtt{i}(E_{ij}+E_{ji})\} = 0$$

であるからこれらは $\mathfrak{su}(n)$ の要素である．

$$\mathrm{tr}\left(\sum_{i=1} y_{ii}(\mathtt{i}E_{ii})\right) = \sum_{i=1}^{n} y_{ii}\mathtt{i} = 0$$

とおくと $y_{nn} = -\sum_{i=1}^{n} y_{ii}$ であるから

(10.17) $\{E_{ij} - E_{ji}\,(i<j),\ \mathtt{i}(E_{ij}+E_{ji})\,(i<j),\ \mathtt{i}(E_{ii} - E_{nn})\,(1 \le i \le n-1)\}$

は $\mathfrak{su}(n)$ の基底を与えることがわかる．したがって $\dim \mathfrak{su}(n) = n^2 - 1$．とくに $\mathfrak{su}(2)$ の基底として

$$\{E_{12} - E_{21},\ \mathtt{i}(E_{12} + E_{21}),\ \mathtt{i}(E_{11} - E_{22})\}$$

がとれるが 8.6 節と見比べると

$$\boldsymbol{i} = \mathtt{i}(E_{11} - E_{22}),\ \boldsymbol{j} = -(E_{12} - E_{21}),\ \boldsymbol{k} = -\mathtt{i}(E_{12} + E_{21})$$

であることがわかる．したがって $\mathrm{Im}\,\mathbf{H} = \mathfrak{su}(2)$ である．

問題 10.7 擬直交群をまねて**擬ユニタリ群**を

$$\mathrm{U}_\nu(n) = \{A \in \mathrm{M}_n\mathbb{C} \mid A^*\mathcal{E}_\nu A = \mathcal{E}_\nu\}$$

で定義する．定義の仕方から線型リー群であることがわかる．$\mathrm{U}_0(n) = \mathrm{U}(n)$ である．$\mathrm{U}_\nu(n)$ のリー環が

$$\mathfrak{u}_\nu(n) = \{X \in \mathrm{M}_n\mathbb{C} \mid X^*\mathcal{E}_\nu = -\mathcal{E}_\nu X\}$$

で与えられることを確かめよ．$\mathrm{U}_\nu(n)$, $\mathfrak{u}_\nu(n)$ をそれぞれ $\mathrm{U}(\nu, n-\nu)$, $\mathfrak{u}(\nu, n-\nu)$ と表記する本もある．

註 10.5 $\mathbb{C}^n$ 上のエルミート内積の代わりに**エルミート・スカラー積**

$$\langle \boldsymbol{z}, \boldsymbol{w} \rangle = -\sum_{k=1}^{\nu} z_k\overline{w_k} + \sum_{k=\nu+1}^{n} z_k\overline{w_k}$$

を考えることにすると

$$\mathrm{U}_\nu(n) = \{A \in \mathrm{M}_n\mathbb{C} \mid \text{すべての}\ \boldsymbol{z}, \boldsymbol{w} \in \mathbb{C}^n \text{に対し}\ \langle A\boldsymbol{z}, A\boldsymbol{w} \rangle = \langle \boldsymbol{z}, \boldsymbol{w} \rangle\}$$

と表せる．$\mathbb{C}^n$ にこのエルミート・スカラー積を与えたものを $\mathbb{C}^n_\nu$ で表す．$\mathbb{C}^n_0 = \mathbb{C}^n$ とする．エルミート・スカラー積を

$$\langle \boldsymbol{z}, \boldsymbol{w} \rangle = \sum_{k=1}^{p} z_k\overline{w_k} - \sum_{k=p+1}^{n} z_k\overline{w_k}$$

で与え，このエルミート・スカラー積を保つ 1 次変換を与える行列全体として擬ユニタリ群を定義する流儀もある．その流儀では $q = n - p$ とおき擬ユニタリ群を $\mathrm{U}(p, q)$ で表す．この流儀のエルミート・スカラー積は $-\langle \mathcal{E}_p\boldsymbol{z} | \boldsymbol{w} \rangle$ と表せるから

$$\mathrm{U}(p, q) = \{A \in \mathrm{M}_n\mathbb{C} \mid A^*\mathcal{E}_p A = \mathcal{E}_p\}$$

と表せる．

例 10.5 (シンプレクティック群) $\mathrm{Sp}(n;\mathbb{K})$ のリー環は

$$\mathfrak{sp}(n;\mathbb{K}) = \{Z \in \mathrm{M}_{2n}\mathbb{K} \mid {}^tZJ_n = -J_nZ\} \tag{10.18}$$

で与えられる．とくに $\mathfrak{sp}(n;\mathbb{C})$ は複素リー環であることを注意しておこう．$\mathfrak{sp}(n;\mathbb{C})$ の基底を 1 組求めよう．

$$Z = \begin{pmatrix} A & B \\ C & D \end{pmatrix}, \quad A,\ B,\ C,\ D \in \mathrm{M}_n\mathbb{K}$$

と区分けしよう．${}^tZJ_n = -J_nZ$ より

$$\begin{pmatrix} {}^tA & {}^tC \\ {}^tB & {}^tD \end{pmatrix}\begin{pmatrix} O_n & -E_n \\ E_n & O_n \end{pmatrix} = -\begin{pmatrix} O_n & -E_n \\ E_n & O_n \end{pmatrix}\begin{pmatrix} A & B \\ C & D \end{pmatrix}$$

であるから

$$\begin{pmatrix} {}^tC & -{}^tA \\ {}^tD & -{}^tB \end{pmatrix} = \begin{pmatrix} C & D \\ -A & -B \end{pmatrix}.$$

すなわち

$${}^tB = B,\ {}^tC = C,\ D = -{}^tA.$$

したがって

$$\mathfrak{sp}(n;\mathbb{K}) = \left\{ \begin{pmatrix} A & B \\ C & -{}^tA \end{pmatrix} \,\middle|\, {}^tB = B, {}^tC = C \right\}.$$

そこで $A = (a_{ij})$, $B = (b_{ij})$, $C = (c_{ij})$ とおくと

$$\begin{aligned} Z &= \sum_{i,j=1}^{n} a_{ij}E_{ij} - \sum_{i,j=n+1}^{2n} a_{ji}E_{ij} + \sum_{i=1}^{n}\sum_{j=n+1}^{n} b_{ij}E_{ij} + \sum_{i=n+1}^{n}\sum_{j=1}^{n} c_{ij}E_{ij} \\ &= \sum_{i,j=1}^{n} a_{ij}(E_{ij} - E_{n+j\,n+i}) + \sum_{i<j} b_{ij}(E_{i\,n+j} + E_{j\,n+i}) + \sum_{i=1}^{n} b_{ii}E_{i\,n+i} \\ &\quad + \sum_{i<j} c_{ij}(E_{n+i\,j} + E_{n+j\,i}) + \sum_{i=1}^{n} c_{ii}E_{n+i\,i} \end{aligned}$$

と表せることから

$$E_{ij} - E_{n+j\ n+i}\ (i,j = 1,2,\ldots,n),$$
$$E_{i\ n+j} + E_{j\ n+i}\ (1 \leq i < j \leq n),\quad E_{i\ n+i}\ (i = 1,2,\ldots,n),$$
$$E_{n+i\ j} + E_{n+j\ i}\ (1 \leq i < j \leq n),\quad E_{n+i\ i}\ (i = 1,2,\ldots,n)$$

が基底を与える．したがって

$$\dim_{\mathbb{K}} \mathfrak{sp}(n;\mathbb{K}) = n^2 + \frac{n(n+1)}{2} + \frac{n(n+1)}{2} = n(2n+1).$$

例 10.6 (ユニタリ・シンプレクティック群) この場合は複素表示を用いて $\mathfrak{sp}(n) = \mathfrak{u}(2n) \cap \mathfrak{sp}(n;\mathbb{C})$ で考えよう．$\mathfrak{sp}(n;\mathbb{C})$ は複素リー環だが $\mathfrak{u}(2n)$ が複素リー環でない実リー環なので $\mathfrak{sp}(n)$ も複素リー環でない実リー環であることに注意．

$$\mathfrak{sp}(n;\mathbb{C}) = \left\{ X = \begin{pmatrix} A & B \\ C & -{}^tA \end{pmatrix} \,\middle|\, {}^tB = B, {}^tC = C \right\}$$

より $X \in \mathfrak{u}(2n)$ であるための必要十分条件は $X^* = -X$．すなわち

$$\begin{pmatrix} A^* & C^* \\ B^* & -\overline{A} \end{pmatrix} = -\begin{pmatrix} A & B \\ C & -{}^tA \end{pmatrix}$$

より

$$A \in \mathfrak{u}(n),\ {}^tC = C,\ B = -C^*$$

である．ここで

$$\mathrm{Sym}_n\mathbb{C} = \{Y \in \mathrm{M}_n\mathbb{C} \mid {}^tY = Y\}$$

とおこう．$\mathrm{Sym}_n\mathbb{C}$ は複素次元が $n(n+1)/2$ の複素線型空間である（確かめよ）．ただし交換子括弧については**閉じていない**．以上より

$$\mathfrak{sp}(n) = \left\{ \begin{pmatrix} A & -C^* \\ C & -{}^tA \end{pmatrix} \,\middle|\, A \in \mathfrak{u}(n),\ \ C \in \mathrm{Sym}_n\mathbb{C} \right\}$$ を得る．

したがって $\dim \mathfrak{sp}(n) = \dim \mathfrak{u}(n) + \dim_{\mathbb{R}} \mathrm{Sym}_n\mathbb{C} = n(2n+1)$．とくに $n = 1$ のときは

$$\mathfrak{sp}(1) = \left\{ \begin{pmatrix} \alpha & -\bar{\beta} \\ \beta & -\alpha \end{pmatrix} \,\middle|\, \alpha \in \mathfrak{u}(1),\ \ \beta \in \mathbb{C} \right\}$$

を得る．$\mathfrak{u}(1) = \mathbb{R}\mathtt{i}$ より $\mathfrak{sp}(1) = \mathfrak{su}(2)$ であることがわかる．したがって $\mathfrak{sp}(1) = \mathrm{Im}\,\mathbf{H}$ が得られた．

線型リー群からリー環が定義された．リー環については姉妹書『はじめて学ぶリー環』で詳しく解説する．

次の第 III 部ではリー群と幾何学の関わりを調べることにしよう．

第Ⅲ部
3 次元リー群の幾何

11 群とその作用

11.1 群作用

第 1 章・第 2 章で考察した 1 次変換や合同変換をリー群の観点から再考する．まず次の定義から始めよう．

定義 11.1 X を空でない集合，G を群とする．写像 $\rho : G \times X \to X$ が与えられ

$$\rho(g_1 g_2, x) = \rho(g_1, \rho(g_2, x)), \quad \rho(\mathsf{e}, x) = x$$

がすべての g_1, $g_2 \in G$, $x \in X$ について成立するとき群 G は集合 X に**左から作用**するという．ρ を G の X 上の**左作用**とよぶ．

註 11.1 (右作用) 同様に右作用が以下の要領で定義される．
X を空でない集合，G を群とする．写像 $\nu : X \times G \to X$ が与えられ

$$\nu(x, g_1 g_2) = \nu(\nu(x, g_1), g_2), \quad \nu(x, e) = x$$

がすべての g_1, $g_2 \in G$, $x \in X$ について成立するとき群 G は集合 X に**右から作用する**という．ν を G の X 上の**右作用**とよぶ．

この本では左作用のみ扱うので以下では「左」を省き，単に作用とよぶ．

定義 11.2 群作用 $\rho : G \times X \to X$ と点 $x \in X$ に対し

$$\mathcal{O}_x = \{\rho(g, x) \mid g \in G\} \subset X$$

を $x \in X$ の**軌道**（orbit）とよぶ．

例 11.1 (平行移動) $G = X$ とする．このとき $\rho(g, x) = gx$ と定めれば ρ は G の G 上の作用である．これを G の**左移動**（left translation）とよぶ．とくに $G = X = (\mathbb{R}^n, +)$ の場合は左移動とは**平行移動**に他ならない．

例 11.2 (1 次変換) $G = \mathrm{GL}_n\mathbb{R}$, $X = \mathbb{R}^n$ とする．$\rho : G \times X \to X$ を

$$\rho(A, \boldsymbol{x}) = A\boldsymbol{x}$$

つまり行列 A による 1 次変換で ρ を定める．このとき ρ は G の $\mathbb{R}^n$ 上の左作用である（確かめよ）．

例 11.3 (直交変換) G を実一般線型群 $\mathrm{GL}_n\mathbb{R}$ の部分群とすると上の例と同じ ρ により G の作用が定まる．とくに特殊線型群 $\mathrm{SL}_n\mathbb{R}$ や直交群 $\mathrm{O}(n)$, 回転群 $\mathrm{SO}(n)$ の作用が大事である．$\mathrm{O}(n)$, $\mathrm{SO}(n)$ の作用は 2 章で学んだ直交変換に他ならない．

例 11.4 (群の表現) 群 G の実線型空間 $\mathbb{V}$ 上の表現 $\mu : G \to \mathrm{GL}(\mathbb{V})$ が与えられているとき $\rho : G \times \mathbb{V} \to \mathbb{V}$ を

$$\rho(g, \vec{v}) = \mu(g)\vec{v}, \quad \vec{v} \in \mathbb{V}$$

で定めると ρ は G の $\mathbb{V}$ 上の作用である．

6.4 節の定理 6.3 で $\mathbb{R}^n$ の合同変換群 $\mathrm{E}(n)$ の群構造を調べた．定理 6.3 を少し一般化しておこう．

問題 11.1 G を実一般線型群 $\mathrm{GL}_n\mathbb{R}$ の部分群とする．いま積集合 $G \times \mathbb{R}^n$ に (6.4) と同じやり方で演算を定める．すなわち：

$$(C, \boldsymbol{d}) \circ (A, \boldsymbol{b}) = (CA, C\boldsymbol{b} + \boldsymbol{d}).$$

(1) $G \times \mathbb{R}^n$ はこの演算について群であることを示せ．

(2) $\rho : (G \times \mathbb{R}^n) \times \mathbb{R}^n \to \mathbb{R}^n$ を

$$\rho((A, \boldsymbol{b}), \boldsymbol{x}) = A\boldsymbol{x} + \boldsymbol{b}$$

で定めると $G \times \mathbb{R}^n$ の $\mathbb{R}^n$ 上の左作用であることを確かめよ．

(3) $G = \mathrm{O}(n)$ と選べばこの作用は定理 6.3 で述べた $\mathbb{R}^n$ の合同変換と一致することを確かめよ．

(4) 平行移動全体のなす部分群 $\boldsymbol{T}(n) = \{(E, \boldsymbol{b}) \mid \boldsymbol{b} \in \mathbb{R}^n\}$ は $(\mathbb{R}^n, +)$ と同型であること，また $G \times \mathbb{R}^n$ の正規部分群であることを確かめよ．

この演習問題で定めた演算を与えた $G \times \mathbb{R}^n$ を $G \ltimes \mathbb{R}^n$ と書く．とくに $\mathrm{E}(n) = \mathrm{O}(n) \ltimes \mathbb{R}^n$ であることに注意．記法 $G \ltimes \mathbb{R}^n$ の意味を理解するために次の問題も解いてみよう．

問題 11.2 (半直積) 2 つの群 G, H を考える．G が H 上に左から作用 ρ により作用しているとする．このとき積集合 $G \times H$ に次のようにして積 $*_\rho$ を定めることができる：

$$(g_1, h_1) *_\rho (g_2, h_2) = (g_1 g_2, h_1 \rho(g_1, h_2)), \quad g_1, g_2 \in G, h_1, h_2 \in H$$

(1) $(G \times H, *_\rho)$ は群をなすことを確かめよ．この群を $G \ltimes H$ と表記し G と H の**半直積群**（semi-diecrt product group）とよぶ．作用 ρ に基づくことを強調したいときは $G \ltimes_\rho H$ とか $G \times_\rho H$ と書く．

(2) G, H の単位元を e, e' と書く．

$$G \times \{\mathsf{e}'\} = \{(g, \mathsf{e}') \mid g \in G\}, \ \{\mathsf{e}\} \times H = \{(\mathsf{e}, h) \mid h \in H\}$$

は $G \ltimes H$ の部分群であることを確かめよ．

(3) 次の二つの写像

$$G \ni g \mapsto (g, \mathsf{e}') \in G \times \{\mathsf{e}'\}, \ H \ni h \mapsto (\mathsf{e}, h) \in \{\mathsf{e}\} \times H$$

は群同型写像であることを確かめよ．以後，この同型を通じて G, H を $G \ltimes H$ の部分群とみなす．

(4) H は $G \ltimes H$ の正規部分群であることを示せ．

G を $\mathrm{GL}_n\mathbb{R}$ の部分群，$H = \mathbb{R}^n$ とし $\rho : G \times \mathbb{R}^n \to \mathbb{R}^n$ を 1 次変換としての作用とすると半直積群 $G \times_\rho \mathbb{R}^n$ は問題 11.1 で考察した群である．

定義 11.3 $\mathrm{A}(n) = \mathrm{GL}_n\mathbb{R} \ltimes \mathbb{R}^n$ の元を**アフィン変換**（affine transformation）とよぶ．$\mathrm{A}(n)$ を**アフィン変換群**とよぶ．

6.4 節でアフィン変換群の別表示を与えてあった（式 (6.6) 参照）．再録すると

$$\mathrm{A}(n) = \left\{ \begin{pmatrix} A & \boldsymbol{b} \\ O_{1,n} & 1 \end{pmatrix} \mid A \in \mathrm{GL}_n\mathbb{R},\ \boldsymbol{b} \in \mathbb{R}^n \right\} \subset \mathrm{GL}_{n+1}\mathbb{R}.$$

この群と $\mathrm{GL}_n\mathbb{R} \ltimes \mathbb{R}^n$ が同型であることはすでに知っているが $\mathbb{R}^n$ への作用はどのように表されるだろうか．$\mathrm{A}(n)$ を $\mathrm{GL}_{n+1}\mathbb{R}$ の部分群として実現した場合，$\mathbb{R}^n$ を次の要領で $\mathbb{R}^{n+1}$ の部分集合とみなす：

$$\left\{ \begin{pmatrix} \boldsymbol{p} \\ 1 \end{pmatrix} \middle| \boldsymbol{p} \in \mathbb{R}^n \right\} \subset \mathbb{R}^{n+1}.$$

すると $\mathrm{A}(n)$ の $\mathbb{R}^{n+1}$ 上の作用 $\rho : \mathrm{A}(n) \times \mathbb{R}^n \to \mathbb{R}^n$（アフィン変換）は

$$\rho\left(\begin{pmatrix} A & \boldsymbol{b} \\ O_{1,n} & 1 \end{pmatrix}, \begin{pmatrix} \boldsymbol{p} \\ 1 \end{pmatrix} \right) = \begin{pmatrix} A & \boldsymbol{b} \\ O_{1,n} & 1 \end{pmatrix} \begin{pmatrix} \boldsymbol{p} \\ 1 \end{pmatrix} = \begin{pmatrix} A\boldsymbol{p} + \boldsymbol{b} \\ 1 \end{pmatrix}$$

と 1 次変換で与えられる．

以下では線型リー群 $G \subset \mathrm{GL}_n\mathbb{R}$ の半直積群 $G \ltimes \mathbb{R}^n \subset \mathrm{A}(n)$ を考察の対象としたい．

まず半直積群 $\mathrm{SL}_n\mathbb{R} \ltimes \mathbb{R}^n$ はどのような変換を定めるかを調べよう．平面解析幾何あるいは線型代数で次の事実を学んだことを思い出そう．

命題 11.1 $\mathbb{R}^2$ 内の線型独立な 2 本のベクトル $\boldsymbol{a},\boldsymbol{b}$ が張る平行四辺形の符号付面積は $\det(\boldsymbol{a}\,\boldsymbol{b})$ で与えられる．

行列式の性質から $A \in \mathrm{M}_2\mathbb{R}$ に対し $\det(A\boldsymbol{a}\ A\boldsymbol{b}) = \det A \cdot \det(\boldsymbol{a}\,\boldsymbol{b})$．したがって $|\det A| = 1$ ならば平行四辺形の**符号付面積は保たれる**．

同様に

命題 11.2 $\mathbb{R}^3$ 内の線型独立な 3 本のベクトル $\boldsymbol{a}$, $\boldsymbol{b}$, $\boldsymbol{c}$ が張る平行六面体の符号付体積は $\det(\boldsymbol{a}\,\boldsymbol{b}\,\boldsymbol{c})$ で与えられる．$A \in \mathrm{M}_3\mathbb{R}$ が $|\det A| = 1$ をみたすならば A の定める 1 次変換で平行六面体の体積は保たれる．

いまは 2 次元と 3 次元の場合だけ述べたが一般次元でもこれらの命題は成立する．これらの事実に着目して次の定義を行う．

定義 11.4 線型リー群

$$\mathrm{EA}(n)=\{(A,\boldsymbol{b})\in\mathrm{A}(n)\mid|\det A|=1\}\subset\mathrm{A}(n)$$

の要素を**等積アフィン変換**（equiaffine transformation）とよぶ．群 $\mathrm{EA}(n)$ を**等積アフィン変換群**とよぶ．$\mathrm{EA}(n)$ の部分群 $\mathrm{SA}(n)=\mathrm{SL}_n\mathbb{R}\ltimes\mathbb{R}^n$ の要素を正の等積変換（または向きを保つ等積変換）とよぶ．群 $\mathrm{SA}(n)$ を正の等積変換群（または向きを保つ等積変換群）とよぶ．

いまは平行四辺形や平行六面体のみを考察したが $\mathbb{R}^n$ 内の「体積をもつ図形」$\mathcal{A}$ に対し $f\in\mathrm{SA}(n)$ による像 $f(\mathcal{A})$ はもとの図形と同じ符号付体積を持つことが証明できる．

定義 11.5 n 次元ユークリッド空間 $\mathbb{E}^n$ 上の変換 $f:\mathbb{E}^n\to\mathbb{E}^n$ に対し，正の実数 c が存在して

$$\mathrm{d}(f(\mathrm{P}),f(\mathrm{Q}))=c\,\mathrm{d}(\mathrm{P},\mathrm{Q}),$$

がすべての $\mathrm{P},\mathrm{Q}\in\mathbb{E}^n$ に対し成り立つとき f を $\mathbb{E}^n$ の**相似変換**（similarity transformation，homothety）とよぶ．

問題 11.3 定理 2.1 の証明にならい次の事実を証明せよ．
$f:\mathbb{E}^n\to\mathbb{E}^n$ が相似変換ならば

$$f(\boldsymbol{p})=A\boldsymbol{p}+\boldsymbol{b},\ A\in\mathrm{CO}(n),\ \boldsymbol{b}\in\mathbb{R}^n$$

と一意的に表せる．逆に，この形の変換は相似変換である．ここで $\mathrm{CO}(n)$ は

$$\mathrm{CO}(n)=\{A\in\mathrm{M}_n\mathbb{R}\mid {}^tAA=cE,\ c\in\mathbb{R},\ c\neq 0\}$$

で定義される線型リー群である．したがって相似変換の全体 $\mathrm{Sim}(n)$ は $\mathrm{Sim}(n)=\mathrm{CO}(n)\ltimes\mathbb{R}^n$ と表示でき，アフィン変換群 $\mathrm{A}(n)$ の部分群である．$\mathrm{Sim}(n)$ を**相似変換群**（similarity transformation group）とよぶ．

$A\in\mathrm{CO}(n)$ に対し条件式 ${}^tAA=cE$ の両辺を見比べれば $c>0$ となることに気づく．ここで次の用語を定めておこう．

【用語】 $(A, \boldsymbol{b}) \in \mathrm{CO}(n) \ltimes \mathbb{R}^n$ を定める行列 A が ${}^tAA = cE$ をみたすとき $(A, \boldsymbol{b})$ は

- $c = 1$ のとき合同変換とよばれる．
- $c > 1$ のとき**拡大** (expansion) とよばれる．
- $0 < c < 1$ のとき**縮小** (contraction) とよばれる．

問題 11.4 $\mathrm{CO}(n)$ および $\mathrm{Sim}(n)$ のリー環を求めよ．

11.1.1 クライン幾何

小学校から高等学校にかけて学んできた幾何は（名称こそ習ってないが）ユークリッド幾何（合同変換），相似幾何（相似変換），等積幾何（等積アフィン変換），アフィン幾何（アフィン変換）であった．これらの幾何を群作用を使って定式化しよう．

定義 11.6 群作用 $\rho : G \times X \to X$ が次をみたすとき**推移的作用** (transitive action) とよぶ．

> X の任意の 2 点 x, y に対し $\rho(g, x) = y$ となる $g \in G$ が存在する．

集合 X 上に推移的群作用 (G, ρ) があるとき X は**等質** (homogeneous) または**均質**である[*1]という． 作用 ρ が推移的であれば各点 $x \in X$ に対し $\mathcal{O}_x = X$ であることに注意しよう．

定義 11.7 組 (G, X, ρ) は集合 X, 群 G と推移的群作用からなるものとする．組 (G, X, ρ) を G を**変換群** (transformation group) とし X を表現空間とする**クライン幾何** (Klein geometry) という[*2]．

[*1] ようするに**どの点も平等である**ということ．いいかえると**絶対的な原点は存在しない**という意味．

[*2] G の作用 ρ で不変な性質を調べる研究を「G を**変換群** (transformation group) とし X を表現空間とする**クライン幾何学**」とよぶ．

これまでに登場したクライン幾何を整理しておこう[*3].

- $(\mathrm{E}(n), \mathbb{R}^n, \rho)$：ユークリッド幾何
- $(\mathrm{EA}(n), \mathbb{R}^n, \rho)$：等積アフィン幾何
- $(\mathrm{Sim}(n), \mathbb{R}^n, \rho)$：相似幾何
- $(\mathrm{A}(n), \mathbb{R}^n, \rho)$：アフィン幾何

ミンコフスキー空間 $\mathbb{L}^n = \mathbb{E}^n_1$ にポアンカレ群 $\mathrm{E}_1(n)$ の作用を与えて定まるクライン幾何学を**ミンコフスキー幾何**という.

註 11.2 (同型なクライン幾何) 2つのクライン幾何 (G, X, ρ), (G', X', ρ') に対し同型の概念を次のように定める.

全単射 $\varphi : X \to X'$ と群同型写像 $f : G \to G'$ で,

$$\rho'(f(a), \varphi(x)) = \varphi(\rho(a, x))$$

を, すべての $a \in G$ とすべての $x \in X$ に対してみたすものが存在するとき, (G, X, ρ) と (G', X', ρ') は**同型**であるとか, **同一のクライン幾何を定める**という.

命題 11.3 クライン幾何学 (G, X, ρ) において点 x_0 を動かさない変換を定める G の要素全体を H_{x_0} で表す. すなわち

$$H_{x_0} = \{g \in G \mid \rho(g, x_0) = x_0\}.$$

H_{x_0} は G の部分群である. これを x_0 における G の**固定群** (stabilizer) または**等方部分群** (isotropy subgroup) とよぶ.

2点 x_0, y_0 での固定群を比べてみよう. ρ は推移的だから $y_0 = \rho(g, x_0)$ と表せる $g \in G$ が存在する. 各 $h \in H_{y_0}$ に対し $\rho(h, y_0) = y_0$ より

$$\rho(h, \rho(g, x_0)) = \rho(g, x_0) \iff \rho(g^{-1}hg, x_0) = x_0.$$

したがって $g^{-1}hg \in H_{x_0}$. これより $H_{y_0} = gH_{x_0}g^{-1}$ がわかる.

[*3] これらの幾何（平面幾何）における曲線の合同定理については [3] を参照されたい.

命題 11.4 固定群は互いに共軛である.

クライン幾何学においては「空間」は**変換群から再現される**.

定理 11.1 推移的群作用 $\rho : G \times X \to X$ において X と左剰余類 G/H_{x_0} との間には**自然な全単射対応**がある.

【証明】 $\tilde{\phi} : G \to X$ を $\tilde{\phi}(g) = \rho(g, x_0)$ と定めてみよう. 作用が推移的だからこの写像は全射である. 単射かどうか調べる.

$$\tilde{\phi}(g) = \tilde{\phi}(h) \ \Leftrightarrow\ \rho(g, x_0) = \rho(h, x_0) \ \Leftrightarrow\ \rho(g^{-1}h, x_0) = x_0 \Leftrightarrow g^{-1}h \in H_{x_0}$$

だから

$$\tilde{\phi}\text{が単射} \iff \text{すべての } x_0 \in X \text{ に対し } H_{x_0} = \{\mathsf{e}\}.$$

このとき $G/H_{x_0} = G$ であり G と X が $\tilde{\phi}$ を介して同一視される. 一般には $g^{-1}h = \mathsf{e}$ とは限らないから $\tilde{\phi}$ は単射ではない.

$$g^{-1}h \in H_{x_0} \iff h \in gH_{x_0} = \{gk \mid k \in H_{x_0}\}$$

だから各 $k \in H_{x_0}$ に対し $\tilde{\phi}(g) = \tilde{\phi}(gk)$ が成立している. すなわち gH_{x_0} 上では $\tilde{\phi}$ は同じ値をとる. したがって $\phi : G/H_{x_0} \to X$ を $\phi(gH_{x_0}) = \tilde{\phi}(g) = \rho(g, x_0)$ で定義できる (well-defined) ことがわかった*4. この ϕ が**自然な全単射**と呼んだものであり, ϕ を介して $G/H_{x_0} = X$ と同一視する. ■

逆に群 G とその部分群 H が先に与えられているとしよう. 左剰余類 $X = G/H$ に G が作用する. 実際, $\rho : G \times X \to X$ を $\rho(g, aH) = (ga)H$ で定義できる. この作用が定める写像 $\tau_g : X \to X$; $\tau_g([a]) := \rho(g, aH)$ を g による**移動** (translation) とよぶ.

註 11.3 (ユークリッド空間における移動) $G/H = \mathrm{E}(n)/\mathrm{O}(n)$ と選べば, 移動とは $\mathbb{E}^n$ の合同変換に他ならない.

---

*4 $\tilde{\phi}$ は固定群 H_{x_0} の分だけ「単射になれない不定性」があるのだから, この不定性を消し去ったものが $\phi : G/H_{x_0} \to X$ であると言える.

作用 $\rho : G \times G/H \to G/H$ は推移的である．実際，$aH, bH \in G/H$ に対し $g = ba^{-1}$ とおけば $\rho(g, aH) = bH$ である．したがって $X = G/H$ は G の等質空間である．

以上のことから「群の等質空間」と「群の剰余類 G/H」とは**同じ対象**であることがわかった．そこで G/H も G の等質空間とよぶ．

次の節からクライン幾何の典型例を紹介する．球面幾何，双曲幾何，メビウス幾何，ミンコフスキー幾何の 4 種類を説明するが，これらの紹介だけで 1 冊の本になるためここでは概要を述べるにとどまる（がリー群の活躍する様子をつかんでほしい）．詳細については参考文献を見てほしい．

11.2　球面幾何

3 次元数空間 $\mathbb{E}^3$ 内の原点を中心とする半径 1 の球面 $\mathbb{S}^2$：

$$\mathbb{S}^2 = \{\mathrm{P} = (p_1, p_2, p_3) \in \mathbb{E}^3 \mid p_1^2 + p_2^2 + p_3^2 = 1\}$$

上に距離函数を定義しよう．

定義 11.8 $\mathbb{S}^2$ の直径の端点を互いに他の**対蹠点**（たいせきてん）(antipodal point) とよぶ．$\mathrm{P} \in \mathbb{S}^2$ に対しその対蹠点を P^* で表わす．中心を通る平面と $\mathbb{S}^2$ の交わりとして得られる円を**大円** (great circle) とよぶ．相異なる 2 点 $\mathrm{A}, \mathrm{B} \in \mathbb{S}^2$ を通る大円は唯一存在する[*5]．この大円の弧の短い方を $\overset{\frown}{\mathrm{AB}}$ と表す．

この弧 $\overset{\frown}{\mathrm{AB}}$ を（球面幾何の意味での）線分 AB とよぶ．また A と B を通る大円を（球面幾何の意味での）直線 AB とよぶ．

註 11.4 (大円と小円) $\mathbb{S}^2$ 上には大円の他に小円とよばれる円も載っている．大円と小円は次のように説明することもできる．

- 円の半径 $<$ 球面の半径である円を**小円** (small circle) とよぶ．
- 円の半径 $=$ 球面の半径である円を**大円** (great circle) とよぶ．

[*5] 図を描いて確かめよ．

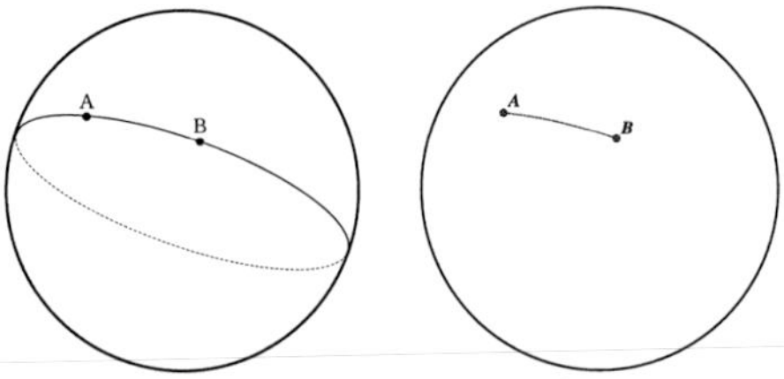

図 11.1　“**直線**”AB と “**線分**”AB

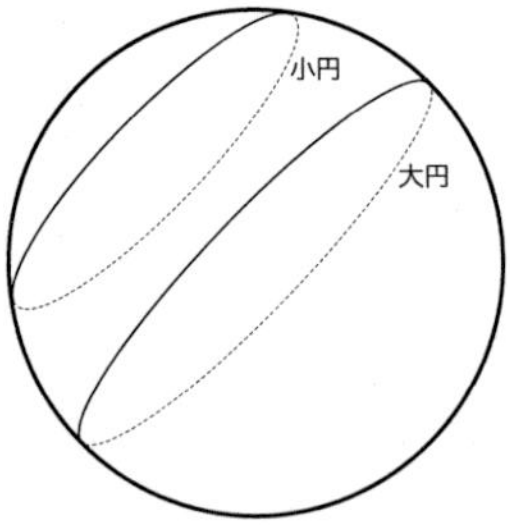

図 11.2　大円と小円

定義 11.9 同一の大円上にない 3 点 A, B, C $\in \mathbb{S}^2$ に対し $\overset{\frown}{\mathrm{AB}}, \overset{\frown}{\mathrm{BC}}, \overset{\frown}{\mathrm{CA}}$ を結んで得られる領域を**球面三角形** ABC とよぶ.

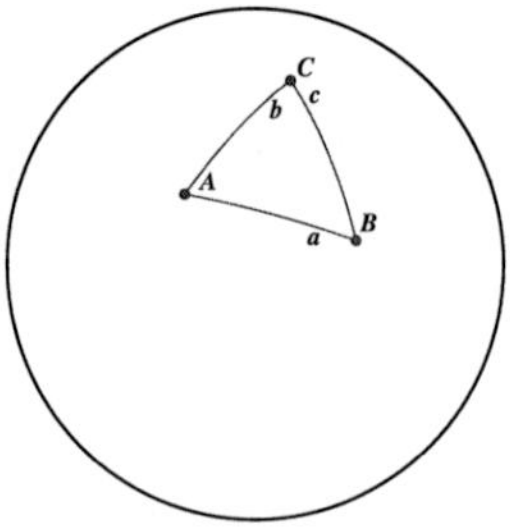

図 11.3　球面三角形

問題 11.5 次の問いに答えよ．

(1) $\overset{\frown}{\mathrm{AB}}$の長さ $= \angle\mathrm{AOB}$ を示せ．

(2) 球面三角形 ABC において $\overset{\frown}{\mathrm{BC}}$, $\overset{\frown}{\mathrm{CA}}$, $\overset{\frown}{\mathrm{AB}}$ の長さを a, b, c, 角 $\angle\mathrm{CAB}$, $\angle\mathrm{ABC}$, $\angle\mathrm{BCA}$ をそれぞれ α, β, γ と書く．このとき

$$\cos a = \cos b \cos c + \sin b \sin c \cos \alpha, \tag{11.1}$$

$$\frac{\sin a}{\sin \alpha} = \frac{\sin b}{\sin \beta} = \frac{\sin c}{\sin \gamma} \tag{11.2}$$

を示せ．また α, β, γ が非常に小さい場合にはどんなことがわかるか考えよ．(11.1), (11.2) はそれぞれ**球面余弦定理**，**球面正弦定理**とよばれる．

(3) $|b-c| < a < b+c$, $a+b+c < 2\pi$ を示せ．また逆にこの関係にある実数 a, b, c に対しそれらを辺の長さにもつ球面三角形が存在することを確かめよ．

(4) $\mathrm{d}_S : \mathbb{S}^2 \times \mathbb{S}^2 \to \mathbb{R}$ を次で定める：

$$\mathrm{d}_S(\mathrm{A},\mathrm{B}) = \begin{cases} \overset{\frown}{\mathrm{AB}}\text{の長さ}, & \mathrm{B} \neq \mathrm{A}^* \\ \pi, & \mathrm{B} = \mathrm{A}^* \end{cases}$$

このとき $(\mathbb{S}^2, \mathrm{d}_S)$ は距離空間であることを示せ．この距離函数を**球面距離函数**とよぶ．

(5) $\mathbb{E}^3$ のユークリッド距離函数 d を $\mathbb{S}^2$ に制限したもの $\mathrm{d}|_{\mathbb{S}^2}$ は d_S を用いて

$$\mathrm{d}|_{\mathbb{S}^2}(\mathrm{A},\mathrm{B}) = 2\sin\frac{\mathrm{d}_S(\mathrm{A},\mathrm{B})}{2}$$

と表せることを確かめよ．

(6) 直交群 O(3) の作用

$$\rho : \mathrm{O}(3) \times \mathbb{S}^2 \to \mathbb{S}^2;\ \ \rho(A,\boldsymbol{p}) = A\boldsymbol{p},\ A \in \mathrm{O}(3),\ \boldsymbol{p} \in \mathbb{S}^2 \subset \mathbb{R}^3$$

は球面距離を保つ．すなわち

$$\mathrm{d}_S(\rho(A,\boldsymbol{p}), \rho(A,\boldsymbol{q})) = \mathrm{d}_S(\boldsymbol{p},\boldsymbol{q}),\quad \boldsymbol{p},\boldsymbol{q} \in \mathbb{S}^2$$

が成立することを示せ．

(7) $\alpha + \beta + \gamma = \pi +$ 球面三角形 ABC の面積 を示せ．

(8) $\mathbb{S}^2$ 上の相異なる 2 点 A, B を結ぶ C^1 級曲線[*6]の中で，$\overset{\frown}{\mathrm{AB}}$ は最小の長さをもつことを示せ．

直交群 O(3) や回転群 SO(3) は 2 次元単位球面 $\mathbb{S}^2$ の球面距離函数を保つ変換のなす群であることがわかった．さらに SO(3) の作用は推移的であることが確かめられる．したがって $(\mathrm{O}(3), \mathbb{S}^2)$ はクライン幾何を定める．このクライン幾何を（2 次元）**球面幾何**（spherical geometry）という．SO(3) の $(1,0,0)$ における固定群は

$$\left\{ \begin{pmatrix} 1 & O_{1,2} \\ O_{2,1} & A \end{pmatrix} \mid A \in \mathrm{SO}(2) \right\}$$

であり SO(2) と同型なので同じ記号 SO(2) で表そう．したがって $\mathbb{S}^2 = \mathrm{SO}(3)/\mathrm{SO}(2)$ と等質空間表示される．

11.3 双曲幾何

数平面 $\mathbb{R}^2$ の上半分 $\mathbb{R}^2_+ = \{(x,y) \in \mathbb{R}^2 \mid y > 0\}$ を**上半平面**（upper half plane）とよぶ．上半平面の 2 点 $\mathrm{P} = (x,y)$, $\mathrm{Q} = (u,v)$ に対し**双曲線分** PQ を次のように定める．

- $x \neq u$ のとき：x 軸上に中心をもち P と Q を通る半円弧のうち P と Q をむすぶ部分．
- $x = u$ のとき：線分 PQ.

双曲直線は次のように定められる．

- $x \neq u$ のとき：x 軸上に中心をもち P と Q を通る半円から x 軸との交点を除いたもの．
- $x = u$ のとき：$\{(x,t) \mid t > 0\}$.

[*6] 微分可能でかつ導函数が連続なもの．

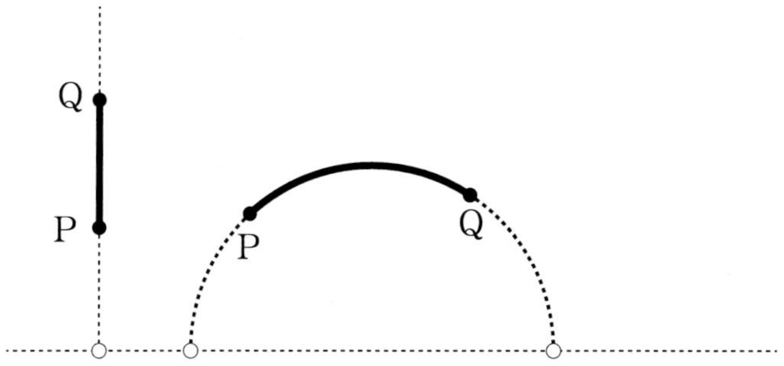

図 11.4　双曲線分

同一の双曲直線上にない相異なる 3 点 A, B, C $\in \mathbb{R}^2_+$ に対し双曲線分 AB, BC, CA を結んで得られる領域を**双曲三角形**とよぶ.

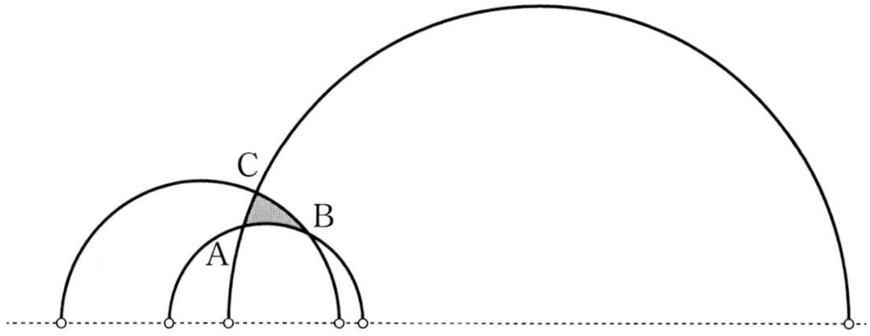

図 11.5　双曲三角形

双曲三角形について以下のことが成立する（証明については [15, 32] を参照).

命題 11.5　(1) 双曲三角形 ABC において双曲線分 BC, CA, AB の長さを a,b,c, 角 ∠CAB, ∠ABC, ∠BCA をそれぞれ α, β, γ と書くと

$$\cosh a = \cosh b \cosh c - \sinh b \sinh c \cos \alpha, \tag{11.3}$$

$$\frac{\sinh a}{\sin \alpha} = \frac{\sinh b}{\sin \beta} = \frac{\sinh c}{\sin \gamma} \tag{11.4}$$

が成立する．(11.3), (11.4) はそれぞれ**双曲余弦定理**，**双曲正弦定理**とよばれる．

(2) $\mathrm{d}_H : \mathbb{R}^2_+ \times \mathbb{R}^2_+ \to \mathbb{R}$ を $\mathrm{d}_H(\mathrm{A}, \mathrm{B}) =$ “双曲線分 AB の長さ” と定める．このとき $(\mathbb{R}^2_+, \mathrm{d}_H)$ は距離空間である．この距離函数を**双曲距離函数**とよぶ．この距離空間を $\mathbb{H}^2$ で表し**双曲平面** (hyperbolic plane) とよぶ．

(3) $\alpha + \beta + \gamma = \pi -$ 双曲三角形 ABC の面積.

註 11.5 (ガウスの公式) 三角形の内角の和に関する公式

- $\mathbb{E}^2$ の場合：$\alpha + \beta + \gamma = \pi$.
- $\mathbb{S}^2$ の場合：$\alpha + \beta + \gamma = \pi +$ 球面三角形 ABC の面積.
- $\mathbb{H}^2$ の場合：$\alpha + \beta + \gamma = \pi -$ 双曲三角形 ABC の面積.

はガウスの公式とよばれるものの特別な場合である．ガウスの公式については [8] や [16] を参照されたい．

複素数を用いると双曲距離函数を簡潔な式で表示することができる．

$$\mathbb{H}^2 = \{z = x + y\mathtt{i} \in \mathbb{C} \mid y > 0\}$$

と表すと d_H は

$$\mathrm{d}_H(z, w) = \log \frac{1 + \left|\frac{z-w}{z-\overline{w}}\right|}{1 - \left|\frac{z-w}{z-\overline{w}}\right|}, \quad z, w \in \mathbb{H}^2$$

と表示できる．これを書き換えた

$$\cosh \frac{\mathrm{d}_H(z, w)}{2} = \frac{|z - \overline{w}|}{2\sqrt{\operatorname{Im} z \operatorname{Im} w}}$$

もよく用いられる．これらの表示式を用いて，例えば $\mathrm{d}_H(\mathtt{i}, 2\mathtt{i}) = \mathrm{d}_H(\mathtt{i}, \mathtt{i}/2) = \log 2$ と求められる．

$\mathbb{H}^2$ 内の円を調べておこう．$z_0 = x_0 + y_0\mathtt{i} \in \mathbb{H}^2$ を中心とする半径 $r > 0$ の (双曲幾何の意味での) 円は

$$\{z \in \mathbb{H}^2 \mid \mathrm{d}_H(z_0, z) = r\}$$

で定義されるが具体的に次のように記述される．

定理 11.2 $z_0 = x_0 + y_0\mathtt{i} \in \mathbb{H}^2$ を中心とする半径 $r > 0$ の円は $x_0 + (\cosh r)y_0\mathtt{i}$ を中心とする半径 $(\sinh r)y_0$ のユークリッド幾何の意味での円，すなわち

$$\{x + y\mathtt{i} \in \mathbb{H}^2 \mid (x - x_0)^2 + \{y - (y_0 \cosh r)\}^2 = (y_0 \sinh r)^2\}$$

である．

【証明】

$$\cosh^2 \frac{r}{2} = \frac{(x - x_0)^2 + (y + y_0)^2}{4y_0 y}$$

より

$$\sinh^2 \frac{r}{2} = \cosh^2 \frac{r}{2} - 1 = \frac{(x - x_0)^2 + (y - y_0)^2}{4y_0 y}$$

を得る．これを書き換えて

$$(x - x_0)^2 + (y - y_0)^2 = 4y_0 y \sinh^2 \frac{r}{2}.$$

ここで

$$\begin{aligned}(y - y_0)^2 &= y^2 - 2y_0 y + y_0^2 = y^2 - 2y_0 y + y_0^2(\cosh^2 r - \sinh^2 r) \\ &= (y - y_0 \cosh r)^2 + 2y_0 y \cosh r - 2y_0 y - (y_0 \sinh r)^2\end{aligned}$$

より

$$(x - x_0)^2 + (y - y_0 \cosh r)^2 = (y_0 \sinh r)^2$$

を得る． ■

たとえば $\mathtt{i}$ を中心とする半径 $\log 2$ の円は $x^2 + (y - 5/4)^2 = (3/4)^2$ である．

註 11.6 (曲率) $\mathbb{H}^2$ 内の曲線 $(x(s), y(s))$ が

$$x'(s)^2 + y'(s)^2 = y(s)^2$$

をみたすとき双曲幾何の意味で弧長径数表示されているという．このとき双曲幾何の意味での曲率 κ_{H} は

$$\kappa_{\mathsf{H}}(s) = \frac{x'(s)y''(s) - x''(s)y'(x)}{y(s)^2} + \frac{x'(s)}{y(s)}$$

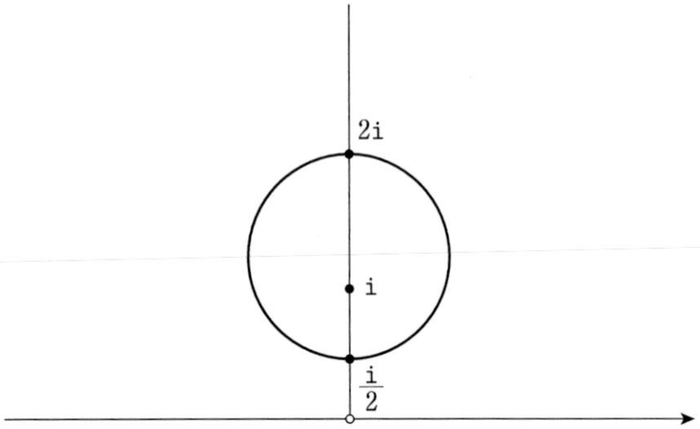

図 11.6 $\mathbb{H}^2$ 内の円 (中心 i，半径 $\log 2$)

で与えられる．半径 r の双曲幾何の意味での円の曲率は $\kappa_{\mathsf{H}} = \coth r$ で与えられる．$|\kappa_{\mathsf{H}}| > 1$ であることに注意．ユークリッド幾何においては曲率が零でない定数である平面曲線は円であった．また直線は曲率が 0 の平面曲線とみなせた．

双曲平面においては曲率が一定な曲線は以下のように分類される（図 11.7）．

- $|\kappa_{\mathsf{H}}| > 1$ のとき：$\mathbb{H}^2$ 内にあるユークリッド幾何の意味での円．
- $|\kappa_{\mathsf{H}}| = 1$ のとき：境界（$y = 0$）で接するユークリッド幾何の意味での円から接点を除いたもの（この曲線は**境円**（horocycle）とよばれる）．または $y =$ 一定．
- $0 < |\kappa_{\mathsf{H}}| < 1$ のとき：下図のようなユークリッド幾何の意味での円の一部または $x = a \pm \kappa_{\mathsf{H}} y/\sqrt{1-\kappa_{\mathsf{H}}^2}$ の $y > 0$ の部分 ($a \in \mathbb{R}$)．
- $\kappa_{\mathsf{H}} = 0$：双曲幾何の意味の直線（測地線）．

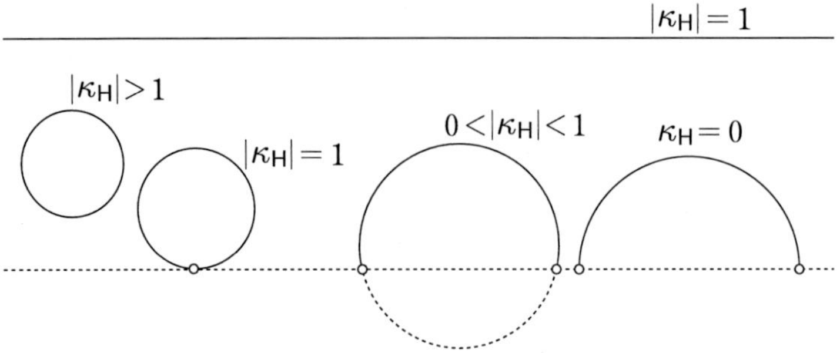

図 11.7 $\mathbb{H}^2$ における曲率が零でない定数の曲線

$\mathrm{SL}_2\mathbb{R}$ を $\mathbb{H}^2$ に次のようにして作用させることができる．

$$\rho : \mathrm{SL}_2\mathbb{R} \times \mathbb{H}^2 \to \mathbb{H}^2;\ \rho(A, z) = \frac{a_{11}z + a_{12}}{a_{21}z + a_{22}},\ A = (a_{ij}),\ z = x + y\mathtt{i} \in \mathbb{H}^2.$$

実際 $w = u + v\mathtt{i} = \rho(A, z)$ とおくと

$$\begin{aligned} w =& \frac{a_{11}z + a_{12}}{a_{21}z + a_{22}} = \frac{(a_{11}z + a_{12})(a_{21}\bar{z} + a_{22})}{(a_{21}z + a_{22})(a_{21}\bar{z} + a_{22})} \\ =& \frac{1}{|a_{21}z + a_{22}|^2}\left(a_{11}a_{21}|z|^2 + a_{12}a_{22} + a_{11}a_{22}z + a_{12}a_{21}\bar{z}\right) \end{aligned}$$

より

$$v = \frac{(a_{11}a_{22} - a_{12}a_{21})y}{|a_{21}z + a_{22}|^2} = \frac{y}{|a_{21}z + a_{22}|^2} > 0$$

なので $\rho(A, z) \in \mathbb{H}^2$ である．また簡単な計算で ρ が作用であること，すなわち $\rho(A, \rho(B, z)) = \rho(AB, z)$, $\rho(E, z) = z$ が確かめられる．

$\mathbb{H}^2$ 上の変換 $\rho(A) : z \longmapsto \rho(A, z)$ を $T_A(z)$ と表記し A による **1 次分数変換** (linear fractional transformation) とよぶ．この作用は d_H を保つ．すなわち

$$\mathrm{d}_H(\rho(A, z_1), \rho(A, z_2)) = \mathrm{d}_H(z_1, z_2), \quad z_1, z_2 \in \mathbb{H}^2.$$

さらに作用 ρ は推移的である．したがって $(\mathrm{SL}_2\mathbb{R}, \mathbb{H}^2)$ はクライン幾何を定める．このクライン幾何を（2 次元）**双曲幾何**（hyperbolic geometry）という．

$\mathtt{i} \in \mathbb{H}^2$ における固定群を求めよう．$\rho(A, \mathtt{i}) = \mathtt{i}$ より $a_{11}\mathtt{i} + a_{12} = a_{21}\mathtt{i} + a_{22}$. これを書き直すと $a_{11} = a_{22}$ かつ $a_{12} = -a_{21}$ を得る．この 2 つの式と $\det A = 1$ を併せると

$$A = \begin{pmatrix} a_{11} & -a_{21} \\ a_{21} & a_{11} \end{pmatrix},\ a_{11}^2 + a_{21}^2 = 1$$

であるから $\mathtt{i}$ における固定群は $\mathrm{SO}(2)$ である．したがって $\mathbb{H}^2 = \mathrm{SL}_2\mathbb{R}/\mathrm{SO}(2)$ と表示される．

11.4 メビウス幾何

1 次分数変換 T_A は $A \in \mathrm{SL}_2\mathbb{R}$ に対して考察されていた．A をより広い線型リー群，すなわち $\mathrm{GL}_2\mathbb{C}$ から選んでみるとどうなるだろうか．

$$T_A(z) = \frac{a_{11}z + a_{12}}{a_{21}z + a_{22}}, \quad z \in \mathbb{C}$$

で定める．分母 $a_{21}z + a_{22}$ が 0 となる点 $z = -a_{22}/a_{21}$ の扱いが問題になる．

たとえば $N = E_{12} + E_{21}$ に対し $T_A(z) = 1/z$ であるから $z = 0$ のときに T_N をどう考えるかが問題である．いきなり $T_N(0) = 1/0$ を考えるわけにもいかないので 0 に収束する複素数列 $\{z_k\}$ を利用してみよう．

$$\lim_{k\to\infty} |T_N(z_k)| = \lim_{k\to\infty} \left|\frac{1}{z_k}\right| = \lim_{k\to\infty} \frac{1}{|z_k|} = \infty$$

より $|T_N(z_k)|$ は限りなく大きくなる．$\mathbb{C}$ 上で限りなく遠くへと発散していく．この事実を**謙虚に受け止め**よう．$z \to 0$ のとき $1/z$ は「無限遠にある点に収束する」と**発想を転換**する．複素平面に無限遠点 ∞ を添加した**拡大複素平面** (extended complex plane) を導入するのである．

複素平面 $\mathbb{C}$ に 1 点 ∞ を添加した集合 $\overline{\mathbb{C}} = \mathbb{C} \cup \{\infty\}(\infty \notin \mathbb{C})$ に次の規約をおく．$c \in \mathbb{C}$ に対し

- $\infty \pm c = c \pm \infty = \infty, \dfrac{c}{\infty} = 0,$
- $c \neq 0$ ならば　$c\,\infty = \infty\,c = \infty, \dfrac{\infty}{c} = \infty, \dfrac{c}{0} = \infty.$

添加した点 ∞ を**無限遠点** (point at infinity) とよぶ．$\overline{\mathbb{C}}$ を**拡大複素平面**とよぶ．

この規約により $A \in \mathrm{GL}_2\mathbb{C}$ による 1 次分数変換 T_A が $\overline{\mathbb{C}}$ 上の変換としてきちんと定まる．

$$(11.5) \qquad T_A(z) = \begin{cases} \frac{a_{11}z+a_{12}}{a_{21}z+a_{22}} & z \neq \infty \quad a_{21}z + a_{22} \neq 0 \\ \infty & z \neq \infty, \quad a_{21}z + a_{22} = 0 \end{cases}$$

$$(11.6) \qquad T_A(\infty) = \begin{cases} a_{11}/a_{21} & a_{11}a_{21} \neq 0 \text{ のとき} \\ 0 & a_{11} = 0,\ a_{21} \neq 0 \text{ のとき} \\ \infty & a_{11} \neq 0,\ a_{21} = 0 \text{ のとき} \end{cases}$$

定理 11.3 1 次分数変換は次をみたす．

(1) $A, B \in \mathrm{GL}_2\mathbb{C}$ に対し $T_A \circ T_B = T_{AB}$, すなわち

$$T_A(T_B(z)) = T_{AB}(z).$$

(2) 定数 c と $A \in \mathrm{GL}_2\mathbb{C}$ に対し $T_{cA} = T_A$, すなわち $T_{cA}(z) = T_A(z)$.

(3) $T_A = T_B \Leftrightarrow A = cE$.

とくに T_A は $\overline{\mathbb{C}}$ 上で 1 対 1 である．

1 次分数変換により $\mathrm{GL}_2\mathbb{C}$ は $\overline{\mathbb{C}}$ に推移的に作用しクライン幾何を定める．この幾何を**メビウス幾何**（Möbius geometry）という．

註 11.7 メビウス幾何は定理 11.3 の (3) より $\mathrm{GL}_2\mathbb{C}$ を

$$\mathrm{PGL}_2\mathbb{C} = \mathrm{GL}_2\mathbb{C}/\mathrm{GL}_1\mathbb{C}, \quad \mathrm{GL}_1\mathbb{C} = \{cE \mid c \in \mathbb{C}^\times\}$$

で置き換えてクライン幾何 $(\mathrm{PGL}_2\mathbb{C}, \overline{\mathbb{C}})$ として定めてもよい．

$$\mathrm{PSL}_2\mathbb{C} = \mathrm{SL}_2\mathbb{C}/\{\pm E\}$$

と定めると $\mathrm{PGL}_2\mathbb{C} = \mathrm{PSL}_2\mathbb{C}$ であることに注意．また双曲幾何は $\mathrm{PSL}_2\mathbb{R} = \mathrm{SL}_2\mathbb{R}/\{\pm E\}$ を用いてクライン幾何 $(\mathrm{PSL}_2\mathbb{R}, \mathbb{H}^2)$ と定めてもよい．

メビウス幾何という名称の由来を説明しよう．3 次元ユークリッド空間 $\mathbb{E}^3 = \{(\xi, \eta, \zeta) \mid \xi, \eta, \zeta \in \mathbb{R}\}$ 内の原点を中心とする半径 1 の球面

$$\mathbb{S}^2 = \{(\xi, \eta, \zeta) \in \mathbb{E}^3 \mid \xi^2 + \eta^2 + \zeta^2 = 1\}$$

を考える．複素平面 $\mathbb{C}$ と $\mathbb{E}^3$ 内の平面 $\zeta = 0$ を同一視しよう．$\mathbb{S}^2$ を地球になぞらえて $\boldsymbol{n} = (0, 0, 1)$, $\boldsymbol{s} = (0, 0, -1)$ を $\mathbb{S}^2$ の**北極** (north pole)，**南極** (south pole) とよぶ．$\mathbb{S}^2$ 上の点 $\boldsymbol{p} = (\xi, \eta, \zeta)$ と $\boldsymbol{n}$ を結ぶ直線は $\{\boldsymbol{n} + t(\boldsymbol{p} - \boldsymbol{n}) \mid t \in \mathbb{R}\}$ で与えられる．この直線と $\mathbb{C}$ の交点は

$$\pi(\xi, \eta, \zeta) = \frac{1}{1 - \zeta}(\xi + \eta\,\mathtt{i})$$

である．$\pi : \mathbb{S}^2 \setminus \{\infty\} \to \mathbb{C}$ は全単射であり，その逆写像は

$$\pi^{-1}(z) = \frac{1}{1+|z|^2}\left(2\,\mathrm{Re}\,z, 2\,\mathrm{Im}\,z, |z|^2-1\right), \quad z \in \mathbb{C}$$

で与えられる．$\pi(\boldsymbol{n}) = \infty$ と定めることで π を $\mathbb{S}^2$ から $\overline{\mathbb{C}}$ への全単射に拡張できる．この拡張した写像も π と表記し $\mathbb{S}^2$ の北極に関する**立体射影** (stereographic projection) とよぶ (図 11.8)．

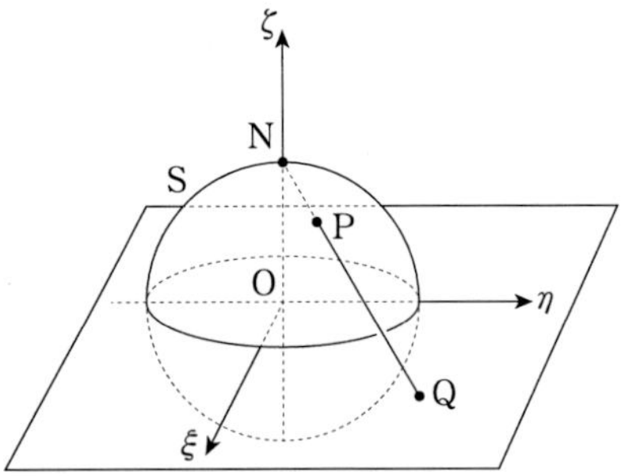

図 11.8　立体射影

立体射影の基本的な性質を挙げておこう ([28, p. 283, 定理 5.5])．

命題 11.6 (円円対応) 立体射影 π で $\mathbb{S}^2$ の円は $\mathbb{C}$ 内の円または直線に写る．逆に $\mathbb{C}$ 内の円および直線は逆写像 π^{-1} で $\mathbb{S}^2$ 内の円に写る．$\mathbb{S}^2$ 内の円は北極 $\boldsymbol{n}$ を通るときのみ $\mathbb{C}$ 内の直線に写る．

この事実を確かめてみよう．次の問題を解いてみるとよい．

問題 11.6 空間において球面 $S : x^2+y^2+z^2 = 1$ と平面 $\Pi : ax+by+cz+d = 0$ を考える．平面 Π は点 $\mathrm{N}(0,0,1)$ を通らず，球面 S の平面 Π による切口は円 C になるとする．このとき次の問いに答えよ．

(1) 点 $\mathrm{P} \neq \mathrm{N}$ が S 上にあるとする．点 N と点 P を通る直線が xy 平面と交わる点を $\mathrm{Q}(u,v,0)$ とする．点 P の座標を u, v で表せ．

(2) 点 P が C 上を動くとき点 Q の描く軌跡はどのような曲線になるか．

〔横浜市大・医〕

定義 11.10 $\mathbb{S}^2$ 上の変換 f が円を円に写すとき**メビウス変換**という．メビウス変換の全体 $\mathrm{M\ddot{o}b}(\mathbb{S}^2)$ は合成に関し群をなし**メビウス変換群**とよばれる．

1 次分数変換を球面上の変換と考えると次の重要な性質が導ける ([28, p. 361, 定理 11.11])．

定理 11.4 1 次分数変換はメビウス変換である．逆にメビウス変換 f に対し $f = T_A$ となる $A \in \mathrm{GL}_2\mathbb{C}$ が存在する．したがって $\mathrm{M\ddot{o}b}(\mathbb{S}^2) = \mathrm{PGL}_2\mathbb{C} = \mathrm{PSL}_2\mathbb{C}$ と見なせる．

問題 11.7 $z, w \in \overline{\mathbb{C}}$ に対し $\pi^{-1}(z)$ と $\pi^{-1}(w)$ のユークリッド距離を z と w の**弦距離**とよび $\mathrm{d}_C(z,w)$ で表す．次の式を確かめよ．

$$\mathrm{d}_C(z,w) = \frac{2|z-w|}{\sqrt{1+|z|^2}\,\sqrt{1+|w|^2}}, \quad z, w \neq \infty,$$
$$\mathrm{d}_C(z,\infty) = \frac{2}{\sqrt{1+|z|^2}}, \quad z \neq \infty$$

メビウス変換は球面距離を保たない．T_A が球面距離を保つための必要十分条件は $A \in \mathrm{SU}(2)$ である．したがって変換群を $\mathrm{PSL}_2\mathbb{C}$ から $\mathrm{PSU}(2) = \mathrm{SU}(2)/\{\pm E\} \cong \mathrm{SO}(3)$ に縮小して得られる幾何が球面幾何である．

問題 11.8 行列 $A = \begin{pmatrix} a & b \\ c & d \end{pmatrix}$ と実数列 $\{x_n\}$ $(n = 1, 2, \cdots)$ はすべての自然数 n に対して

$x_{n+1} = \dfrac{ax_n + b}{cx_n + d}$ および $cx_n + d \neq 0$ を満たしている．また $A^k = \begin{pmatrix} p_k & q_k \\ r_k & s_k \end{pmatrix}$ $(k = 1, 2, \cdots)$ とおき, 次の命題を (P) とする．

(P)：自然数 n が与えられたとき，すべての自然数 k に対して

$$x_{n+k} = \frac{p_k x_n + q_k}{r_k x_n + s_k} \text{ である．}$$

(1) 命題 (P) が成り立つことを k に関する数学的帰納法により証明せよ．

(2) $A = \begin{pmatrix} 1 & -5 \\ 1 & 3 \end{pmatrix}$ のとき, 命題 (P) を用いて，すべての自然数 n に対し $x_{n+4} = x_n$ となることを示せ．

(3) $A = \begin{pmatrix} 1 & -5 \\ 1 & 3 \end{pmatrix}$, $x_1 = 2$ のとき，x_{114} の値を求めよ．

〔北里大・医〕

11.5　ミンコフスキー幾何

11.5.1　ミンコフスキー平面

この節ではミンコフスキー平面

$$\mathbb{L}^2 = (\mathbb{R}^2, \langle \cdot, \cdot \rangle), \quad \langle \boldsymbol{x}, \boldsymbol{y} \rangle = -x_1 y_1 + x_2 y_2$$

を詳しく調べる．ミンコフスキー平面 $\mathbb{L}^2$ はポアンカレ群 $\mathrm{E}_1(2)$ の等質空間 $\mathrm{E}_1(2)/\mathrm{O}_1(2)$ である．とくに $(\mathrm{E}_1(2), \mathbb{L}^2)$ はクライン幾何を定めている．

ユークリッド平面 $\mathbb{E}^2$ とミンコフスキー平面 $\mathbb{L}^2$ を比べてみよう．$\mathbb{E}^2$ においてはすべてのベクトルが空間的であるから

$$\{\boldsymbol{x} = (x_1, x_2) \in \mathbb{E}^2 \mid (\boldsymbol{x}|\boldsymbol{x}) = c\}$$

は $c < 0$ のとき空集合で $c = 0$ のときは原点のみからなる集合 $\{\boldsymbol{0}\}$．$c = r^2 > 0$ のときは原点を中心とし半径が r の**円周**（circle）

$$\mathbb{S}^1(r) = \{\boldsymbol{x} = (x_1, x_2) \in \mathbb{E}^2 \mid (\boldsymbol{x}|\boldsymbol{x}) = r^2\},$$

すなわち $x_1^2 + x_2^2 = r^2$ を表す．第 3 章で見たように円周 $\mathbb{S}^1(r)$ は三角函数を用いて

$$x_1 = r\cos t, \quad x_2 = r\sin t, \ 0 \leq t < 2\pi$$

と径数表示できる．ミンコフスキー平面で似たことを考えてみよう．この場合は

$$\mathbb{S}^1_1(r) = \{\boldsymbol{x} = (x_1, x_2) \in \mathbb{L}^2 \mid \langle \boldsymbol{x}, \boldsymbol{x} \rangle = r^2\}$$

は双曲線 $-x_1^2 + x_2^2 = r^2$,

$$\tilde{\Lambda} = \Lambda \cup \{\boldsymbol{0}\} = \{\boldsymbol{x} = (x_1, x_2) \in \mathbb{L}^2 \mid \langle \boldsymbol{x}, \boldsymbol{x} \rangle = 0\}$$

は直線の組 $x_2 = \pm x_1$.

$$\mathbb{H}_0^1(r) = \{\boldsymbol{x} = (x_1, x_2) \in \mathbb{L}^2 \mid \langle \boldsymbol{x}, \boldsymbol{x} \rangle = -r^2\}$$

は双曲線 $-x_1^2 + x_2^2 = -r^2$ である.

双曲線 $\mathbb{S}_1^1(r)$ および $\mathbb{H}_0^1(r)$ の径数表示を与えよう. それには双曲線函数を用いればよい. 実際, 双曲線 $x_1^2 - x_2^2 = r^2$ の一葉

$$\mathbb{H}_0^2(r)^+ = \{\boldsymbol{x} = (x_1, x_2) \in \mathbb{H}_1^2(r) \mid x_1 > 0\}$$

は

$$x_1 = r\cosh t, \quad x_2 = r\sinh t, \ t \in \mathbb{R}$$

と径数表示ができる. もうひとつの一葉 ($x_1 < 0$ の部分) $\mathbb{H}_0^2(r)^-$ は

$$x_1 = -r\cosh t, \quad x_2 = r\sinh t, \ t \in \mathbb{R}$$

と径数表示される. 同様に

$$\mathbb{S}_1^1(r)^+ = \{\boldsymbol{x} = (x_1, x_2) \in \mathbb{L}^2 \mid \langle \boldsymbol{x}, \boldsymbol{x} \rangle = r^2, \quad x_2 > 0\}$$

は $x_1 = r\sinh t$, $x_2 = r\cosh t$ と径数表示される. 径数表示 $x_1 = r\sinh t$, $x_2 = -r\cosh t$ は

$$\mathbb{S}_1^1(r)^- = \{\boldsymbol{x} = (x_1, x_2) \in \mathbb{L}^2 \mid \langle \boldsymbol{x}, \boldsymbol{x} \rangle = r^2, \quad x_2 < 0\}$$

を記述する.

問題 11.9　(1)　函数 $f(x) = \dfrac{1}{2}\{x\sqrt{x^2-1} - \log(x + \sqrt{x^2-1})\}$ ($x > 1$) の導函数を求めよ.

(2) 原点 O と点 A(1, 0) を考える. 双曲線 $x^2 - y^2 = 1$ の上に点 P(x, y) ($x > 0$, $y \geq 0$) をとり線分 OP, OA とこの双曲線で囲まれる図形の面積を $S(x)$ とする. $S(x)$ を求めよ.

(3) $S(x) = t/2$ ($t \geq 0$) をみたす x を t の函数とみなして $x = g(t)$ とおく. $g(t)$ を求めよ.

(4) tx 平面において曲線 $x = g(t)$ ($0 \leq t \leq 1$) の長さを求めよ.

〔横浜市大・医〕

11.5.2 ブースト

時間的ベクトル $\boldsymbol{x}$ をとる．$\langle \boldsymbol{x}, \boldsymbol{x} \rangle < 0$ より $|x_1| > |x_2|$ であることに注意しよう．そこで $r = \sqrt{-\langle \boldsymbol{x}, \boldsymbol{x} \rangle}$ とおくと $\boldsymbol{x} \in \mathbb{H}^2_0(r)$ である．$\boldsymbol{x}$ を双曲線 $\mathbb{H}^2_0(r)$ に沿って動かしてみる．簡単のため，未来的なベクトル（$x_1 > 0$）の場合を説明する．双曲線函数を使って $\boldsymbol{x} = (r\cosh s, r\sinh s)$ と表すことができる．点 $(x_1, x_2) \in \mathbb{H}^2_0(r)^+$ が双曲線の一葉 $\mathbb{H}^2_0(r)^+$ に沿って動いた点の位置ベクトルを $\boldsymbol{y} = (y_1, y_2)$ とする．$\mathbb{E}^2$ のときの回転のように $\boldsymbol{y} = r(\cosh(s+t), \sinh(s+t))$ と表せるかどうか調べてみよう．双曲線函数の加法定理を使うと

$$\boldsymbol{y} = \begin{pmatrix} r\cosh(s+t) \\ r\sinh(s+t) \end{pmatrix} = r \begin{pmatrix} \cosh t & \sinh t \\ \sinh t & \cosh t \end{pmatrix} \begin{pmatrix} \cosh s \\ \sinh s \end{pmatrix}$$

という結果が得られる．そこで

$$B(t) = \begin{pmatrix} \cosh t & \sinh t \\ \sinh t & \cosh t \end{pmatrix} \tag{11.7}$$

とおき $B(t)$ を**ブースト**（boost）とよぶ．$\det B(t) = 1$ より $B(t) \in \mathrm{SL}_2\mathbb{R} \cap \mathrm{O}_1(2)$．ユークリッド平面における回転のときと異なりブーストの全体と $\mathrm{SO}_1(2) = \mathrm{SL}_2\mathbb{R} \cap \mathrm{O}_1(2)$ は一致しない．

ブーストの全体

$$\mathrm{SO}^+_1(2) = \{B(t) \mid t \in \mathbb{R}\}$$

は $\mathrm{SO}_1(2)$ の部分群であり**ブースト群**とよばれている[*7]．

問題 11.10 k は実数, a, b, c, d は $ad - bc = 1$ を満たす実数とする．

行列 $C = \begin{pmatrix} a & b \\ c & d \end{pmatrix}$ の表す 1 次変換は次の 3 条件をみたすとする．

（イ）直線 $y = x$ 上の点は直線 $y = x$ 上の点に移る．

（ロ）直線 $y = -x$ 上の点は直線 $y = -x$ 上の点に移る．

[*7] ブースト群はローレンツ群 $\mathrm{O}_1(2)$ の単位元連結成分である．例 D.3 を参照．

（ハ）x 軸上の点は直線 $y = kx$ 上の点に移る．

(1) k のとりうる値の範囲を求めよ．

(2) C を k で表せ．

〔北海道大・理系〕

11.5.3　ローレンツ変換

ブーストの物理学的意味を説明しよう．簡単のために，直線上の運動（1 次元の運動）を考察する．直線の座標を x，時間軸の座標を t とする．2 つの慣性系 $\mathcal{S} = (\mathrm{O}, x, t)$，$\widetilde{\mathcal{S}} = (\tilde{\mathrm{O}}, \tilde{x}, \tilde{t})$ は次の条件をみたしているとしよう．

- x 軸と $\tilde{x}$ 軸は平行，
- t 軸と $\tilde{t}$ 軸は平行，
- $t = \tilde{t} = 0$ のとき両者の原点 O と $\tilde{\mathrm{O}}$ の座標は一致する，
- $\widetilde{\mathcal{S}}$ は $\mathcal{S}$ の x 軸の正の方向へ相対速度 $v > 0$ で移動している．

このとき（アインシュタインの）**光速度不変の原理・相対性原理**より $\mathcal{S}$ の座標系 (x, t) と $\widetilde{\mathcal{S}}$ の座標系 $(\tilde{x}, \tilde{t})$ との間の変換法則は

$$\begin{pmatrix} \tilde{x} \\ \tilde{t} \end{pmatrix} = \frac{1}{\sqrt{1 - \left(\frac{v}{c}\right)^2}} \begin{pmatrix} 1 & -v \\ -\frac{v}{c^2} & 1 \end{pmatrix} \begin{pmatrix} x \\ t \end{pmatrix}$$

で与えられる．c は光速を表す．ここで

$$x_1 = ct,\ x_2 = x,\quad \tilde{x}_1 = c\tilde{t},\ \tilde{x}_2 = \tilde{x}$$

と表記の変更を行う．すると

$$\begin{pmatrix} \tilde{x}_1 \\ \tilde{x}_2 \end{pmatrix} = \frac{1}{\sqrt{1 - \left(\frac{v}{c}\right)^2}} \begin{pmatrix} 1 & -\frac{v}{c} \\ -\frac{v}{c} & 1 \end{pmatrix} \begin{pmatrix} x_1 \\ x_2 \end{pmatrix}$$

と書き直される．光速度不変の原理より $0 < |v/c| < 1$ なので $v/c = \tanh s = \sinh s / \cosh s$ とおくことができる（$-1 < \tanh s < 1$ に注意）．ここで双曲線函数 $\cosh s$ と $\sinh s$ がみたす式 $(\cosh s)^2 - (\sinh s)^2 = 1$ の両辺を $(\cosh s)^2$

で割ると

$$1-(\tanh s)^2 = \frac{1}{(\cosh s)^2}$$

が得られる．したがって $1-(v/c)^2 = 1/(\cosh s)^2$．以上より変換法則は

$$\begin{pmatrix} \tilde{x}_1 \\ \tilde{x}_2 \end{pmatrix} = \begin{pmatrix} \cosh s & -\sinh s \\ -\sinh s & \cosh s \end{pmatrix} \begin{pmatrix} x_1 \\ x_2 \end{pmatrix}$$

となりブーストで与えられることがわかった．

【コラム】 (第 4 の幾何学) 3 次元ミンコフスキー空間 $\mathbb{L}^3$ 内で

$$\mathbb{S}_1^2 = \{\boldsymbol{x} = (x_1, x_2, x_3) \in \mathbb{L}^3 \mid \langle \boldsymbol{x}, \boldsymbol{x} \rangle = r^2\},$$
$$\tilde{\Lambda}^2 = \{\boldsymbol{x} = (x_1, x_2, x_3) \in \mathbb{L}^3 \mid \langle \boldsymbol{x}, \boldsymbol{x} \rangle = 0\},$$
$$\mathbb{H}_0^2 = \{\boldsymbol{x} = (x_1, x_2, x_3) \in \mathbb{L}^3 \mid \langle \boldsymbol{x}, \boldsymbol{x} \rangle = -r^2\}$$

という 2 次元図形を考える．$\mathbb{H}_0^2$ は二葉双曲面である．$\mathbb{H}_0^2$ の $x_1 > 0$ で定まる上半分を考えよう．この上半分に $\mathbb{L}^3$ のスカラー積から距離函数（リーマン計量）が誘導される．$\mathrm{SO}_1^+(3) = \{(a_{ij}) \in \mathrm{O}_1(3) \mid a_{11} > 0,\ \det(a_{ij})_{2\leq i,j\leq 3} > 0\}$ が等距離変換として作用しクライン幾何を定めるがそれは双曲幾何 $(\mathrm{SL}_2\mathbb{R}, \mathbb{H}^2)$ と同型である．そこでこの上半分を $\mathbb{H}^2$ で表し双曲平面の**双曲面模型**（hyperboloid model）という．$\mathbb{H}^2 = \mathrm{SO}_1^+(3)/\mathrm{SO}(2)$ という等質空間で表せる．$\tilde{\Lambda}^2$ は円錐面である．$\tilde{\Lambda}^2$ から原点を除いたものを Λ^2 で表し**光錐**（lightcone）という．$\mathbb{S}_1^2$ は一葉双曲面であり**擬球**（pseudosphere）とよばれる．擬球は $\mathrm{SO}_1^+(3)/\mathrm{SO}_1(2)$ と等質空間表示される．$\mathrm{SO}_1^+(3)$ と $\mathbb{S}_1^2$ の定めるクライン幾何をポアンカレは平面幾何（ユークリッド幾何），球面幾何，双曲幾何に続く**第 4 の幾何**とよんだ（『科学と仮説』）．第 4 の幾何では「自分自身と直交する直線が存在する」という定理が成立する．この定理は一葉双曲面を使うと明快である．

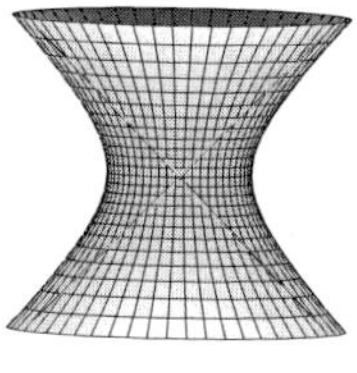

この図の斜めの直線は「自分自身と直交する直線」である．これらは $\mathbb{S}_1^2$ の光的測地線とよばれる．光的曲線の微分幾何については J. Inoguchi, S. Lee, Null curves in Minkowski 3-space, International Electronic Journal of Geometry **1** (2008), no. 2, 40–83 を参照されたい（オープンアクセス）．

12 3次元幾何学

3 次元幾何学（トポロジー）に大きな足跡を残したサーストン（William Paul Thurston, 1946–2012）により 3 次元の幾何学には 8 種の模範となる空間（モデル空間）があることが示された．この章では 8 種のモデル空間について簡単に紹介する．

12.1 線型リー群の左不変リーマン計量

線型リー群 $G \subset \mathrm{GL}_n\mathbb{R} \subset \mathfrak{gl}_n\mathbb{R}$ を $\mathbb{R}^{n^2}$ 内の多様体と考えよう（多様体については附録 C を参照）．G の各点における接ベクトル空間に内積を与えることを考えたい．

単位行列 $\mathsf{e} = E_n$ における接ベクトル空間 $T_{\mathsf{e}}G$ が G のリー環 $\mathfrak{g}$ である．そこでまず $\mathfrak{g}$ において内積 $\langle\cdot,\cdot\rangle_{\mathsf{e}}$ をひとつ与えよう．$g \in G$ における接ベクトル空間 T_gG は

$$T_gG = \{gX \mid X \in \mathfrak{g}\}$$

で与えられる．そこで T_gG における内積 $\langle\cdot,\cdot\rangle$ を

$$\langle U, V\rangle_g = \langle g^{-1}U, g^{-1}V\rangle_{\mathsf{e}}, \quad U, V \in T_gG$$

で定めよう．すると（当たり前だが）g による左移動

$$L_g : T_{\mathsf{e}}G \to T_gG; \quad X \longmapsto gX$$

は線型等長写像である（定義 5.11 参照）．この方法で得られる内積の分布

$$g \longmapsto \langle\cdot,\cdot\rangle_g$$

を線型リー群 G 上の**左不変計量**（left invariant metric）という[*1]．

[*1] より正確には左不変リーマン計量という．

註 12.1 (両側不変計量) 線型リー群 G に左不変計量 $\langle\cdot,\cdot\rangle$ が与えられているとする．この左不変計量が次の条件をみたすとき**両側不変計量**であるという．

$$\text{すべての } U, V \in T_gG \text{ に対し } \langle Uh, Vh\rangle_{gh} = \langle U, V\rangle_g.$$

すなわち，すべての $h \in G$ に対し右移動

$$R_h : T_gG \to T_{gh}G;\quad U \longmapsto Uh$$

が線型等長写像であることである．たとえば直交群 $\mathrm{O}(n)$ において左不変計量を

$$\langle X, Y\rangle_{\mathsf{e}} = \mathrm{tr}(XY),\quad X, Y \in \mathfrak{o}(n)$$

と定めると両側不変である[*2]．

12.2 ユニモデュラー・リー群

まず内積をもつ 3 次元リー環について調べる．3 次元実リー環 $\mathfrak{g}$ に内積 $(\cdot|\cdot)$ をひとつ与えよう[*3]．正規直交基底 $\{\mathrm{E}_1, \mathrm{E}_2, \mathrm{E}_3\}$ をひとつとり固定する．$\mathfrak{g}$ 上の 3 変数函数

$$\mathrm{D} : \mathfrak{g} \times \mathfrak{g} \times \mathfrak{g} \to \mathbb{R}$$

が行列式函数 det と同じ性質（定理 4.2）をもつとする．すなわち D は多重線型かつ交代的であり $\mathrm{D}(\mathrm{E}_1, \mathrm{E}_2, \mathrm{E}_3) = 1$ をみたす．このとき D を $\mathfrak{g}$ の**体積要素**とよぶ．体積要素をひとつ指定することを $(\mathfrak{g}, (\cdot|\cdot))$ を向きづけるという．以下，体積要素を det で表す．$\mathfrak{g}$ の基底 $\{\mathrm{A}_1, \mathrm{A}_2, \mathrm{A}_3\}$ が $\det(\mathrm{A}_1, \mathrm{A}_2, \mathrm{A}_3) > 0$ をみたすとき**正の向きの基底**であるという．$\det(\mathrm{A}_1, \mathrm{A}_2, \mathrm{A}_3) < 0$ をみたすとき**負の向きの基底**であるという．

向き付けを指定しておくとベクトルの**外積**（**ベクトル積**）が次の条件をみたす交代的な双線型写像 $\times$ として定まる：

(i) すべての $X, Y \in \mathfrak{g}$ に対し $(X|X \times Y) = (Y|X \times Y) = 0$,

---

*2 $n > 2$ のとき，この計量は『リー環』で学ぶ $\mathfrak{o}(n)$ のキリング形式の $1/(n-2)$ 倍である．

*3 姉妹書『リー環』で扱われる半単純リー環の場合，ad 不変という性質をもつ内積（スカラー積）を選ぶ．ここでは内積の ad 不変性は要請しない．

(ii) $(X \times Y|X \times Y) = (X|X)(Y|Y) - (X|Y)^2$,

(iii) X と Y が線型独立ならば $\det(X, Y, X \times Y) > 0$

問題 12.1 $\det(X, Y, Z) = (X \times Y|Z)$ が成り立つことを確かめよ．

括弧積 $[\cdot, \cdot] : \mathfrak{g} \times \mathfrak{g} \to \mathfrak{g}$ も交代的な双線型写像であり $\times$ と結びついている．

$$[X, Y] = L_{\mathfrak{g}}(X \times Y), \quad X, Y \in \mathfrak{g}.$$

をみたす線型変換 $L_{\mathfrak{g}} : \mathfrak{g} \to \mathfrak{g}$ が唯一定まる．実際

$$L_{\mathfrak{g}}(\mathrm{E}_1) = [\mathrm{E}_2, \mathrm{E}_3],\ L_{\mathfrak{g}}(\mathrm{E}_2) = [\mathrm{E}_3, \mathrm{E}_3],\ L_{\mathfrak{g}}(\mathrm{E}_3) = [\mathrm{E}_1, \mathrm{E}_2]$$

で定義すればよい．

定義 12.1 有限次元リー環 $\mathfrak{g}$ において

$$\mathfrak{u} = \{X \in \mathfrak{g} \mid \operatorname{tr} \operatorname{ad}(X) = 0\}$$

でイデアル $\mathfrak{u}$ を定め $\mathfrak{g}$ の**ユニモデュラー核**（unimodular kernel）とよぶ．$\mathfrak{D}\mathfrak{g} \subset \mathfrak{u}$ であることに注意. $\mathfrak{u} = \{0\}$ のとき $\mathfrak{g}$ は**ユニモデュラー**（unimodular）であるという[*4]．

註 12.2 (リー群論的解釈) リー群 G の左不変ハール速度が右不変であるとき G はユニモデュラーであるという．$\mathfrak{g}$ を G のリー環とする．次の 3 つの条件は互いに同値である．

- G はユニモデュラー．
- すべての $g \in G$ に対し $|\det \operatorname{Ad}(g)| = 1$.
- G が連結のとき，すべての $X \in \mathfrak{g}$ に対し $\operatorname{tr} \operatorname{ad}(X) = 0$.

次の判定法はミルナー（John Willard Milnor）による．

[*4] リー群 G の左不変ハール速度が右不変であるとき G はユニモデュラーであるという．連結リー群 G がユニモデュラーであるための必要十分条件は G のリー環 $\mathfrak{g}$ がこの定義の意味でユニモデュラーであることである．

命題 12.1 向きと内積が指定された 3 次元実リー環 $\mathfrak{g}$ がユニモデュラーであるための必要十分条件は $L_{\mathfrak{g}}$ が内積 $(\cdot|\cdot)$ に関し自己共軛，すなわち

$$\text{すべての } X, Y \in \mathfrak{g} \text{ に対し } (L_{\mathfrak{g}}X|Y) = (X|L_{\mathfrak{g}}Y)$$

をみたすことである．

【証明】 $L_{\mathfrak{g}}$ の基底 $\{\mathrm{E}_1, \mathrm{E}_2, \mathrm{E}_3\}$ に関する表現行列を $L = (L_{ij})$ とすると

$$\operatorname{tr}\operatorname{ad}(\mathrm{E}_1) = L_{23} - L_{32},\ \operatorname{tr}\operatorname{ad}(\mathrm{E}_2) = L_{31} - L_{13},\ \operatorname{tr}\operatorname{ad}(\mathrm{E}_3) = L_{12} - L_{21}$$

より $\mathfrak{u} = \{0\} \Longleftrightarrow L \in \mathrm{Sym}_3\mathbb{R}$.

■

$(\mathfrak{g}, (\cdot|\cdot), \det)$ がユニモデュラーならば

$$[\mathrm{E}'_1, \mathrm{E}'_2] = c_3\mathrm{E}'_3, \quad [\mathrm{E}'_2, \mathrm{E}'_3] = c_1\mathrm{E}'_1, \quad [\mathrm{E}'_3, \mathrm{E}'_1] = c_2\mathrm{E}'_2$$

をみたす正の向きの正規直交基底 $\{\mathrm{E}'_1, \mathrm{E}'_2, \mathrm{E}'_3\}$ が存在する[*5]．記号が煩雑になるのでこの基底を改めて $\{\mathrm{E}_1, \mathrm{E}_2, \mathrm{E}_3\}$ としよう．

$$[\mathrm{E}_1, \mathrm{E}_2] = c_3\mathrm{E}_3, \quad [\mathrm{E}_2, \mathrm{E}_3] = c_1\mathrm{E}_1, \quad [\mathrm{E}_3, \mathrm{E}_1] = c_2\mathrm{E}_2.$$

3 次元ユニモデュラー・リー群はミルナーにより分類された．必要に応じて $\{\mathrm{E}_1, \mathrm{E}_2, \mathrm{E}_3\}$ に並べ替えを施こすことにより次の表が得られる[*6]．

[*5] $L_{\mathfrak{g}}$ の固有ベクトルからなる正規直交基底 $\{\mathrm{E}'_1, \mathrm{E}'_2, \mathrm{E}'_3\}$ をとる $(L_{\mathfrak{g}}(E'_i) = c_i\mathrm{E}'_i)$．順番の並べ替えあるいは E'_1 を $-\mathrm{E}'_1$ と取り替えることで正の向きにできる．

[*6] J. Milnor, Curvatures of left invariant metrics on Lie groups, Adv. Math. **21** (1976), no. 3, 293–329.

(c_1, c_2, c_3) の符号	リー環	性質
$(+,+,+)$	$\mathfrak{su}(2)$	コンパクト・単純
$(+,+,-)$	$\mathfrak{sl}_2\mathbb{R}$	非コンパクト・単純
$(+,+,0)$	$\mathfrak{e}(2)$	可解
$(-,+,0)$	$\mathfrak{e}_1(2)$	可解
$(+,0,0)$	$\mathfrak{nil}_3$	冪零
$(0,0,0)$	$(\mathbb{R}^3,+)$	可換

この表に現れたリー環のうち $\mathfrak{su}(2)$, $\mathfrak{sl}_2\mathbb{R}$, $\mathfrak{e}_1(2)$, $\mathfrak{nil}_3$, $\mathbb{R}^3$ をリー環にもつ単連結かつ連結なリー群がモデル空間を与える．以下の節でひとつづつ紹介していく[*7]．

註 12.3 (非ユニモデュラー・リー環) 向きづけられた内積付きの 3 次元実リー環 $\mathfrak{g}$ がユニモデュラーでないとき，

(i) すべての $X \in \mathfrak{u}$ に対し $(\mathrm{E}_1|X) = 0$,

(ii) $\big([\mathrm{E}_1, \mathrm{E}_2] \,\big|\, [\mathrm{E}_1, \mathrm{E}_3]\big) = 0$

をみたす正規直交基底 $\{\mathrm{E}_1, \mathrm{E}_2, \mathrm{E}_3\}$ がとれ

$$[\mathrm{E}_1, \mathrm{E}_2] = a\mathrm{E}_2 + b\mathrm{E}_3, \quad [\mathrm{E}_2, \mathrm{E}_3] = 0, \quad [\mathrm{E}_1, \mathrm{E}_3] = c\mathrm{E}_2 + d\mathrm{E}_3$$

をみたす．ただし $a + d \neq 0$ かつ $ac + bd = 0$. $a + d < 0$ のときは E_1 を $-\mathrm{E}_1$ と取り替えることで $a + d > 0$ と仮定できる．$\mathfrak{g}$ をリー環にもつ連結な 3 次元線型リー群 G を調べる際には内積を適当に正数倍して $a + d = 2$ となるように調整する．この調整下では a, b, c, d は

$$a = 1 + \xi, \ b = (1 + \xi)\eta, \ c = -(1 - \xi)\eta, \ d = 1 - \xi,$$

と書き直せる．ただし $\xi, \eta \geq 0$ かつ $\xi^2 + \eta^2 \neq 0$. また $\mathcal{D} = (1 - \xi^2)(1 + \eta^2)$ は**ミルナー不変量** (Milnor invariant) とよばれる．

ユニモデュラーでないリー環（ただし $\eta = 0$）を具体的に記述しておこう．

*7 この表にある「性質」(単純，コンパクト，冪零，可解など) は姉妹書『リー環』を参照してほしい．

例 12.1 $\xi \geq 0$ に対し線型リー群 $G(\xi)$ を

$$G(\xi) = \left\{ \begin{pmatrix} e^{(1+\xi)w} & 0 & u \\ 0 & e^{(1-\xi)w} & v \\ 0 & 0 & 1 \end{pmatrix} \middle| \; u, v, w \in \mathbb{R} \right\} \subset \mathrm{A}(2) \tag{12.1}$$

で定める．$G(\xi)$ のリー環 $\mathfrak{g}(\xi)$ は

$$\mathrm{E}_1 = (1+\xi)E_{11} + (1-\xi)E_{22}, \; \mathrm{E}_2 = E_{13}, \mathrm{E}_3 = E_{23}$$

を基底にもつ．この基底 $\{\mathrm{E}_1, \mathrm{E}_2, \mathrm{E}_3\}$ は

$$[\mathrm{E}_1, \mathrm{E}_2] = (1+\xi)\mathrm{E}_2, \quad [\mathrm{E}_2, \mathrm{E}_3] = 0, \quad [\mathrm{E}_1, \mathrm{E}_3] = (1-\xi)\mathrm{E}_3$$

をみたす[*8]．$\{\mathrm{E}_1, \mathrm{E}_2, \mathrm{E}_3\}$ が正規直交という条件で内積 $(\cdot|\cdot)$ を定めると

$$L_{\mathfrak{g}(\xi)}E_1 = 0, \quad L_{\mathfrak{g}(\xi)}E_2 = (\xi - 1)E_3, \quad L_{\mathfrak{g}(\xi)}E_3 = (\xi + 1)E_2.$$

したがって

$$(L_{\mathfrak{g}(\xi)}E_2|E_3) - (E_2|L_{\mathfrak{g}(\xi)}E_3) = -2 \neq 0$$

であるから $\mathfrak{g}(\xi)$ はユニモデュラーではない．

12.3 冪零幾何

$$\left\{ \begin{pmatrix} 1 & x & z \\ 0 & 1 & y \\ 0 & 0 & 1 \end{pmatrix} \middle| \; x, y, z \in \mathbb{R} \right\}$$

で定まる $\mathrm{GL}_3\mathbb{R}$ の閉部分群を 3 次元**ハイゼンベルク群** (Heisenberg group) という．この線型リー群のリー環は

$$\left\{ \begin{pmatrix} 0 & u & w \\ 0 & 0 & v \\ 0 & 0 & 0 \end{pmatrix} \middle| \; u, v, w \in \mathbb{R} \right\}$$

[*8] このことから $\mathfrak{g}(\xi)$ は可解リー環であることがわかる．

で与えられる．このリー環の基底 $\{\mathrm{E}_1, \mathrm{E}_2, \mathrm{E}_3\}$ を $\mathrm{E}_1 = E_{12}$，$\mathrm{E}_2 = E_{23}$，$\mathrm{E}_3 = E_{13}$ と選ぶことができる．この基底は

$$[\mathrm{E}_1, \mathrm{E}_2] = \mathrm{E}_3,\ [\mathrm{E}_2, \mathrm{E}_3] = [\mathrm{E}_3, \mathrm{E}_1] = 0$$

をみたす．このリー環は 3 次元**ハイゼンベルク代数**（Heisenberg algebra）とよばれる*9．3 次元ハイゼンベルク代数に $\{\mathrm{E}_1, \mathrm{E}_2, \mathrm{E}_3\}$ が正規直交になるという条件で内積 $(\cdot|\cdot)$ を与えたものがミルナーの分類表にある $\mathfrak{nil}_3$ である．この内積から定まる左不変計量を 3 次元ハイゼンベルク群に与えたものを**冪零幾何**（nilgeometry）のモデル空間といい Nil_3 で表す．

$$\mathrm{Nil}_3 = \left\{ \begin{pmatrix} 1 & x & z \\ 0 & 1 & y \\ 0 & 0 & 1 \end{pmatrix} \middle|\ x, y, z \in \mathbb{R} \right\}$$

の座標系 (x, y, z) を使うと左不変計量は $\mathrm{d}x^2 + \mathrm{d}y^2 + (\mathrm{d}z - x\mathrm{d}y)^2$ と表される．

12.4 可解幾何

(x_1, x_2) を座標系にもつミンコフスキー平面 $\mathbb{L}^2$ のポアンカレ群 $\mathrm{E}_1(2)$ を思い出そう．

$$\mathrm{E}_1(2) = \{(A, \boldsymbol{b}) \mid A \in \mathrm{O}_1(2),\ \boldsymbol{b} \in \mathbb{R}^2\}.$$

$\mathrm{E}_1(2)$ の部分群 $\mathrm{SE}_1^+(2) = \{(B(t), \boldsymbol{b}) \mid B(t) \in \mathrm{SO}_1^+(2),\ \boldsymbol{b} \in \mathbb{R}^2\}$ は

$$\left\{ \begin{pmatrix} \cosh t & \sinh t & u \\ \sinh t & \cosh t & v \\ 0 & 0 & 1 \end{pmatrix} \middle|\ u, v, t \in \mathbb{R} \right\}$$

と同型である．この同型で $\mathrm{SE}_1^+(2) \subset \mathrm{GL}_3\mathbb{R}$ と見なすと $\mathrm{SE}_1^+(2)$ のリー環 $\mathfrak{se}_1(2) = \mathfrak{e}_1(2)$ は

$$\mathfrak{e}_1(2) \cong \left\{ \begin{pmatrix} 0 & t & u \\ t & 0 & v \\ 0 & 0 & 0 \end{pmatrix} \middle|\ u, v, t \in \mathbb{R} \right\}$$

*9 交換関係より冪零リー環であることがわかる．ハイゼンベルク代数については『リー環』2.1 節参照．量子力学の創始者の一人であるハイゼンベルク（Werner Karl Heisenberg, 1901–1976）に因む．

という $\mathfrak{gl}_3\mathbb{R}$ の部分リー環と思うことができる．

$$\exp\begin{pmatrix} 0 & t & u \\ t & 0 & v \\ 0 & 0 & 0 \end{pmatrix} = \begin{pmatrix} \cosh t & \sinh t & u \\ \sinh t & \cosh t & v \\ 0 & 0 & 1 \end{pmatrix}$$

に注意．$\mathfrak{e}_1(2) \subset \mathfrak{gl}_3\mathbb{R}$ の基底として

$$\mathrm{E}_1 = E_{13},\ \mathrm{E}_2 = E_{23},\ \mathrm{E}_3 = E_{12} + E_{21}$$

を選ぶと

$$[\mathrm{E}_1, \mathrm{E}_2] = 0,\ [\mathrm{E}_2, \mathrm{E}_3] = -\mathrm{E}_1,\ [\mathrm{E}_3, \mathrm{E}_1] = \mathrm{E}_2$$

が成立する*10．$\mathfrak{e}_1(2)$ の内積を $\{\mathrm{E}_1, \mathrm{E}_2, \mathrm{E}_3\}$ が正規直交という条件で定めよう．この内積から定まる左不変計量を $\mathrm{SE}_1^+(2)$ に与えたものを**可解幾何** (solvegeometry) のモデル空間といい Sol_3 で表す．Sol_3 の左不変計量は $\cosh(2t)(\mathrm{d}u^2 + \mathrm{d}v^2) - 2\sinh(2t)\mathrm{d}u\mathrm{d}v + \mathrm{d}t^2$ と表される．

ここで $\mathbb{L}^2$ の基底を標準基底 $\mathcal{E} = \{\boldsymbol{e}_1 = (1,0), \boldsymbol{e}_2 = (0,1)\}$ から $\mathcal{N} = \{\boldsymbol{n}_1 = (1,1)/\sqrt{2}, \boldsymbol{n}_2 = (-1,1)/\sqrt{2}\}$ に取り替えよう．この基底は

$$\langle \boldsymbol{n}_1, \boldsymbol{n}_1 \rangle = \langle \boldsymbol{n}_2, \boldsymbol{n}_2 \rangle = 0, \quad \langle \boldsymbol{n}_1, \boldsymbol{n}_2 \rangle = 1$$

をみたし**零的基底** (null basis) とよばれる．基底を $\mathcal{E}$ から $\mathcal{N}$ へ取り替える際の取り替え行列は

$$P = R(\pi/4) = \frac{1}{\sqrt{2}}\begin{pmatrix} 1 & -1 \\ 1 & 1 \end{pmatrix}$$

である．零的基底の定める座標系 (ξ_1, ξ_2) を**零的座標系** (null coordinate system) とか**光錐座標系** (lightcone coordinate system) という．(5.5) より

$$\begin{pmatrix} x_1 \\ x_2 \end{pmatrix} = P\begin{pmatrix} \xi_1 \\ \xi_2 \end{pmatrix}$$

*10 したがって $\mathfrak{e}_1(2)$ は可解である．

するとブースト $B(t)$ の $\{\boldsymbol{n}_1, \boldsymbol{n}_2\}$ に関する表現行列は（問題 5.3 より）

$$P^{-1}B(t)P = \begin{pmatrix} e^t & 0 \\ 0 & e^{-t} \end{pmatrix}$$

で与えられる．したがって光錐座標系のもとではブースト群 $\mathrm{SO}_1^+(2)$ は

$$\mathrm{SO}_1^+(2) \cong \left\{ \begin{pmatrix} e^t & 0 \\ 0 & e^{-t} \end{pmatrix} \middle| \, t \in \mathbb{R} \right\}$$

と表示される．

$$\begin{pmatrix} u \\ v \end{pmatrix} = P \begin{pmatrix} x \\ y \end{pmatrix}$$

で新しい座標系 (x, y) を定めると $\mathrm{SE}_1^+(2)$ は

$$\left\{ \begin{pmatrix} e^t & 0 & x \\ 0 & e^{-t} & y \\ 0 & 0 & 1 \end{pmatrix} \middle| \, x, y, t \in \mathbb{R} \right\}$$

と表示される．すなわち

$$\begin{pmatrix} \cosh t & \sinh t & u \\ \sinh t & \cosh t & v \\ 0 & 0 & 1 \end{pmatrix} \longmapsto \begin{pmatrix} e^t & 0 & x \\ 0 & e^{-t} & y \\ 0 & 0 & 1 \end{pmatrix}$$
$$= \begin{pmatrix} e^t & 0 & (u+v)/\sqrt{2} \\ 0 & e^{-t} & (-u+v)/\sqrt{2} \\ 0 & 0 & 1 \end{pmatrix}$$

がリー群同型写像を与えている．この表示のもとでは $\mathfrak{e}_1(2)$ は

$$\left\{ \begin{pmatrix} t & 0 & x \\ 0 & -t & y \\ 0 & 0 & 0 \end{pmatrix} \middle| \, x, y, t \in \mathbb{R} \right\}$$

と表される．Sol_3 の左不変計量は座標系 (x, y, t) では

$$e^{-2t}\mathrm{d}x^2 + e^{2t}\mathrm{d}y^2 + \mathrm{d}t^2$$

と書き直される．3次元幾何学の文献ではこの表示を用いることが多い．

12.5　平面運動群

ユークリッド平面 $\mathbb{E}^2$ の運動群

$$\mathrm{SE}(2) = \left\{ \begin{pmatrix} \cos\theta & -\sin\theta & x \\ \sin\theta & \cos\theta & y \\ 0 & 0 & 1 \end{pmatrix} \middle|\, x, y \in \mathbb{R},\ 0 \leq \theta < 2\pi \right\}$$

のリー環は

$$\mathfrak{se}(2) = \mathfrak{e}(2) = \left\{ \begin{pmatrix} 0 & -w & u \\ w & 0 & v \\ 0 & 0 & 0 \end{pmatrix} \middle|\, u, v, w \in \mathbb{R} \right\}$$

で与えられる（系 10.1）．$\mathfrak{e}(2)$ の基底 $\{\mathrm{E}_1, \mathrm{E}_2, \mathrm{E}_3\}$ を

$$\mathrm{E}_1 = E_{13},\ \mathrm{E}_2 = E_{23},\ \mathrm{E}_3 = -E_{12} + E_{21}$$

と選ぶと

$$[\mathrm{E}_1, \mathrm{E}_2] = 0,\ [\mathrm{E}_2, \mathrm{E}_3] = \mathrm{E}_1,\ [\mathrm{E}_3, \mathrm{E}_1] = \mathrm{E}_2.$$

であるから (c_1, c_2, c_3) の符号は $(+, +, 0)$ である[*11]．$\mathfrak{e}(2)$ の標準的な内積 $(\cdot|\cdot)$ は条件「$\{\mathrm{E}_1, \mathrm{E}_2, \mathrm{E}_3\}$ は $(\cdot|\cdot)$ の正規直交基底」で定まる．SE(2) の座標系 (x, y, θ) を使うと左不変計量は $\mathrm{d}x^2 + \mathrm{d}y^2 + \mathrm{d}\theta^2$ と表せる．

12.6　3 次元球面幾何

第 8 章で説明したように，4 次元ユークリッド空間を四元数体 $\mathbf{H}$ と見よう．すると 3 次元球面は $\mathbb{S}^3 = \mathrm{Sp}(1) = \mathrm{SU}(2)$ と見ることができた．リー環 $\mathfrak{su}(2)$ の基底として $\{\mathrm{E}_1, \mathrm{E}_2, \mathrm{E}_3\} = \{\boldsymbol{i}, \boldsymbol{j}, \boldsymbol{k}\}$ を選べば $c_1 = c_2 = c_3 = 2$．$\mathfrak{su}(2)$ において「$\{\mathrm{E}_1, \mathrm{E}_2, \mathrm{E}_3\}$ を正規直交基底にもつ」という条件で定まる内積 $(\cdot|\cdot)$ は (8.9) で与えた内積

$$(X|Y) = -\frac{1}{2}\mathrm{tr}(XY)$$

*11 したがって $\mathfrak{e}(2)$ は可解である．

に他ならない．とくにこの内積は両側不変である．この内積で定まる SU(2) の左不変計量が $\mathbb{S}^3$ のリーマン計量である．問題 8.3 より $\mathbb{S}^3$ は $\mathrm{SU}(2)\times\mathrm{SU}(2)$ の等質空間として表示できることがわかる．$\mathrm{SU}(2)\times\mathrm{SU}(2)$ の $\mathbb{S}^3$ 上の作用において $\mathbf{1}=\mathsf{e}$ の固定群を求めよう．$\xi\mathbf{1}\overline{\eta}=\mathbf{1}$ より $\xi=\eta$ であるから固定群は

$$\{(\xi,\xi)\in\mathrm{SU}(2)\}\cong\mathrm{SU}(2).$$

この部分群は $\mathrm{SU}(2)\times\mathrm{SU}(2)$ の**対角線部分群**（diagonal subgroup）とよばれる．したがって $\mathbb{S}^3$ は $(\mathrm{SU}(2)\times\mathrm{SU}(2))/\mathrm{SU}(2)$ と等質空間表示される．

註 12.4 (ベルジェ球) $r>0$ に対し $\{\mathrm{E}_1=\boldsymbol{i},\mathrm{E}_2=\boldsymbol{j},\mathrm{E}_3=\boldsymbol{k}/r\}$ で $\mathfrak{su}(2)$ の内積を定める．$r\neq 1$ に対し，この内積で定まる左不変計量を SU(2) に与えたものを 3 次元**ベルジェ球**（Berger sphere）とよぶ[*12]．ベルジェ球は $(\mathrm{SU}(2)\times\mathrm{U}(1))/\mathrm{U}(1)$ と等質空間表示される．

12.7　3 次元双曲幾何

ポアンカレの上半平面をまねて上半空間

$$\mathbb{R}^3_+=\{(x,y,z)\in\mathbb{R}^3\mid z>0\}$$

を考える．$\mathbb{R}^3_+$ に**ポアンカレ計量**とよばれるリーマン計量

$$\frac{\mathrm{d}x^2+\mathrm{d}y^2+\mathrm{d}z^2}{z^2}.$$

を与えたものを $\mathbb{H}^3$ で表し 3 次元**双曲空間**（hyperbolic 3-space）という（$\mathbb{H}^3(-1)$ とも表す）．$\mathbb{H}^3$ はリー群の構造をもつことを説明しよう．

例 12.1 で定めた線型リー群 $G(\xi)$ において $\xi=0$ と選ぶ：

$$G(0)=\left\{\left(\begin{array}{ccc} e^w & 0 & u\\ 0 & e^w & v\\ 0 & 0 & 1\end{array}\right)\;\middle|\; u,v,w\in\mathbb{R}\right\}.$$

[*12] Marcel Berger（1961）．もともとベルジェが考察したのは $0<r<2/\sqrt{3}$ かつ $r\neq 1$ の場合である．このときベルジェ球は正曲率の完備単連結な 3 次元リーマン多様体である．

例 12.1 で選んだ基底 $\{\mathrm{E}_1, \mathrm{E}_2, \mathrm{E}_3\}$ が正規直交という条件で $\mathfrak{g}(0)$ の内積を定める．$\mathbb{S}^3 = \mathrm{SU}(2)$ のときと異なり，この内積は両側不変ではない．この内積が定める左不変計量は

$$e^{-2w}(\mathrm{d}u^2 + \mathrm{d}v^2) + \mathrm{d}w^2$$

である．ここで $(x, y, z) = (u, v, e^w)$ とおくと $G(0)$ は上半空間 $\mathbb{R}^3_+$ に対応し左不変計量はポアンカレ計量 $(\mathrm{d}x^2 + \mathrm{d}y^2 + \mathrm{d}z^2)/z^2$ となる．

註 12.5 (双曲面模型) 前章最後のコラムで述べた $\mathbb{H}^2$ の双曲面模型と同様に 3 次元双曲空間 $\mathbb{H}^3$ を 4 次元ミンコフスキー空間 $\mathbb{L}^4$ 内の二葉双曲面の一葉として実現することができる．

$$\mathbb{H}^3 = \{(x_0, x_1, x_2, x_3) \in \mathbb{L}^4 \mid -x_0^2 + x_1^2 + x_2^2 + x_3^3 = -1,\ x_0 > 0\}.$$

ここでは $\mathbb{L}^4$ の座標を (x_0, x_1, x_2, x_3) としスカラー積を

$$\langle \boldsymbol{x}, \boldsymbol{y} \rangle = -x_0 y_0 + x_1 y_1 + x_2 y_2 + x_3 y_3$$

とした．4 次元ユークリッド空間 $\mathbb{E}^4$ は四元数 $\mathbf{H}$ と同一視できた．$\mathbb{L}^4$ の場合はどうだろうか．実は $\mathbb{L}^4$ は 2 次のエルミート行列全体 $\mathrm{Her}_2\mathbb{C}$ と次のように対応する：

$$\mathbb{L}^4 \longleftrightarrow \mathrm{Her}_2\mathbb{C} = \left\{ X = \begin{pmatrix} x_0 + x_1 & x_3 - \mathtt{i}x_2 \\ x_3 + \mathtt{i}x_2 & x_0 - x_1 \end{pmatrix} \middle|\ x_0, x_1, x_2, x_3 \in \mathbb{R} \right\}.$$

$\mathbb{L}^4$ の標準基底

$$\boldsymbol{e}_0 = (1, 0, 0, 0),\ \boldsymbol{e}_1 = (0, 1, 0, 0),\ \boldsymbol{e}_2 = (0, 0, 1, 0),\ \boldsymbol{e}_3 = (0, 0, 0, 1)$$

はそれぞれ

$$\boldsymbol{e}_0 = \begin{pmatrix} 1 & 0 \\ 0 & 1 \end{pmatrix},\ \boldsymbol{e}_1 = \begin{pmatrix} 1 & 0 \\ 0 & -1 \end{pmatrix},\ \boldsymbol{e}_2 = \begin{pmatrix} 0 & -i \\ i & 0 \end{pmatrix},\ \boldsymbol{e}_3 = \begin{pmatrix} 0 & 1 \\ 1 & 0 \end{pmatrix}$$

と対応する．四元数のときと比べると

$$\boldsymbol{e}_0 = \mathbf{1},\ \boldsymbol{e}_1 = -\mathtt{i}\boldsymbol{i},\ \boldsymbol{e}_2 = \mathtt{i}\boldsymbol{j},\ \boldsymbol{e}_3 = \mathtt{i}\boldsymbol{k}$$

という関係にあることがわかる．$\mathbb{L}^4$ のスカラー積は

$$\langle X, Y \rangle = -\frac{1}{2}\mathrm{tr}(X\boldsymbol{e}_2\, {}^t Y \boldsymbol{e}_2)$$

と対応する．とくに $\langle X, X\rangle = -\det X$ である．したがって

$$\mathbb{H}^3 = \{X \in \mathrm{Her}_2\mathbb{C} \mid \det X = 1,\ \mathrm{tr}\, X > 0\}$$

と表示できることがわかる．$\mathbb{L}^4 = \mathrm{Her}_2\mathbb{C}$ に $\mathrm{SL}_2\mathbb{C}$ が次のようにして作用する：

$$\rho : \mathrm{SL}_2\mathbb{C} \times \mathrm{Her}_2\mathbb{C} \to \mathrm{Her}_2\mathbb{C};\ \rho(A, X) = \rho(A)Z = AXA^*.$$

簡単な計算で，すべての $A \in \mathrm{SL}_2\mathbb{C}$, すべての $X, Y \in \mathrm{Her}_2\mathbb{C}$ に対し

$$\langle \rho(A, X), \rho(A, Y)\rangle = \langle X, Y\rangle$$

が成り立つことが確かめられる．したがって $\rho(A)$ の基底 $\{\boldsymbol{e}_0, \boldsymbol{e}_1, \boldsymbol{e}_2, \boldsymbol{e}_3\}$ に関する表現行列を同じ記号 $\rho(A)$ で表せば対応 $\rho : A \longmapsto \rho(A)$ は $\mathrm{SL}_2\mathbb{C}$ から $\mathrm{O}_1(4)$ へのリー群準同型写像，すなわち $\mathbb{L}^4$ 上の表現を定める．リー群準同型写像 $\rho : \mathrm{SL}_2\mathbb{C} \to \mathrm{O}_1(4)$ の核は $\{\pm\mathbf{1}\} \cong \mathbb{Z}_2$, 像は（$\mathrm{O}_1(4)$ の単位元連結成分）$\mathrm{SO}_1^+(4)$ である．したがって $\mathrm{SL}_2\mathbb{C}/\mathbb{Z}_2 \cong \mathrm{SO}_1^+(4)$ を得る．この事実は $\mathrm{SO}_1^+(4)$ の表現を調べる際に活用される（[41] 参照）．$\mathbb{H}^3$ は $\mathrm{SL}_2\mathbb{C}/\mathrm{SU}(2)$ と等質空間表示される．

【研究課題】　$\mathrm{SL}_2\mathbb{C}$ の $\mathrm{Her}_2\mathbb{C}$ への作用をまねて $\mathrm{SL}_2\mathbf{H}$ の $\mathrm{Her}_2\mathbf{H}$ への作用を考察できる．

$$\mathrm{Her}_2\mathbf{H} = \{X \in \mathrm{M}_2\mathbf{H} \mid \overline{{}^tX} = X\}.$$

$\mathrm{Her}_2\mathbf{H}$ の要素を 2 次の**四元数エルミート行列**とよぶ．

$$\mathrm{Her}_2\mathbf{H} = \left\{ X = \begin{pmatrix} x_0 + x_5 & \xi \\ \bar{\xi} & x_0 - x_5 \end{pmatrix} \;\middle|\; \begin{array}{l} x_0, x_5 \in \mathbb{R}, \\ \xi = x_1 + x_2\mathtt{i} + x_3\mathtt{j} + x_4\mathtt{k} \in \mathbf{H} \end{array} \right\}$$

と表示できる．$X \in \mathrm{Her}_2\mathbf{H}$ に対し $\det X$ を

$$\det X = (x_0 - x_5)(x_0 + x_5) - \xi\bar{\xi} = x_0^2 - \sum_{i=1}^{5} x_i^2$$

で定義できる．そこで $\mathrm{Her}_2\mathbf{H} = \mathbb{L}^6$ と考える．$\rho : \mathrm{SL}_2\mathbf{H} \times \mathrm{Her}_2\mathbf{H} \to \mathbf{H}$ を $\rho(A, X) = AX\overline{{}^tA}$ で定められる．これらの事実を確かめ $\mathrm{SL}_2\mathbf{H}/\mathbb{Z}_2 \cong \mathrm{SO}_1^+(6)$ を証明せよ．この事実は 4 次元のメビウス幾何において活用される．また理論物理学において BPST 反インスタントンの構成に用いられた．

註 12.6 ($\mathbb{H}^2$ のリー群構造) $\mathbb{H}^2$ もリー群として表せることを注意しておく．アフィン変換群 $\mathrm{A}(1)$ の部分群

$$\mathrm{A}^+(1) = \left\{ \begin{pmatrix} y & x \\ 0 & 1 \end{pmatrix} \;\middle|\; x \in \mathbb{R},\ y > 0 \right\}$$

を考える（これは A(1) の単位元連結成分）．このリー群のリー環（(10.15) 参照）

$$\mathfrak{a}(1) = \left\{ \begin{pmatrix} t & s \\ 0 & 0 \end{pmatrix} \middle| \, s, t \in \mathbb{R} \right\}$$

の基底として $\{E_1 = E_{12}, E_2 = E_{11}\}$ をとる[*13]．これらが正規直交という条件で内積を定めると $\mathrm{A}^+(1)$ に誘導されるリーマン計量はポアンカレ計量 $(\mathrm{d}x^2 + \mathrm{d}y^2)/y^2$ である．したがって $\mathbb{H}^2$ は $\mathrm{A}^+(1)$ にポアンカレ計量を与えた可解リー群で実現できる．

12.8 H × R 幾何

例 12.1 で定めた線型リー群 $G(\xi)$ において $\xi = 1$ と選ぶ．

$$G(1) = \left\{ \begin{pmatrix} e^{2w} & 0 & u \\ 0 & 1 & v \\ 0 & 0 & 1 \end{pmatrix} \middle| \, u, v, w \in \mathbb{R} \right\}.$$

$\mathbb{H}^3 = G(0)$ と同様に $\{\mathrm{E}_1, \mathrm{E}_2, \mathrm{E}_3\}$ が正規直交という条件で内積を定めると左不変計量

$$e^{-4w}\mathrm{d}u^2 + \mathrm{d}v^2 + \mathrm{d}w^2$$

が誘導される．

ここで $(x, y, z) = (2u, e^{2w}, v)$ とおくと $G(1)$ は $\{(x, y, z) \in \mathbb{R}^3 \mid y > 0\}$ に対応し左不変計量は

$$\frac{\mathrm{d}x^2 + \mathrm{d}y^2}{4y^2} + \mathrm{d}z^2$$

と書き直される．上半平面 $\mathbb{R}^2_+ = \{(x, y) \in \mathbb{R}^2 \mid y > 0\}$ にリーマン計量 $(\mathrm{d}x^2 + \mathrm{d}y^2)/(4y^2)$ を与えたものを $\mathbb{H}^2(-4)$ と記し曲率 -4 の双曲平面とよぶ．したがって $G(1)$ は $\mathbb{H}^2(-4)$ と数直線 $\mathbb{R}$ の直積であり $\mathbb{H}^2(-4) \times \mathbb{R}$ と表記される．

註 12.7 より一般に $c > 0$ に対し $\mathbb{R}^2_+$ にリーマン計量 $(\mathrm{d}x^2 + \mathrm{d}y^2)/(c^2y^2)$ を与えたものを $\mathbb{H}^2(-c^2)$ と表記し曲率 $-c^2$ の双曲平面という．いままで $\mathbb{H}^2$ と書いてきたものは $\mathbb{H}^2(-1)$ である．このリーマン計量は曲率 $-c^2$ のポアンカレ計量とよばれる．$\mathbb{H}^3$ についても同様．

---

*13 $\mathfrak{a}(1)$ は可解である．

12.9 SL 幾何

$\mathfrak{sl}_2\mathbb{R}$ の基底として $\{\mathrm{E}_1, \mathrm{E}_2, \mathrm{E}_3\} = \{-E_{12} + E_{21}, E_{12} + E_{21}, -E_{11} + E_{22}\}$ を選ぶと*14

$$[\mathrm{E}_1, \mathrm{E}_2] = 2\mathrm{E}_3,\ [\mathrm{E}_2, \mathrm{E}_3] = -2\mathrm{E}_1,\ [\mathrm{E}_3, \mathrm{E}_1] = 2\mathrm{E}_2$$

をみたす．したがって (c_1, c_2, c_3) の符号は $(-, +, +)$．$\mathfrak{sl}_2\mathbb{R}$ の内積を

$$(X|Y) = \frac{1}{2}\,\mathrm{tr}\,({}^tXY), \quad X, Y \in \mathfrak{sl}_2\mathbb{R}$$

で与えよう*15．この内積に関し $\{\sqrt{2}\mathsf{E}, \sqrt{2}\mathsf{F}, \mathsf{H}\}$ は正規直交．特殊線型群 $\mathrm{SL}_2\mathbb{R}$ の部分群 $\mathcal{N}, \mathcal{A}, \mathcal{K}$ を

$$\mathcal{N} = \left\{ \begin{pmatrix} 1 & x \\ 0 & 1 \end{pmatrix} \middle|\ x \in \mathbb{R} \right\} \cong (\mathbb{R}, +),$$
$$\mathcal{A} = \left\{ \begin{pmatrix} \sqrt{y} & 0 \\ 0 & 1/\sqrt{y} \end{pmatrix} \middle|\ y > 0 \right\} \cong \mathrm{SO}_1^+(2),$$
$$\mathcal{K} = \left\{ \begin{pmatrix} \cos\theta & \sin\theta \\ -\sin\theta & \cos\theta \end{pmatrix} \middle|\ 0 \leq \theta < 2\pi \right\} = \mathrm{SO}(2)$$

で与えると次が成り立つ（証明は [4, 8 章] を参照）．

定理 12.1 (岩澤分解) どの $g \in \mathrm{SL}_2\mathbb{R}$ も

$$g = n(g)a(g)k(g), \quad n(g) \in \mathcal{N}, a(g) \in \mathcal{A},\ k(g) \in \mathcal{K}$$

と一意的に分解される．これを g の**岩澤分解**という．$n(g)$, $a(A)$, $k(A)$ をそれぞれ A の冪零部分，可換部分，コンパクト部分という．

---

*14 問題 5.4 で用いた基底 E, F, H を用いると

$$\mathrm{E}_1 = -\mathsf{E} + \mathsf{F},\ \mathrm{E}_2 = \mathsf{E} + \mathsf{F},\ \mathrm{E}_3 = -\mathsf{H} = \boldsymbol{k}'.$$

『リー環』ではこの基底と亜四元数の関係を説明する（問題 3.1 の解説のあとの註 E.1 参照）．

*15 この内積は $\mathfrak{sl}_2\mathbb{R}$ のキリング形式ではないことに注意．

問題 12.2 行列 $R(\theta) = \begin{pmatrix} \cos\theta & -\sin\theta \\ \sin\theta & \cos\theta \end{pmatrix}$, $B(t) = \begin{pmatrix} e^t & 0 \\ 0 & e^{-t} \end{pmatrix}$ の積が $R(\theta)B(t) = \begin{pmatrix} 1 & -\frac{\sqrt{3}}{4} \\ \sqrt{3} & \frac{1}{4} \end{pmatrix}$ となるとき $\theta =$ [ア], $t =$ [イ] である．ただし $0 \leq \theta \leq \pi$ とする[*16]．　〔職業開発大〕

岩澤分解を利用して $\mathrm{SL}_2\mathbb{R}$ に座標系を定めることができる．

$$(x, y, \theta) \longmapsto \begin{pmatrix} 1 & x \\ 0 & 1 \end{pmatrix} \begin{pmatrix} \sqrt{y} & 0 \\ 0 & 1/\sqrt{y} \end{pmatrix} \begin{pmatrix} \cos\theta & \sin\theta \\ -\sin\theta & \cos\theta \end{pmatrix}. \tag{12.2}$$

座標系 (x, y, θ) を使うと $\mathrm{SL}_2\mathbb{R}$ の左不変計量は

$$\frac{\mathrm{d}x^2 + \mathrm{d}y^2}{4y^2} + \left(\mathrm{d}\theta + \frac{\mathrm{d}x}{2y}\right)^2 \tag{12.3}$$

と表される．この項のなかに $\mathbb{H}^2(-4)$ のポアンカレ計量が含まれていることに注目してほしい．11.3 節で $\mathbb{H}^2 = \mathrm{SL}_2\mathbb{R}/\mathrm{SO}(2)$ と等質空間表示されることを見た．$\mathbb{H}^2(-4)$ も $\mathrm{SL}_2\mathbb{R}/\mathrm{SO}(2)$ と表示される．$\mathrm{SL}_2\mathbb{R}$ の左不変リーマン計量 (12.3) から $\mathrm{SL}_2\mathbb{R}/\mathrm{SO}(2)$ に誘導されるリーマン計量が曲率 -4 のポアンカレ計量なのである．

$\mathrm{SL}_2\mathbb{R}$ は単連結でないため $\mathrm{SL}_2\mathbb{R}$ にこの左不変計量を与えたものの普遍被覆 (universal covering) とよばれる単連結な空間をとる．それを SL 幾何のモデル空間という．

註 12.8 (普遍被覆群) $\mathfrak{sl}_2\mathbb{R}$ をリー環にもつ単連結な線型リー群は存在しないことが知られている．$\mathrm{GL}_n\mathbb{R}$ の閉部分群として実現することはできないが $\mathfrak{sl}_2\mathbb{R}$ をリー環にもつ単連結なリー群は存在する．そのリー群を $\widetilde{\mathrm{SL}}_2\mathbb{R}$ で表す．この本では一般のリー群の定義を与えていないため $\widetilde{\mathrm{SL}}_2\mathbb{R}$ を詳しく説明することができないが $\widetilde{\mathrm{SL}}_2\mathbb{R}$ は $\mathrm{SL}_2\mathbb{R}$ の普遍被覆群 (universal covering group) とよばれる $\widetilde{\mathrm{SL}}_2\mathbb{R}$ は位相空間として $\mathbb{R}^3$ と同相である．SL 幾何のモデル空間は $\widetilde{\mathrm{SL}}_2\mathbb{R}$ に他ならない．

[*16] 本文にあわせて記号を変更した．$\mathcal{K}$ の要素は $R(-\theta)$ と表示されている．$R(\theta)B(t)$ は $\mathcal{AK}$ の元となっていて定理 12.1 と順序が違っているが，ちゃんと整合性はとれている．詳しくは解答を参照．

12.10 岩澤分解

$\mathrm{SL}_2\mathbb{R}$ の岩澤分解を等積幾何と双曲幾何の観点から検討しておこう．岩澤分解に登場した $\mathrm{SL}_2\mathbb{R}$ の 3 つの部分群 $\mathcal{N}$, $\mathcal{A}$, $\mathcal{K}$ の定める変換を調べる．

例 12.2 (平行移動) 部分群 $\mathcal{N}$ は

$$\mathcal{N} = \left\{ n(t) = \begin{pmatrix} 1 & t \\ 0 & 1 \end{pmatrix} \middle| \ t \in \mathbb{R} \right\} = \left\{ \exp\left\{ t \begin{pmatrix} 0 & 1 \\ 0 & 0 \end{pmatrix} \right\} \middle| \ t \in \mathbb{R} \right\}$$

と表せる 1 径数群 $G_{E_{12}}$ である．$\mathrm{tr}\, n(t) = 2$ である．各 $n(t)$ の定める $\mathbb{R}^2$ 上の等積アフィン変換は

$$\begin{pmatrix} x' \\ y' \end{pmatrix} = \begin{pmatrix} 1 & t \\ 0 & 1 \end{pmatrix} \begin{pmatrix} x \\ y \end{pmatrix} = \begin{pmatrix} x + ty \\ y \end{pmatrix}$$

である．

次に $n(t)$ の定める $\mathbb{H}^2$ 上の 1 次分数変換を調べよう．

$$T_{n(t)}(z) = \frac{z+t}{1} = z + t$$

より実軸方向の平行移動である．

例 12.3 (ブースト) 部分群 $\mathcal{A}$ は

$$\mathcal{A} = \left\{ a(t) = \begin{pmatrix} e^t & 0 \\ 0 & e^{-t} \end{pmatrix} \middle| \ t \in \mathbb{R} \right\} = \left\{ \exp\left\{ t \begin{pmatrix} 1 & 0 \\ 0 & -1 \end{pmatrix} \right\} \middle| \ t \in \mathbb{R} \right\}$$

と表せる 1 径数群 $G_{E_{11}-E_{22}}$ である．$t \neq 0$ ならば $\mathrm{tr}\, a(t) > 2$ である．$\mathcal{A}$ はブースト群 $\mathrm{SO}_1^+(2)$ と同型である．

各 $a(t)$ の定める $\mathbb{R}^2$ 上の等積アフィン変換は

$$\begin{pmatrix} x' \\ y' \end{pmatrix} = \begin{pmatrix} e^t & 0 \\ 0 & e^{-t} \end{pmatrix} \begin{pmatrix} x \\ y \end{pmatrix} = \begin{pmatrix} e^t x \\ e^{-t} y \end{pmatrix}$$

である．

次に $a(t)$ の定める $\mathbb{H}^2$ 上の 1 次分数変換は

$$T_{a(t)}(z) = \frac{e^t z}{e^{-t}} = e^{2t} z$$

であるから相似変換である．

例 12.4 (回転) 部分群 $\mathcal{K}$ は回転群 $\mathrm{SO}(2)$ に他ならない．回転 $R(\theta) \in \mathrm{SO}(2)$ の定める $\mathbb{R}^2$ 上の等積アフィン変換は言うまでもなく回転である．$\mathrm{tr}\, R(\theta) = 2\cos\theta \leq 2$ である．

次に $R(\theta)$ の定める $\mathbb{H}^2$ 上の 1 次分数変換は

$$T_{R(\theta)}(z) = \frac{\cos\theta z - \sin\theta}{\sin\theta z + \cos\theta}$$

である．

$z \in \mathbb{H}^2$ と $\mathtt{i}$ の距離を $r > 0$ とする．z の軌道を求めてみよう．$T_{R(\theta)}$ が d_H を保つことより

$$\mathrm{d}_H(T_{R(\theta)}(\mathtt{i}), T_{R(\theta)}(z)) = \mathrm{d}_H(\mathtt{i}, z) = r.$$

一方，$\mathtt{i}$ が $T_{R(\theta)}$ で動かないことより

$$\mathrm{d}_H(T_{R(\theta)}(\mathtt{i}), T_{R(\theta)}(z)) = \mathrm{d}_H(\mathtt{i}, T_{R(\theta)}(z))$$

であるから $\mathrm{d}_H(\mathtt{i}, T_{R(\theta)}(z)) = r$ を得る．したがって z の軌道は $\mathtt{i}$ を中心とする半径 r の（双曲幾何の意味での）円である．したがって $T_{R(\theta)}$ は点 z を「$\mathtt{i}$ を中心とする（双曲幾何の意味での）円」に沿って動かす操作であることがわかった．

ところで $n(t) \in \mathcal{N}$ の固有和は 2, $a(t) \in \mathcal{A}$（$t \neq 0$）の固有和は 2 より大きい．$R(\theta) \neq E$ の固有和は 2 より小さい．固有和を使って $\mathbb{H}^2$ 上の 1 次分数変換を分類できる．

$A \in \mathrm{SL}_2\mathbb{R}$ に対し $[A] = \{A, -A\}$ は $\mathrm{PSL}_2\mathbb{R}$ の要素を定める．A の定める 1 次分数変換 T_A と $-A$ の定める 1 次分数変換 T_{-A} は一致するので $T_{[A]} = T_A = T_{-A}$ と定めてよい．この約束のもとで次のように定義しよう．

定義 12.2 $[A] = \{\pm A\} \in \mathrm{PSL}_2\mathbb{R}$ とする．1 次分数変換 $f = T_{[A]}$ に対し f の判別式 $D(f)$ を $D(f) = |\mathrm{tr}\, A|$ で定義する．さらに

- $D(f) < 2$ のとき f を楕円型変換,
- $D(f) = 2$ のとき f を放物型変換,
- $D(f) > 2$ のとき f を双曲型変換

とよぶ.

問題 12.3 (1) 行列 $\begin{pmatrix} \cos\theta & -\sin\theta \\ \sin\theta & \cos\theta \end{pmatrix}$,（ただし，$\theta$ は実数）が適当な行列 P とその逆行列 P^{-1} に対して

$$(\#)\quad P^{-1}\begin{pmatrix} \cos\theta & -\sin\theta \\ \sin\theta & \cos\theta \end{pmatrix}P = \begin{pmatrix} k & l \\ m & n \end{pmatrix}\quad \text{（ただし, } k, l, m, n \text{ は整数）}$$

をみたしているとする．(#) を満たす実数 θ と対応する行列 P を動かすとき，絶対値 $|k+n|$ のとりうる最大値は［ア］である．したがって，(#) が成り立つとき，$\cos\theta$ のとりうる値を $0 < \theta < \pi$ の条件ですべて求めると $\cos\theta =$［イ］となる．そして，これらに対応する $\theta (0 < \theta < \pi)$ の値は $\theta =$［ウ］となる．

(2) 整数 a, b, c, d を成分とし，$\pm E$ とは異なる行列 $A = \begin{pmatrix} a & b \\ c & d \end{pmatrix}$ が $ad - bc = 1$ かつ $|a+d| <$［ア］をみたしているとする．

(a) A^2 を A と E を用いて表せ.

(b) どんな行列 P をとっても

$$P^{-1}AP = \begin{pmatrix} \alpha & 0 \\ 0 & \frac{1}{\alpha} \end{pmatrix}\ \text{または}\ \pm\begin{pmatrix} 1 & \alpha \\ 0 & 1 \end{pmatrix}\ \text{（ただし } \alpha \text{ は 0 でない実数）}$$

とはならないことを示せ.

〔慶應大・医〕

岩澤分解について補足説明をしておこう.

定理 12.2 G を連結半単純リー群とする．G の中心が有限群であるならば，$G = KAN$ と分解できる[*17]．ここで K は G の極大コンパクト部分群，A は

[*17] $\mathrm{SL}_2\mathbb{R}$ の幾何を研究する際には $\mathrm{SL}_2\mathbb{R} = \mathcal{NAK}$ という岩澤分解が使われることが多い．こ

可換な閉部分群，N は冪零な閉部分群である．$S = AN$ は G の可解な閉部分群であり，N を正規部分群として含む．S を G の**岩澤部分群**とよぶ．

岩澤分解により，「岩澤部分群 S は数空間と同相であること」や「G は直積空間 $K \times S$ と同相であること」がわかる．この事実から連結半単純リー群の位相を調べることは，極大コンパクト部分群 K の位相を調べることに帰着される（横田 [43] を参照）．岩澤分解の他にも有用なリー群の分解定理が知られている．コンピュータグラフィック制作の数理では種々の分解定理（極分解，特異値分解など）が活用されていることを注記しておきたい．詳しくは安生・落合 [45, 50] を参照してほしい．

12.11 サーストン幾何のリスト

サーストン幾何のモデル空間は以下のリストで与えられる [20].

- 定曲率空間 $\mathbb{E}^3$, 3 次元球面 $\mathbb{S}^3 = \mathrm{SU}(2)$, 3 次元双曲空間 $\mathbb{H}^3$.
- 直積空間 $\mathbb{S}^2 \times \mathbb{R}$, $\mathbb{H}^2 \times \mathbb{R}$.
- Nil_3, $\widetilde{\mathrm{SL}_2\mathbb{R}}$.
- Sol_3.

$\mathbb{S}^2 \times \mathbb{R}$ 以外の 7 つのモデル空間は 3 次元リー群で実現できることに注意しよう．

註 12.9 (モデル幾何) 多様体論の知識のある読者向けにサーストンによる「モデル幾何」の定義を紹介しておこう．X を連結かつ単連結な多様体，G を X に推移的に作用するリー群とする．

- 各点 $x \in X$ における固定群 H_x はコンパクトである．
- G をリー部分群として含むリー群 G' で「X に推移的に作用し固定群がコンパクトである」であるものは存在しない．
- クライン幾何 (G, X) をモデルとするコンパクト多様体が少なくとも 1 つ存在する．

の分解の全体を転置すれば $\mathrm{SL}_2\mathbb{R} = \mathcal{KAN}$ の形の岩澤分解が得られるので本質的な違いはない．$\mathrm{SL}_2\mathbb{R}$ の岩澤部分群は $\mathbb{H}^2(-4)$ である．

以上をみたすクライン幾何 (G,X) を**モデル幾何** (model geometry) という．この定義より X は G 不変なリーマン計量をもつ．

12.12 ビアンキの分類

ビアンキ (Luigi Bianchi, 1856-1928) は 3 次元リーマン多様体に等長的に働くリー群の無限小変換を分類した*18．この分類は一般相対性理論で対称性をもつ 4 次元時空を扱う際に基本的な役割を演じるため英訳が学術雑誌「一般相対性理論と重力」に掲載されている*19．

この節ではビアンキの分類を紹介する．まず準備として $B=(b_{ij})\in \mathrm{M}_2\mathbb{R}$ に対し

$$[E_1,E_2]=0,\quad [E_2,E_3]=b_{11}E_1+b_{12}E_2,\quad [E_3,E_1]=b_{21}E_1+b_{22}E_2$$

をみたすリー環が

$$\mathfrak{g}_B=\left\{\left(\begin{array}{ccc}(1+b_{21})w & -b_{11}w & u\\ b_{22}w & (1-b_{12})w & v\\ 0 & 0 & w\end{array}\right)\,\middle|\, u,v,w\in\mathbb{R}\right\}$$

で与えられることを確かめておいてほしい．実際，このリー環の基底として

$$E_1=\left(\begin{array}{ccc}0&0&1\\0&0&0\\0&0&0\end{array}\right),\quad E_2=\left(\begin{array}{ccc}0&0&0\\0&0&1\\0&0&0\end{array}\right),$$
$$E_3=\left(\begin{array}{ccc}(1+b_{21}) & -b_{11} & 0\\ b_{22} & (1-b_{12}) & 0\\ 0&0&1\end{array}\right)$$

を選べばよい．

---

*18 Sugli spazi a tre dimensioni che ammettono un gruppo continuo di movimenti, Memorie di Matematica e di Fisica della Societa Italiana delle Scienze, Serie Terza, Tomo XI, pp. 267–352 (1897). ビアンキの全集で原典を見ることができる．Opere [The Collected Works of Luigi Bianchi], Rome, Edizione Cremonese, 1952, vol. 9, pp. 17–109.

*19 On the three-dimensional spaces which admit a continuous group of motions, General Relativity and Gravitation **33** (2001), no. 12, 2171–2253.

定理 12.3 3 次元実リー環 $\mathfrak{g}$ は以下の交換関係で定義される実リー環のどれかと同型である．

- I 型：$[E_1, E_2] = [E_2, E_3] = [E_3, E_1] = 0$.
- II 型：$[E_1, E_2] = 0$, $[E_2, E_3] = E_1$, $[E_3, E_1] = 0$.
- III 型：$[E_1, E_2] = 0$, $[E_2, E_3] = 0$, $[E_3, E_1] = -E_1$.
- IV 型：$[E_1, E_2] = 0$, $[E_2, E_3] = E_1 + E_2$, $[E_3, E_1] = -E_1$.
- V 型：$[E_1, E_2] = 0$, $[E_2, E_3] = E_2$, $[E_3, E_1] = -E_1$.
- VI$_0$ 型：$[E_1, E_2] = 0$, $[E_2, E_3] = 0$, $[E_3, E_1] = -E_1$.
- VI$_h$ 型（$h \neq -1$）：$[E_1, E_2] = 0$, $[E_2, E_3] = qE_2$, $[E_3, E_1] = -E_1$,
  ただし $h = -(1+q)^2/(1-q)^2$, $q \neq 0, 1$.
- VII$_0$ 型：$[E_1, E_2] = 0$, $[E_2, E_3] = -E_1$, $[E_3, E_1] = -E_2$.
- VII$_h$ 型 ($h \neq 0$)：$[E_1, E_2] = 0$, $[E_2, E_3] = -E_1 + qE_2$, $[E_3, E_1] = -E_2$,
  ただし $h = q^2/(4-q^2)$, $q^2 < 4$.
- VIII 型：$[E_1, E_2] = E_3$, $[E_2, E_3] = -E_1$, $[E_3, E_1] = E_2$.
- IV 型：$[E_1, E_2] = E_3$, $[E_2, E_3] = E_1$, $[E_3, E_1] = E_2$.

それぞれのリー環を詳しく見ておこう．

- I 型：この場合 $\mathfrak{g}$ は可換であるから $\mathfrak{g} \cong \mathbb{R}^3$. $\mathfrak{g}_B$ で $B = O$ と選んだものとも同型．$\mathfrak{g}$ をリー環にもつ単連結なリー群は $(\mathbb{R}^3, +)$.
- II 型：これは $\mathfrak{g}_B$ で $B = \begin{pmatrix} 1 & 0 \\ 0 & 0 \end{pmatrix}$ と選んだものと同型．さらに $\mathfrak{g}_B$ はハイゼンベルク代数 $\mathfrak{nil}_3$ と同型である．$\mathfrak{g}_B$ をリー環にもつ単連結なリー群は 3 次元ハイゼンベルク群と同型である．
- III 型：これは $\mathfrak{g}_B$ で $B = \begin{pmatrix} 0 & 0 \\ -1 & 0 \end{pmatrix}$ と選んだものと同型．このリー環は $\mathbb{H}^2(-4) \times \mathbb{R}$ のリー環と同型である[*20]．

[*20] $\{E_1, E_2, E_3\}$ が正規直交という条件で左不変計量を与えると $\mathfrak{g}_B$ をリー環にもつ単連結リー群は $\mathbb{H}^2(-1) \times \mathbb{R}$ に等長同型である．

- Ⅳ 型：これは $\mathfrak{g}_B$ で $B = \begin{pmatrix} 1 & 1 \\ -1 & 0 \end{pmatrix}$ と選んだものと同型．$\mathfrak{g}_B$ をリー環にもつ単連結リー群 G は $\mathbb{R}^3$ と微分同相．$\{E_1, E_2, E_3\}$ が正規直交という条件で定まる G の左不変計量は

$$e^{-2x}(\mathrm{d}z - x\,\mathrm{d}y)^2 + e^{-2x}\mathrm{d}y^2 + \mathrm{d}z^2$$

と表示される．

- Ⅴ 型：これは $\mathfrak{g}_B$ で $B = \begin{pmatrix} 0 & 1 \\ -1 & 0 \end{pmatrix}$ と選んだものと同型．これは $\mathbb{H}^3(-1)$ のリー環と同型．したがって $\mathfrak{g}_B$ をリー環にもつ単連結リー群は $\mathbb{H}^3(-1)$ と同型．
- Ⅵ$_0$ 型：これは $\mathfrak{g}_B$ で $B = \begin{pmatrix} 0 & 0 \\ -1 & 0 \end{pmatrix}$ と選んだものと同型．さらに $\mathfrak{e}_1^+(2)$ と同型であることがわかる．したがって $\mathfrak{g}_B$ をリー環にもつ単連結リー群は $\mathrm{SE}_1^+(2)$ と同型．
- Ⅵ$_h$ 型（$h \neq -1$）：これは $\mathfrak{g}_B$ で $B = \begin{pmatrix} 0 & q \\ -1 & 0 \end{pmatrix}$ と選んだものと同型．$\{E_1, E_2, E_3\}$ が正規直交という条件で定まる G の左不変計量は

$$\mathrm{d}x^2 + e^{-2x}\mathrm{d}y^2 + e^{-2qx}\mathrm{d}z^2$$

と表示される．

- Ⅶ$_0$ 型：これは $\mathfrak{g}_B$ で $B = \begin{pmatrix} -1 & 0 \\ 0 & -1 \end{pmatrix}$ と選んだものと同型．さらに $\mathfrak{g}_B \cong \mathfrak{e}(2)$．したがって $\mathfrak{g}_B$ をリー環にもつ単連結リー群は $\mathrm{SE}(2)$ の普遍被覆群とよばれるリー群 $\widetilde{\mathrm{SE}}(2)$ である．
- Ⅶ$_h$ 型 （$h \neq 0$）：これは $\mathfrak{g}_B$ で $B = \begin{pmatrix} -1 & q \\ 0 & -1 \end{pmatrix}$ と選んだものと同型．$\{E_1, E_2, E_3\}$ が正規直交という条件で定まる G の左不変計量は

$$\mathrm{d}x^2 + e^{-2x}\mathrm{d}y^2 + e^{-2qx}\mathrm{d}z^2$$

と表示される．

- Ⅷ 型： このとき $\mathfrak{g} \cong \mathfrak{sl}_2\mathbb{R}$ であるから $\mathfrak{g}$ をリー環にもつ単連結リー群は $\widetilde{\mathrm{SL}_2\mathbb{R}}$.
- Ⅸ 型：このとき $\mathfrak{g} \cong \mathfrak{su}(2)$ であるから $\mathfrak{g}$ をリー環にもつ単連結リー群は $\mathrm{SU}(2)$.

註 12.10 (BCV 計量族) 微分幾何学（リーマン多様体）の知識のある読者向けの注意をしよう．3 次元リーマン多様体の等長変換群 $I(M,g)$ はリー群であり，その次元 d は 6 以下である．$d=6$ となるのは (M,g) が定曲率の場合であり，$\mathbb{S}^3$, $\mathbb{E}^3$, $\mathbb{H}^3$ に（局所的に）同型である．$d=5$ の 3 次元リーマン多様体は存在しない[*21]．$d=4$ のとき $I(M,g)$ は M に推移的に作用する．カルタンは $d=4$ である $I(M,g)$ を分類している[*22]．ビアンキは 3 次元の等質なリーマン計量の（局所的）分類を与えている[*23]．カルタンとヴランセアヌ[*24] は次のリーマン計量を与えた．μ を実数とし $\mathbb{R}^3$ 内の領域 $\mathcal{M}$ を次のように定める．

$$\mathcal{M} = \left\{ (x,y,z) \in \mathbb{R}^3(x,y,z) \mid 1+\mu(x^2+y^2) > 0 \right\}.$$

$\mu \geq 0$ のとき $\mathcal{M} = \mathbb{R}^3$ であることに注意. λ を実数とし $\mathcal{M}$ 上のリーマン計量 $g_{\lambda,\mu}$ を

$$g_{\lambda,\mu} = \frac{\mathrm{d}x^2+\mathrm{d}y^2}{\{1+\mu(x^2+y^2)\}^2} + \left(\mathrm{d}z + \frac{\lambda(y\,\mathrm{d}x - x\,\mathrm{d}y)}{2\{1+\mu(x^2+y^2)\}}\right)^2 \tag{12.4}$$

で定義する．このリーマン計量を $\mathcal{M}$ に与えて得られる 3 次元リーマン多様体 $(\mathcal{M}, g_{\lambda,\mu})$ はサーストン幾何のモデル空間を含んでいる：

- $\lambda=\mu=0$: $\mathbb{E}^3$,
- $\mu=0$, $\lambda\neq 0$: Nil_3,
- $\mu>0$, $\lambda\neq 0$: $\mathrm{SU}(2)$（から 1 点を除いたもの）の特別な左不変計量.
- $\mu<0$, $\lambda\neq 0$: $\widetilde{\mathrm{SL}_2\mathbb{R}}$.
- $\mu>0$, $\lambda=0$: $(\mathbb{S}^2(4\mu)\setminus\{\infty\})\times\mathbb{R}$,
- $\mu<0$, $\lambda=0$: $\mathbb{H}^2(4\mu)\times\mathbb{R}$,
- $4\mu-\lambda^2=0$: 曲率が $\lambda^2/4$ の 3 次元球面（から 1 点を除いたもの）.

---

*21 S. Kobayashi, *Transformation Groups in Differential Geometry*, Springer Verlag, 1972 の Theorem 3.2 を参照.

*22 É. Cartan, *Leçon sur la geometrie des espaces de Riemann*, Second Edition, Gauthier-Villards, Paris, 1946, pp. 293–306.

*23 L. Bianchi, *Lezioni di Geometrie Differenziale*, E. Spoerri Librao-Editore, 1894.

*24 G. Vranceanu, *Leçons de Géométrie Différentielle* I, Ed. Acad. Rep. Pop. Roum., Bucarest, 1947.

$\mu > 0, \lambda \neq 0$ の場合の $(\mathcal{M}, g_{\lambda,\mu})$ は SU(2) を用いて実現できる．実際, $a = \lambda/(2\sqrt{\mu})$, $b = 2/\lambda$ とし $\mathfrak{su}(2)$ の内積を

$$\left\{ \mathrm{E}_1 = \frac{1}{ab}\boldsymbol{i},\ \mathrm{E}_2 = \frac{1}{ab}\boldsymbol{j},\ \mathrm{E}_3 = \frac{1}{a^2}\boldsymbol{k} \right\}$$

が正規直交という条件で定めると，この内積から定まる左不変計量を与えた SU(2) が求めるものである．とくに $\mu = 1$（かつ $|\lambda| \neq 2$）の場合がベルジェ球である（$\mu = 1$ かつ $|\lambda| = 2$ のときは 3 次元球面 $\mathbb{S}^3$）．3 次元リーマン多様体の 2 径数族 $\{(\mathcal{M}, g_{\lambda,\mu})\}_{(\lambda,\mu)\in\mathbb{R}^2}$ は**ビアンキ-カルタン-ヴランセアヌ族**（Bianchi-Cartan-Vranceanu family）とよばれている[*25]．

[*25] M. Belkhelfa, F. Dillen, J. Inoguchi, Surfaces with parallel second fundamental form in 3-dimensional Bianchi-Cartan-Vranceanu spaces, in: PDE's, Submanifolds and Affine Differential Geometry (Warsaw, 2000), Banach Center Publication **57** (2002), Polish Academ of Sciences, Warsaw, 2002, pp. 67–87.

A 同値関係

この本のなかで「同じ」とか「同型」という言葉が何度となく登場する．この附録では「同じ」という言葉の使い方を反省してみよう．

2 つの実数 a と b が等しいとき $a = b$ と表記していることを思い出そう．等号 (=) のもつ性質を挙げてみる．

(1) $a = a$

(2) $a = b \Longrightarrow b = a$,

(3) $a = b$ かつ $b = c \Longrightarrow a = c$.

この性質を手がかりに集合上の同値関係を定義する．

まず「関係」を定義しよう．

定義 A.1 X を空でない集合とする．X の任意の 2 つの要素 a と b に対し $a \sim b$ が成立するかしないか，いずれか一方の場合しかないとき $\sim$ を X 上の**関係** (relation) という．

つまり「関係」という言葉は

> 「関係ある」か「関係ない」のどちらかしかなく，「どちらともいえない」という状態は排除する

という約束で使われる．

定義 A.2 X を空でない集合とする．X の関係 $\sim$ が

(1) (**反射律**) すべての $a \in X$ に対し $a \sim a$.

(2) (**対称律**) $a \sim b$ ならば $b \sim a$.

(3) (**推移律**) $a \sim b$ かつ $b \sim c$ ならば $a \sim c$.

をみたすとき $\sim$ を X 上の**同値関係**（equivalence relation）という．

もちろん実数の相等（$=$）は $\mathbb{R}$ 上の同値関係である．

問題 A.1 次の主張と「主張の証明」の間違いを正せ．X 上の関係 $\sim$ が対称律と推移律をみたせば反射律は得られるから定義 A.2 で反射律は不要である．
【主張の証明】 $a \sim b$ かつ $b \sim a$ より $a \sim a$ ■

X に同値関係 $\sim$ が与えられたとき

$$[a] := \{b \in X \mid b \sim a\}$$

という集合（a の仲間を全て集めたもの）を考えることができる．$[a]$ を a の**同値類**（equivalence class）とよぶ．同値類を全て集めて得られる集合を $X/\sim$ と表記し X の $\sim$ による**商集合**（quotient set）とよぶ．X から商集合 $X/\sim$ を作ることを X を $\sim$ で**類別する**という．

商集合の要素 α を一つとろう．さらに α から何かひとつ要素 $a \in \alpha$ を選べば $\alpha = [a]$ と表すことができる．もちろん a と異なる $b \in \alpha$ を使って $\alpha = [b]$ と表すこともできる．このように $\alpha = [a]$ と表示するとき a を α の**代表元**（representative）とよぶ．

例 A.1 (偶奇性) 整数全体のなす集合 $\mathbb{Z}$ 上の関係 $\sim$ を次で定めよう[*1]．

$$a \sim b \iff a - b \text{ が } 2 \text{ で割りきれる．}$$

この関係 $\sim$ は同値関係である（確かめよ）．この関係による $a \in \mathbb{Z}$ の同値類を考えよう．

$$a \sim b \iff a - b = 2m,\ (m \in \mathbb{Z}) \text{ という形}$$

であるから a の同値類 $[a]$ は

$$[a] = \{a + 2m \mid m \in \mathbb{Z}\}$$

[*1] この同値関係は $a \equiv b \pmod 2$ と表記される．$a \equiv b \pmod 2$ であることを a と b は 2 を法として合同であるという．

と表すことができる．a を 2 で割った余りは 0 か 1 のいずれかである．まず a を 2 で割ったときの余りが 0 のときを考えよう．もちろん 0 も 2 で割ったときの余りが 0 であるから，$0 \in [a]$ である．推移律に注意すれば

$$[a] = [0] = \{2m \mid m \in \mathbb{Z}\}$$

と書き直せることに気づくはずである．

a を 2 で割った余りが 1 のときも同様にして

$$[a] = [1] = \{2m + 1 \mid m \in \mathbb{Z}\}$$

と書き直せる．以上のことから商集合は 2 つの要素からなることがわかった．

$$\mathbb{Z}/\!\sim = \{[0], [1]\}$$

$[0]$ に含まれている要素のことを**偶数**（even number），$[1]$ に含まれている要素のことを**奇数**（odd number）とよぶ．**偶奇性**（parity）は $\mathbb{Z}/\!\sim$ の要素に関する性質と考えられることに注意しよう．実数を偶数と奇数に分類していることにも注意．

この例から**分類する**（classify）とはどういうことを意味するかをつかんでほしい．まず分類するためには，**分類する基準**（同じか異なるか）が必要である．2 つの対象が同じか異なるかを判定する基準がしっかり定まっていなければならない．この基準を与えるものが同値関係である．言い方を変えると

同値関係でない関係を基準にしてはいけない

ということである[*2]．与えられた同値関係に基づき商集合をつくること，それが分類対象の集合 X の元を**分類すること**である．

例 A.2 (種々の同型) この本に登場している同値関係の例を挙げよう．

- 群の同型（p. 15，定義 1.8）

*2 何故か？理由を考えよ．

- 三角形の合同（p. 21，命題 2.2）$\mathbb{R}^2$ 内の三角形全体のなす集合 $\triangle_2$ において「合同」は同値関係である．
- 線型空間の同型（p. 66）
- 行列の共軛性（p. 70，註 5.3）
- 距離空間の同型（p. 59，定義 4.13）
- リー環の同型（p. 154）
- クライン幾何の同型（註 11.2）．

B 線型代数続論

B.1 直交直和分解

定理 5.2 の証明を与えよう．まず零化空間を定義する．有限次元 $\mathbb{K}$ 線型空間 $\mathbb{V}$ に対称双線型形式 $\mathcal{F}$ を与えた組 $(\mathbb{V}, \mathcal{F})$ を考える．

$$\mathrm{Null}(\mathbb{V}) := \{\vec{x} \in \mathbb{V} \mid \text{すべての } \vec{y} \in \mathbb{V} \text{ に対し } \mathcal{F}(\vec{x}, \vec{y}) = 0\ \}$$

で定まる $\mathbb{V}$ の線型部分空間を $\mathbb{V}$ の**零化空間**（null space）とか**根基**（radical）という．$\mathcal{F}$ がスカラー積であるための条件は $\mathrm{Null}(\mathbb{V}) = \{\vec{0}\}$ である．

【定理 5.2 の証明】

(1) $\dim \mathbb{V} = n$, $\dim \mathbb{W} = k$ とする（$0 < k \leq n$）．$\mathbb{W}$ の基底 $\{\vec{e}_1, \vec{e}_2, \ldots, \vec{e}_k\}$ を含む $\mathbb{V}$ の基底 $\{\vec{e}_1, \vec{e}_2, \ldots, \vec{e}_n\}$ をとる．$\vec{v} = v_1\vec{e}_1 + v_2\vec{e}_2 + \cdots + v_n\vec{e}_n$ と表す．$\mathcal{F}(e_i, e_j) = f_{ij}$ とおくと

$$\begin{aligned} v \in \mathbb{W}^{\perp} &\iff \mathcal{F}(\vec{e}_i, \vec{v}) = 0, \quad i = 1, 2, \ldots, k \\ &\iff \sum_{j=1}^{n} f_{ij} v_j = 0, \quad i = 1, 2, \ldots, k \\ &\iff \begin{pmatrix} f_{11} & f_{12} & \cdots & f_{1n} \\ f_{21} & f_{22} & \cdots & f_{2n} \\ \vdots & \vdots & \ddots & \vdots \\ f_{k1} & f_{k2} & \cdots & f_{kn} \end{pmatrix} \begin{pmatrix} v_1 \\ v_2 \\ \vdots \\ v_n \end{pmatrix} = \begin{pmatrix} 0 \\ 0 \\ \vdots \\ 0 \end{pmatrix}. \end{aligned}$$

対称双線型形式 $\mathcal{F}$ は非退化だから $(f_{ij})_{1 \leq i,j \leq n} \in \mathrm{GL}_n\mathbb{K}$ である．ゆえに $\mathrm{rank}\,(f_{ij})_{1 \leq i \leq k, 1 \leq j \leq n} = k$．したがって $\dim \mathbb{W}^{\perp} = n - k$．

(2) $\vec{x} \in \mathbb{W}$ ならば，

$$\text{すべての } \vec{y} \in \mathbb{W}^{\perp} \text{ に対し } \mathcal{F}(\vec{x}, \vec{y}\,) = 0.$$

ということは $\vec{x} \in (\mathbb{W}^{\perp})^{\perp}$. したがって $\mathbb{W} \subset (\mathbb{W}^{\perp})^{\perp}$. (1) より $\dim\mathbb{W} + \dim\mathbb{W}^{\perp} = n$. ふたたび (1) より $\dim\mathbb{W}^{\perp} + \dim(\mathbb{W}^{\perp})^{\perp} = n$ であるから $\dim\mathbb{W} = \dim(\mathbb{W}^{\perp})^{\perp}$. ということは $\mathbb{W} = (\mathbb{W}^{\perp})^{\perp}$.

(3) $\mathbb{W}$ の零化空間は $\mathbb{W} \cap \mathbb{W}^{\perp}$ であるから $\mathbb{W}$ が非退化であるための条件は $\mathbb{W} \cap \mathbb{W}^{\perp} = \{\vec{0}\}$. したがって $\mathbb{W} + \mathbb{W}^{\perp}$ は直和.

ここで

$$\dim\mathbb{W} + \dim\mathbb{W}^{\perp} = \dim(\mathbb{W} + \mathbb{W}^{\perp}) + \dim(\mathbb{W} \cap \mathbb{W}^{\perp})$$

より $\dim(\mathbb{W} \dot{+} \mathbb{W}^{\perp}) = n$ である. ■

B.2　シルヴェスターの慣性法則

シルヴェスターの慣性法則 (定理 5.3) を証明しよう. $\mathcal{F}$ は非退化であるから $\mathcal{F}(\vec{a},\vec{a}) \neq 0$ である $\vec{a} \in \mathbb{V}$ が存在する. そこで $\epsilon_1 = \mathcal{F}(\vec{a},\vec{a})/|\mathcal{F}(\vec{a},\vec{a})| = \pm 1$ とおく. さらに $\vec{e}_1 = \vec{a}/\sqrt{|\mathcal{F}(\vec{a},\vec{a})|}$ とおく. $\mathcal{F}(\vec{e}_1,\vec{e}_1) = \epsilon_1$ である. $\mathbb{R}\vec{e}_1 = \mathbb{R}\vec{a}$ は非退化部分空間. そこで $\mathbb{W}_1 = \{\vec{v} \in \mathbb{V} \mid \mathcal{F}(\vec{v},\vec{e}_1) = 0\}$ とおく. これは非退化部分空間で $\mathbb{W}_1 = (\mathbb{R}\vec{e}_1)^{\perp}$ である. $\mathcal{F}$ を $\mathbb{W}_1$ に制限したものを $\mathcal{F}_1$ としよう. $(\mathbb{W}_1, \mathcal{F}_1)$ も非退化であるから $\mathcal{F}_1(\vec{b},\vec{b}) \neq 0$ である $\vec{b} \in \mathbb{W}_1$ が存在する.

そこで $\epsilon_2 = \mathcal{F}_1(\vec{b},\vec{b})/|\mathcal{F}_1(\vec{b},\vec{b})| = \pm 1$ とおく. さらに $\vec{e}_2 = \vec{b}/\sqrt{|\mathcal{F}_1(\vec{b},\vec{b})|}$ とおく. $\mathcal{F}(\vec{e}_2,\vec{e}_2) = \epsilon_2$ に注意. $\mathbb{R}\vec{e}_2$ は非退化部分空間. そこで $\mathbb{W}_2 = \{\vec{v} \in \mathbb{W}_1 \mid \mathcal{F}_1(\vec{v},\vec{e}_2) = 0\}$ とおくと非退化部分空間. $\mathcal{F}_1$ を $\mathbb{W}_2$ に制限したものを $\mathcal{F}_2$ としよう. $(\mathbb{W}_2, \mathcal{F}_2)$ も非退化である. したがって $\mathcal{F}_2(\vec{c},\vec{c}) \neq 0$ である $\vec{c} \in \mathbb{W}_2$ が存在する. したがって ϵ_2 と $\vec{e}_2$ を定めたやり方で $\epsilon_3 = \pm 1$ と $\vec{e}_3$ が定まる. 以下この操作を繰り返して $\mathbb{V}$ の基底 $\{\vec{e}_1, \vec{e}_2, \ldots, \vec{e}_n\}$ で $\mathcal{F}(\vec{e}_i,\vec{e}_i) = \epsilon_i = \pm 1$ となるものが見つかる. 並べ替えを行って

$$\epsilon_1 = \epsilon_2 = \cdots = \epsilon_\nu = -1,\ \epsilon_{\nu+1} = \epsilon_{\nu+2} = \cdots = \epsilon_n = 1$$

となるようにしておこう.

この基底に関し $\vec{x}$ は

$$\vec{x} = \sum_{i=1}^{n} \epsilon_i x_i \vec{e}_i, \quad x_i = \mathcal{F}(\vec{x}, \vec{e}_i)$$

と展開できるので

$$\mathcal{F}(\vec{x}, \vec{x}) = -\sum_{i=1}^{\nu} (x_i)^2 + \sum_{i=\nu+1}^{n} (x_i)^2$$

と計算される．

別の正規直交基底 $\{\vec{f}_1, \vec{f}_2, \ldots, \vec{f}_n\}$ をとる．やはり並べ替えを行って $\tilde{\epsilon}_i := \mathcal{F}(\vec{f}_i, \vec{f}_i)$ が

$$\tilde{\epsilon}_1 = \tilde{\epsilon}_2 = \cdots = \tilde{\epsilon}_q = -1, \; \tilde{\epsilon}_{q+1} = \tilde{\epsilon}_{q+2} = \cdots = \tilde{\epsilon}_n = 1$$

をみたすようにしておく． $\vec{x}$ を

$$\vec{x} = \sum_{i=1}^{n} \tilde{\epsilon}_i \tilde{x}_i \vec{f}_i, \quad \tilde{x}_i = \mathcal{F}(\vec{x}, \vec{f}_i)$$

と展開する．すなわち $\mathcal{F}(\vec{x}, \vec{x})$ を

$$\mathcal{F}(\vec{x}, \vec{x}) = -\sum_{i=1}^{\nu} (x_i)^2 + \sum_{i=\nu+1}^{n} (x_i)^2 = -\sum_{i=1}^{q} (\tilde{x}_i)^2 + \sum_{i=q+1}^{n} (\tilde{x}_i)^2$$

と 2 通りに表示する．$\{\vec{e}_1, \vec{e}_2, \ldots, \vec{e}_\nu, \vec{f}_{q+1}, \vec{f}_{q+2}, \ldots, \vec{f}_n\}$ の線型独立性を示そう．

$$\sum_{i=1}^{\nu} \lambda_i \vec{e}_i + \sum_{j=q+1}^{n} \mu_j \vec{f}_j = \vec{0}$$

とおくと

$$\vec{u} := \sum_{i=1}^{\nu} \lambda_i \vec{e}_i = -\sum_{j=q+1}^{n} \mu_j \vec{f}_j$$

に対し

$$\mathcal{F}(\vec{u}, \vec{u}) = -\sum_{i=1}^{\nu} (\lambda_i)^2 = \sum_{j=q+1}^{n} (\mu_j)^2$$

であるから $\lambda_1 = \lambda_2 = \cdots = \lambda_\nu = \mu_{q+1} = \mu_{q+2} = \cdots = \mu_n = 0$. したがって $\{\vec{e}_1, \vec{e}_2, \ldots, \vec{e}_\nu, \vec{f}_{q+1}, \vec{f}_{q+2}, \ldots, \vec{f}_n\}$ は線型独立. したがって $\nu + (n-q) \leq n$. すなわち $\nu \leq q$. 同様に $\{\vec{f}_1, \vec{f}_2, \ldots, \vec{f}_q, \vec{e}_{\nu+1}, \vec{e}_{\nu+2}, \ldots, \vec{e}_n\}$ も線型独立であることが示され $q + (n-\nu) \leq n$ を得る. すなわち $q \leq \nu$. 以上より $\nu = q$. ■

定理 5.3 では $\mathcal{F}$ に非退化性を要請していた. $\mathcal{F}$ が非退化でない場合のシルヴェスターの慣性法則については線型代数学の教科書を参照 ([1, 定理 7.2.5], [13], [37, 定理 9.14]).

B.3 斜交線型代数

問題 4.4 より交代行列 $A \in \mathrm{Alt}_n\mathbb{R} = \mathfrak{o}(n)$ が正則であれば n は偶数である. したがって有限次元実線型空間 $\mathbb{V}$ が非退化な交代双線型形式 Ω をもてば $\mathbb{V}$ は偶数次元である. 偶数次元実線型空間 $\mathbb{V}$ に非退化な交代双線型形式を指定したものを**斜交線型空間** (symplectic linear space) という. また非退化な交代双線型形式を**線型斜交形式** (linear symplectic form) とよぶ. ふたつの斜交線型空間の間の線型写像 $f : (\mathbb{V}, \Omega) \to (\mathbb{V}', \Omega')$ において

$$\Omega'(f(\vec{x}), f(\vec{y})) = \Omega(\vec{x}, \vec{y}),$$

がすべての $\vec{x}, \vec{y} \in \mathbb{V}$ に対し成立するとき f は斜交線型写像であるという. 線型同型である斜交線型写像 $f : (\mathbb{V}, \Omega) \to (\mathbb{V}', \Omega')$ が存在するとき $(\mathbb{V}, \Omega)$ と $(\mathbb{V}', \Omega')$ は斜交線型空間として同型であるという.

$(\mathbb{V}, \Omega) = (\mathbb{V}', \Omega')$ のとき斜交線型写像は**斜交変換**ともよばれる.

シルヴェスターの慣性法則 (定理 5.3) に相当する事実を述べよう.

定理 B.1 $2m$ 次元実線型空間 $\mathbb{V}$ の線型斜交形式 Ω に対し以下の条件をみたす基底 $\{\vec{e}_1, \vec{e}_2, \ldots, \vec{e}_m; \vec{f}_1, \vec{f}_2, \ldots, \vec{f}_m\}$ が存在する.

$$\Omega(\vec{e}_i, \vec{e}_j) = \Omega(\vec{f}_i, \vec{f}_j) = 0, \ \Omega(\vec{e}_i, \vec{f}_j) = \delta_{ij}.$$

この基底に関する Ω の表現行列は J_m である. この基底を Ω に関する**斜交基底** (symplectic basis) とよぶ.

系 B.1 $A \in \mathrm{Alt}_{2m}\mathbb{R} \cap \mathrm{GL}_{2m}\mathbb{R}$ に対し ${}^tPAP = J_m$ をみたす $P \in \mathrm{GL}_{2m}\mathbb{R}$ が存在する.

$J_m = {}^tPAP$ の両辺の行列式を計算すると

$$1 = \det J_m = \det({}^tPAP) = (\det P)^2 \ \det A.$$

したがって $\det A = \{\det(P^{-1})\}^2$ を得る. 実は $\det A = (\mathrm{Pf}\, A)^2$ をみたす函数 $\mathrm{Pf} : \mathrm{Alt}_{2m}\mathbb{R} \to \mathbb{R}$ が存在する (詳細は [31, 定理 4.7] 参照). $m = 1$ のときは

$$\begin{vmatrix} 0 & a_{12} \\ -a_{12} & 0 \end{vmatrix} = (a_{12})^2.$$

$m = 2$ の場合は問題 4.5 で確かめたように

$$\begin{vmatrix} 0 & a_{12} & a_{13} & a_{14} \\ -a_{12} & 0 & a_{23} & a_{24} \\ -a_{13} & -a_{23} & 0 & a_{34} \\ -a_{14} & -a_{24} & -a_{34} & 0 \end{vmatrix} = (a_{12}a_{34} - a_{13}a_{24} + a_{14}a_{23})^2$$

$\det A = (\mathrm{Pf}\, A)^2$ をみたす函数 Pf はどう定めたらよいだろうか. たとえば $m = 1$ のとき $\mathrm{Pf}\, A$ として a_{12} と $a_{21} = -a_{12}$ の 2 通りの選び方がある. $m = 2$ のときも $a_{12}a_{34} - a_{13}a_{24} + a_{14}a_{23}$ と $-a_{12}a_{34} + a_{13}a_{24} - a_{14}a_{23}$ の 2 通り選べる. そこで $\mathrm{Pf}\, A$ を一意的に定めるために次の条件を課そう.

$$\mathrm{Pf}\,(J_1 \oplus J_1 \oplus \cdots \oplus J_1) = -1. \tag{B.1}$$

ここで $J_1 \oplus J_1 \oplus \cdots \oplus J_1$ は J_1 を対角線上に並べてできる $2m$ 次行列

$$\begin{pmatrix} J_1 & O & \dots & O \\ O & J_1 & \dots & O \\ \vdots & \vdots & \ddots & \vdots \\ O & O & \dots & J_1 \end{pmatrix}$$

を表す. このようにして定められた $\mathrm{Pf}\, A$ を交代行列 A の**パフィアン** (Phaffian) とよぶ (Pf A の定め方の詳細は [31, 定理 4.7] 参照).

$m = 1, 2$ のときのパフィアンを書いてみよう.

$m = 1$ のとき $\mathrm{Pf}\, A = a_{12}$, $m = 2$ のとき $\mathrm{Pf}\, A = a_{12}a_{34} - a_{13}a_{24} + a_{14}a_{23}$.

なお Pf $J_m = -1$ と定める流儀もある．このように定めたものと上の定義の Pf は $(-1)^{m(m-1)/2}$ 倍の違いである．

パフィアンは無限可積分系理論における「直接法」で用いられる．詳しくは広田 [36] を参照．また微分位相幾何学で特性類を扱う際にも利用する[*1]．

斜交線型空間における線型部分空間の扱いを調べよう．斜交線型空間 $\mathbb{V}$ の線型部分空間 $\mathbb{W}$ に対し

$$\mathbb{W}^\circ := \{\vec{y} \in \mathbb{V} \mid \text{すべての } \vec{x} \in \mathbb{W} \text{ に対し } \Omega(\vec{x}, \vec{y}) = 0\}$$

とおくと $\mathbb{V}$ の線型部分空間である．

たとえば (x_1, x_2, x_3, x_4) を座標系とする $\mathbb{R}^4$ に標準的斜交形式

$$\Omega(\boldsymbol{x}, \boldsymbol{y}) = (x_1, x_2, x_3, x_4) J_2 \boldsymbol{y} = x_3 y_1 + x_4 y_2 - x_1 y_3 - x_2 y_4$$

を与えて得られる斜交線型空間 $(\mathbb{R}^4, \Omega)$ で例を挙げよう．1 次元線型部分空間 $\mathbb{W} = \{(t, 0, 0, 0) \mid t \in \mathbb{R}\}$ に対し $\mathbb{W}^\circ = \{(x_1, x_2, 0, x_4)\}$ であるから $\mathbb{W} \subset \mathbb{W}^\circ$ がわかる．

註 B.1 斜交線型空間 $\mathbb{V}$ の線型部分空間 $\mathbb{W}$ に対し

- $\mathbb{W} \subset \mathbb{W}^\circ$ のとき $\mathbb{W}$ を**等方的**部分空間（isotropic subspace）という．
- $\mathbb{W}^\circ \subset \mathbb{W}$ のとき $\mathbb{W}$ を**余等方的**部分空間（coisotropic subspace）という．
- $\mathbb{W} = \mathbb{W}^\circ$ のとき**ラグランジュ部分空間**という．

$\vec{n} \neq \vec{0}$ と実数 $\lambda \neq 0$ に対し線型変換 $\tau_{\vec{n}}^{\lambda}$ を

$$\tau_{\vec{n}}^{\lambda}(\vec{x}) = \vec{x} - \lambda \Omega(\vec{x}, \vec{n}) \vec{n}$$

で定め**斜交移換**（symplectic transvection）という．斜交移換は斜交変換であり $\tau_{\vec{n}}^{\lambda} \circ \tau_{\vec{n}}^{\mu} = \tau_{\vec{n}}^{\lambda+\mu}$ をみたす．$(\mathbb{R}\vec{n})^\circ$ は $\mathbb{V}$ の超平面であり $\tau_{\vec{n}}^{\lambda}$ は $(\mathbb{R}\vec{n})^\circ$ を不変にする．すなわち $\vec{x} \in (\mathbb{R}\vec{n})^\circ$ ならば $\tau_{\vec{n}}^{\lambda}(\vec{x}) \in (\mathbb{R}\vec{n})^\circ$．

とくに $\mathbb{R}^{2m}$ に標準的斜交形式 Ω を与えた斜交線型空間の場合に斜交移換を具体的に書いてみよう．$\mathbb{R}^{2m}$ の標準基底 $\mathcal{E} = \{\boldsymbol{e}_1, \boldsymbol{e}_2, \ldots, \boldsymbol{e}_{2m}\}$ は Ω に関す

[*1] 小林昭七，接続の微分幾何とゲージ理論，裳華房，1989 を参照．

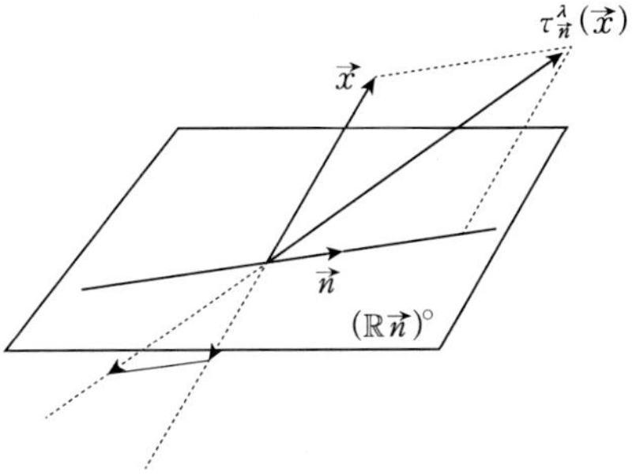

図 B.1　斜交移換

る斜交基底であり

$$\Omega(\boldsymbol{x}, \boldsymbol{y}) = \sum_{i=1}^{m} x_{m+i}y_i - \sum_{i=1}^{m} x_i y_{m+i}$$

と表される．斜交移換 $\tau^{\lambda}_{\boldsymbol{n}}$ の $\mathcal{E}$ に関する表現行列は $E_{2m} + \lambda \boldsymbol{n}\,{}^t\boldsymbol{n} J_m \in \mathrm{Sp}(m; \mathbb{R})$ である．これを**斜交移換行列**とよぶ．定理 6.1 と同様に次が成立する ([31, 定理 4.8] を参照).

定理 B.2 $\mathrm{Sp}(m; \mathbb{R})$ は斜交移換行列で生成される．

パフィアンについては次の文献も参照されたい．

石川 雅雄・岡田 聡一，行列式・パフィアンに関する等式とその表現論，組合せ論への応用，数学，**62** (2010), no. 1, 85–114.

C 多様体

径数付曲線の概念を一般化した径数付多様体を説明しよう．

定義 C.1 $(u_1, u_2, \ldots, u_n)$ を座標系にもつ数空間 $\mathbb{R}^n$ 内の領域（連結な開集合）$\mathcal{R}$ で定義され $(x_1, x_2, \ldots, x_m)$ を座標系とする数空間 $\mathbb{R}^m$ に値をもつ C^∞ 級のベクトル値函数

$$\boldsymbol{x} = \begin{pmatrix} x_1(u_1, u_2, \ldots, u_n) \\ x_2(u_1, u_2, \ldots, u_n) \\ \vdots \\ x_m(u_1, u_2, \ldots, u_n) \end{pmatrix} : \mathcal{R} \to \mathbb{R}^m$$

に対し $\mathcal{R}$ 上の $\mathrm{M}_{m,n}\mathbb{R}$ に値をもつ函数 $D\boldsymbol{x}$ を次の要領で定め $\boldsymbol{x}$ の**ヤコビ行列** (Jacobi matrix) とよぶ．

$$D\boldsymbol{x} = (\boldsymbol{x}_{u_1}\ \boldsymbol{x}_{u_2}\ \ldots\ \boldsymbol{x}_{u_n}), \quad \text{ただし}\ \boldsymbol{x}_{u_j} = \frac{\partial \boldsymbol{x}}{\partial u_j}$$

ヤコビ行列の階数 $\mathrm{rank}\,(D\boldsymbol{x})$ が $\mathcal{R}$ 上つねに n であるとき $\boldsymbol{x}$ を $\mathbb{R}^m$ 内の n 次元径数付多様体という．とくに $\boldsymbol{x}$ が 1 対 1 であり $\boldsymbol{x}^{-1} : \boldsymbol{x}(\mathcal{R}) \to \mathcal{R}$ も C^∞ 級写像であるとき $\boldsymbol{x}$ を n 次元**正則径数付多様体**とよぶ．

2 次元径数付多様体は**径数付曲面**ともよばれる ([6, 2.1 節] 参照)．また $\mathbb{R}^{n+1}$ 内の n 次元径数付多様体は**径数付超曲面**とよばれる．

註 C.1 $n = 1$ のときは, $\boldsymbol{x} = (x_1(u), x_2(u), \ldots, x_m(u))$ に対し

$$D\boldsymbol{x} = \frac{\mathrm{d}\boldsymbol{x}}{\mathrm{d}u}(u)$$

と定める．1 次元径数付多様体は径数付曲線に他ならない．

定義 C.2 部分集合 $M \subset \mathbb{R}^m$ の各点 P において P を含む $\mathbb{R}^m$ の開集合 $\mathcal{U}$ が存在し $\mathcal{U} \cap M$ がある n 次元正則径数付多様体 $\boldsymbol{x} : \mathcal{R} \to \mathbb{R}^m$ の像であるとき M は $\mathbb{R}^m$ 内に埋め込まれた n 次元多様体であるという．$(\mathcal{R}, \boldsymbol{x})$ を P のまわりの**径数表示**という．

陰函数定理 ([28, 定理 4.1]) より次が得られる．

定理 C.1 開集合 $\mathcal{V} \subset \mathbb{R}^m$ 上の C^∞ 級ベクトル値函数 $\boldsymbol{g} : \mathcal{V} \to \mathbb{R}^\ell$ に対し

$$M = \{\boldsymbol{p} \in \mathcal{V} \mid \boldsymbol{g}(\boldsymbol{p}) = \boldsymbol{0}\}$$

が空でないとする．M 上で $\mathrm{rank}\,(D\boldsymbol{g}) = k$ であるならば M は $\mathbb{R}^\ell$ に埋め込まれた $(m-k)$ 次元多様体である．

この定理の適用例を挙げよう．$\mathrm{M}_2\mathbb{R} = \mathbb{R}^4$ において $\mathcal{V} = \mathrm{M}_2\mathbb{R}$, $F : \mathrm{M}_2\mathbb{R} \to \mathbb{R}$ として $F(x_{11}, x_{12}, x_{21}, x_{22}) = x_{11}x_{22} - x_{12}x_{21} - 1$ を選ぶと

$$DF = (F_{x_{11}}, F_{x_{12}}, F_{x_{21}}, F_{x_{22}}) = (x_{22}, -x_{21}, -x_{12}, x_{11})$$

より $\mathrm{SL}_2\mathbb{R}$ 上で $\mathrm{rank}(DF) = 1$．したがって $\mathrm{SL}_2\mathbb{R}$ は $\mathrm{M}_2\mathbb{R}$ 内に埋め込まれた 3 次元多様体である．

n 次元多様体 $M \subset \mathbb{R}^m$ の一点 $\mathrm{P} \in M$ をとり P のまわりの正則径数付多様体 $\boldsymbol{x} : \mathcal{R} \to \mathbb{R}^m$ をとる．$\boldsymbol{x}(0,0) = \overrightarrow{\mathrm{OP}}$ とする．このとき線型空間

$$\{\boldsymbol{V} = a_1\boldsymbol{x}_{u_1}(0,0) + a_2\boldsymbol{x}_{u_2}(0,0) + \cdots + a_n\boldsymbol{x}_{u_n}(0,0) \mid a_1, a_2, \ldots, a_n \in \mathbb{R}\}$$

は径数表示に依らず点 P に対し唯一定まる．この線型空間を M の P における**接ベクトル空間**といい $T_{\mathrm{P}}M$ で表す．$T_{\mathrm{P}}M$ の元を M の P における**接ベクトル** (tangent vector) とよぶ．

$$\mathrm{P} + T_{\mathrm{P}}M = \left\{\overrightarrow{\mathrm{OP}} + \boldsymbol{V} \mid \boldsymbol{V} \in T_{\mathrm{P}}M\right\}$$

を M の P における**接空間**という．$n=1$ のときは**接線**，$n=2$ のときは**接平面**という．$m = n+1$ のときは**接超平面**とよばれる．

例 C.1 (単位円) 数平面 $\mathbb{R}^2$ の座標を $(x_1, x_2) = (x, y)$ と書き換える．ユークリッド内積を与えて $\mathbb{R}^2$ をユークリッド平面 $\mathbb{E}^2$ と考える．さらに $\mathbb{E}^2$ 内の単位円

$$\mathbb{S}^1 = \{(x, y) \in \mathbb{E}^2 \mid x^2 + y^2 = 1\}$$

を複素数を使って $\mathbb{S}^1 = \{z = x + y\mathtt{i} \mid z\bar{z} = 1\}$ と表す．さらに極表示を使って

$$\mathbb{S}^1 = \{z = e^{\mathtt{i}\theta} \mid 0 \leq \theta < 2\pi\}$$

と書き換える．このとき点 $z_0 = e^{\mathtt{i}\theta_0} \in \mathbb{S}^1$ における接ベクトル空間 $T_{z_0}\mathbb{S}^1$ は 9.5 節で説明した z_0 における接ベクトル空間に他ならない．

線型リー群については次が成り立つ（多様体論とリー群に関する教科書，たとえば [46] 参照）．

定理 C.2 線型リー群 $G \subset \mathrm{GL}_n\mathbb{R}$ の単位行列 $\mathsf{e} = E_n$ における接ベクトル空間 $T_{\mathsf{e}}G$ は G のリー環 $\mathfrak{g}$ である．$g \in G$ における接ベクトル空間は

$$T_gG = \{gX \mid X \in \mathfrak{g}\} \tag{C.1}$$

で与えられる．

D リー群の連結性

直交群 $\mathrm{O}(n)$ と回転群 $\mathrm{SO}(n)$ のリー環はともに $\mathfrak{o}(n) = \mathrm{Alt}_n\mathbb{R}$ であった．一方 $\mathrm{U}(n)$ と $\mathrm{SU}(n)$ においては $\mathfrak{su}(n) \neq \mathfrak{u}(n)$ であった．この違いを説明するためには線型リー群の連結成分について知る必要がある．この附録では位相空間について学んだ読者に向けて線型リー群の連結成分について説明する．

まず連結性を説明する[*1]．

定義 D.1 距離空間 X において $X = U_1 \cup U_2$ かつ $U_1 \cap U_2 = \varnothing$ である開集合 U_1, U_2 が存在するとき $\{U_1, U_2\}$ を X の分割という．分割が存在するとき X は非連結であるという．非連結でないとき X は**連結**（connected）であるという．

距離空間 $X = (X, d)$ の部分集合 W に対し d を W に制限したもの $d|_W$ は W の距離函数である．$(W, d|_W)$ が距離空間として連結であるとき W を X 内の連結集合とよぶ．

命題 D.1 距離空間 X 内の点 x に対し x を含む連結集合すべての和集合は x を含む最大の連結集合である．これを x を含む X の**連結成分**（connected component）とよぶ．連結成分は X 内の閉集合である．

連結性より強い条件も考察される．

定義 D.2 距離空間 X の 2 点 a, b に対し連続写像 $f : [0,1] \to X$ で $f(0) = a$ かつ $f(1) = b$ をみたすものが存在するとき f を a と b を結ぶ**路**（または道, path）という．X のどの 2 点も路で結べるとき X は**弧状連結**であるという．

---

*1 連結性・弧状連結性・連結成分は位相空間で意味をもつがここでは距離空間に限定しておく．

点 $x \in X$ と路で結べる点をすべて集めて得られる集合を x の**弧状連結成分**という.

一般に弧状連結であれば連結であるが逆は必ずしも成立しない. ユークリッド空間の部分集合や線型リー群については連結性と弧状連結性が同値であることが知られている. また各点の連結成分と弧状連結成分は一致する.

定理 D.1 線型リー群 $G \subset \mathrm{GL}_n\mathbb{R}$ の単位行列 $\mathsf{e} = E_n$ を含む連結成分 $G_\circ$ は G の閉正規部分群である. したがって $G_\circ$ も線型リー群である. $G_\circ$ は G の**単位元連結成分** (identity component) とよばれる.

【証明】 $G \subset \mathrm{M}_n\mathbb{R}$ において $\mathrm{M}_n\mathbb{R} = \mathbb{R}^{n^2}$ のユークリッド距離 (4.15) を G に制限して G を距離空間とみなそう*2. $G_\circ$ は G の閉集合である. 部分群であることを示そう.

2 つの要素 $a, b \in G_\circ$ に対し e と a, b を結ぶ路を $\gamma_1(t)$, $\gamma_2(t)$ とする. すなわち $\gamma_1(0) = \gamma_2(0) = \mathsf{e}$, $\gamma_1(1) = a$, $\gamma_2(1) = b$. 各 $\gamma_1(t)$, $\gamma_2(t)$ は $G_\circ$ に含まれることに注意. $\gamma_2(t) \in G$ なので逆元 $\gamma_2(t)^{-1}$ がとれる. ただし $\gamma_2(t)^{-1} \in G_\circ$ かどうかはまだわからない.

$\gamma(t) = \gamma_1(t)\gamma_2(t)^{-1}$ とおくと $\gamma(0) = \mathsf{e}$, $\gamma(1) = ab^{-1}$ であるから e と ab^{-1} は路で結べる. したがって $ab^{-1} \in G_\circ$, すなわち $G_\circ$ は G の部分群.

正規部分群であることを示そう. $a \in G_\circ$, $g \in G$ に対し e と a を結ぶ路 γ_1 を使って新しい路 $g\gamma_1(t)g^{-1}$ を作ると, これは e と gag^{-1} を結ぶ. したがって $gag^{-1} \in G_\circ$. すなわち $gG_\circ g^{-1} \subset G_\circ$.

一方 $g^{-1}\gamma_1(t)g$ は e と $g^{-1}ag$ を結ぶ路であるから $g^{-1}G_\circ g \subset G_\circ$. これは $G_\circ \subset gG_\circ g^{-1}$ と同値である. 以上より $gG_\circ g^{-1} = G_\circ$ を得るので $G_\circ$ は G の正規部分群.

以上より $G_\circ$ は G の閉部分群, したがって $\mathrm{GL}_n\mathbb{R}$ の閉部分群, すなわち線型リー群. ■

*2 位相空間論を未習の読者のためにこの説明をとっているが, 実際には G に距離函数を与える (誘導する) 必要はなく, $\mathrm{M}_n\mathbb{R}$ から誘導される位相 (相対位相) があればよい. 位相空間を学んだ読者はそのように読み替えてほしい.

系 D.1 $g \in G$ を含む G の連結成分は $gG = Gg$ である．

【証明】 $g = g\mathsf{e} \in gG_\circ$ に注意．g を含む連結成分を C_g とする．$a \in G_\circ$ に対し e と a を結ぶ路 γ_1 を使って $\gamma_3(t) = g\gamma_1(t)$ とおくと $\gamma_3(0) = g$, $\gamma_3(1) = ga$ だから γ_3 は g と ga を結ぶ路．したがって $gG_\circ \subset C_g$ である．

逆に $C_g \subset gG_\circ$ も成り立つ．実際 $c \in C_g$ に対し g と c を結ぶ路 $\gamma_4(t)$ が存在する．そこで $\gamma_5(t) = g^{-1}\gamma_4(t)$ とおくと $\gamma_5(0) = \mathsf{e}$, $\gamma_5(1) = g^{-1}c$ であることより $g^{-1}c \in G_\circ$ である．ということは $c \in gG_\circ$．ゆえに $C_g \subset gG_\circ$． 以上より $C_g = gG_\circ$．$G_\circ$ は G の正規部分群であるから $gG_\circ = g(g^{-1}G_\circ g) = G_\circ g$ が得られる． ■

定理 D.2 $G_\circ$ のリー環は G の $\mathfrak{g}$ と一致する．

【証明】 $G_\circ$ のリー環を $\mathfrak{g}_\circ$ とすると $\mathfrak{g}_\circ \subset \mathfrak{g}$．$X \in \mathfrak{g}$, $t \in \mathbb{R}$ に対し $f : [0,1] \to G$ を $f(s) = \exp(t(sX))$ で定めると f は e と e^{tX} を結ぶ路であるからすべての $t \in \mathbb{R}$ に対し $e^{tX} \in G_\circ$ である．ということは $X \in \mathfrak{g}_\circ$．ゆえに $\mathfrak{g}_\circ = \mathfrak{g}$． ■

例 D.1 $\mathrm{GL}_n\mathbb{R}$ は 2 つの連結成分をもつ．単位元連結成分 $\mathrm{GL}_n^+\mathbb{R}$ と $\mathrm{diag}(1,1,\ldots,1,-1)$ を含む連結成分である．次数 n が奇数のとき後者は $-\mathsf{e} = -E_n$ を含む連結成分である．

例 D.2 $\mathrm{O}(n)$ は 2 つの連結成分をもつ．1 つは単位元連結成分 $\mathrm{SO}(n)$ であり，もうひとつは $\mathrm{diag}(1,1,\ldots,1,-1)$ を含む連結成分である．後者は

$$\mathrm{O}^-(n) = \{A \in \mathrm{O}(n) \mid \det A = -1\}$$

と表せる．次数 n が奇数のとき $\mathrm{O}^-(n)$ は $-\mathsf{e} = -E_n$ を含む連結成分である．

例 D.3 擬直交群 $\mathrm{O}_\nu(n)$ $(\nu \neq 0, n)$ は 4 つの連結成分をもつ．$A \in \mathrm{O}_\nu(n)$ を

$$A = \begin{pmatrix} A_{\mathsf{T}} & B \\ C & A_{\mathsf{S}} \end{pmatrix}$$

とブロックに分割する（A_T は ν 次正方行列，A_S は $(n-\nu)$ 次正方行列）．このブロック表示を用いると $\mathrm{O}_\nu(n)$ の 4 つの連結成分を

$$\begin{aligned}\mathrm{O}_\nu^{++}(n) &= \{A \in \mathrm{O}_\nu(n) \mid \det A_\mathsf{T} > 0,\ \det A_\mathsf{S} > 0\},\\ \mathrm{O}_\nu^{+-}(n) &= \{A \in \mathrm{O}_\nu(n) \mid \det A_\mathsf{T} > 0,\ \det A_\mathsf{S} < 0\},\\ \mathrm{O}_\nu^{-+}(n) &= \{A \in \mathrm{O}_\nu(n) \mid \det A_\mathsf{T} < 0,\ \det A_\mathsf{S} > 0\},\\ \mathrm{O}_\nu^{--}(n) &= \{A \in \mathrm{O}_\nu(n) \mid \det A_\mathsf{T} < 0,\ \det A_\mathsf{S} < 0\}\end{aligned}$$

と与えることができる．とくに単位元連結成分は $\mathrm{O}_\nu^{++}(n)$ である．とくに $\mathrm{O}_1^{++}(n)$ は**固有ローレンツ群**とよばれる．

$\mathrm{O}_\nu(n)$ の閉部分群 $\mathrm{SO}_\nu(n) = \mathrm{SL}_n\mathbb{R} \cap \mathrm{O}_\nu(n)$ は

$$\mathrm{SO}_\nu(n) = \mathrm{O}_\nu^{++}(n) \cup \mathrm{O}_\nu^{--}(n)$$

で与えられる．単位元連結成分は $\mathrm{SO}_\nu^{+}(n)$ とも表記される．$\mathrm{O}_\nu^{++}(n) \cup \mathrm{O}_\nu^{-+}(n)$ も $\mathrm{O}_\nu(n)$ の閉部分群であり**順時的擬直交群**（orthochronous semi-orthogonal group）とよばれる．

ユニタリ群 $\mathrm{U}(n)$ の単位元連結成分は $\mathrm{U}(n)$ であり $\mathrm{SU}(n)$ は $\mathrm{U}(n)$ より次元が 1 だけ低い．とくに $\mathrm{SU}(n)$ は連結である（『リー環』問題 B.1 参照）．

E 演習問題の略解

本文中の問題のいくつかについて解答の抜粋を与えておく.

第 1 章

【問題 1.5】 $a * x = \mathsf{e}$ の両辺に左から y を掛けてみると $y * (a * x) = y * \mathsf{e}$. この式の右辺は y. 一方, 左辺は $(y * a) * x = \mathsf{e} * x = x$ なので $x = y$. □

【問題 1.6】 $a * b = a * c$ の両辺に左から a^{-1} を掛けると $a^{-1} * (a * b) = a^{-1} * (a * c)$. 左辺 $= (a^{-1} * a) * b = \mathsf{e} * b = b$. 同様に右辺 $= c$. したがって $b = c$. □

【問題 1.7】 (1) $f(\mathsf{e}) \star \mathsf{e}' = f(\mathsf{e}) = f(\mathsf{e} * \mathsf{e}) = f(\mathsf{e}) \star f(\mathsf{e})$. 簡約法則より $f(\mathsf{e}) = \mathsf{e}'$. (2) $\mathsf{e}' = f(\mathsf{e}) = f(a * a^{-1}) = f(a) \star f(a^{-1})$ より $f(a)^{-1} = f(a^{-1})$. (3) $g = f^{-1}$ とおくと

$$f(g(x) * g(y)) = f(g(x)) \star f(g(y)) = a * b = f(g(x \star y)).$$

f は単射なので $g(x) * g(y) = g(x \star y)$. □

第 4 章

【問題 4.1】 (1) $f(O) = f(O + O) = f(O) + f(O) = 2f(O)$ より $f(O) = 0$. (2) $PQ = Q$, $QP = O$. (3) (2) より $f(Q) = f(PQ) = f(QP) = f(O) = 0$. 同様に $PR = O$, $RP = R$ より $f(R) = 0$. $QR = P$, $RQ = S$ より $f(P) = f(S)$. 一方 $2 = f(E) = f(P + S) = f(P) + f(S)$ より $f(P) = f(S) = 1$. (4) $f(A) = f(aP + bQ + cR + dS) = af(P) + bf(Q) + cf(R) + df(S) = a + d$. すなわち $f(A) = \operatorname{tr} A$.

定理 4.1 は第 5 章の (5.2) で定義される行列単位 $\{E_{ij}\}$ と公式 (5.3) を使えばよい.

□

【問題 4.7】 f は準同型なので問題 1.7 より $\mathsf{e} \in \operatorname{Ker} f$. a, $b \in \operatorname{Ker} f$ ならば $f(a * b) = f(a) \star f(b) = \mathsf{e}' \star \mathsf{e}' = \mathsf{e}'$ より $a * b \in \operatorname{Ker} f$. 最後に $a \in \operatorname{Ker} f$ に対し再び問題 1.7 より $f(a^{-1}) = f(a)^{-1} = (\mathsf{e}')^{-1} = \mathsf{e}'$. したがって $a^{-1} \in \operatorname{Ker} f$. □

【問題 4.8】 問題 1.7 より $\mathrm{e}' = f(\mathrm{e}) \in f(G)$. $a, b \in G$ に対し $f(a), f(b) \in f(G)$ であり $f(a) \star f(b) = f(a * b) \in f(G)$. $f(a)^{-1} = f(a^{-1}) \in f(G)$ なので $f(G)$ はたしかに部分群. □

【問題 4.9】 $x \in G$ とする.

$$x(aba^{-1}b^{-1})x^{-1} = (xax^{-1})(xbx^{-1})(xax^{-1})^{-1}(xbx^{-1})^{-1}$$

と書き換えられるから $x(aba^{-1}b^{-1})x^{-1} \in D(G)$. □

【問題 4.13】 (1) $X = (x_{ij}) \in \mathrm{M}_n\mathbb{R}$ に収束する列 $\{X_k\}$ をとる. $X_k = (x_{ij}^{(k)})$ と表すと $f(X)$, $f(X_k)$ の (i, j) 成分はそれぞれ $f(X)_{ij} = X_{ji}$, $f(X_k)_{ji} = x_{ji}^{(k)}$ であるから

$$\lim_{k\to\infty} f(X)_{ij} = \lim_{k\to\infty} x_{ji}^{(k)} = x_{ji} = f(X)_{ij}$$

であるから f は確かに連続写像.

(2) $g(X_k) = P^{-1}X_kP$ より $\lim_{k\to\infty} g(X_k) = P^{-1} \lim_{k\to\infty} X_k\, P = P^{-1}XP$. □

第 5 章

【問題 5.2】

$$\mathrm{Ad}(A)E_{11} = \frac{1}{|A|}\begin{pmatrix} a_{11}a_{22} & -a_{11}a_{12} \\ a_{21}a_{22} & -a_{12}a_{21} \end{pmatrix},$$
$$\mathrm{Ad}(A)E_{12} = \frac{1}{|A|}\begin{pmatrix} -a_{11}a_{21} & a_{11}a_{11} \\ -a_{21}a_{21} & a_{11}a_{21} \end{pmatrix},$$
$$\mathrm{Ad}(A)E_{21} = \frac{1}{|A|}\begin{pmatrix} a_{12}a_{22} & -a_{12}a_{12} \\ a_{22}a_{22} & -a_{12}a_{22} \end{pmatrix},$$
$$\mathrm{Ad}(A)E_{22} = \frac{1}{|A|}\begin{pmatrix} -a_{12}a_{21} & a_{11}a_{12} \\ -a_{21}a_{22} & a_{11}a_{21} \end{pmatrix}$$

より基底 $\{E_{11}, E_{21}, E_{12}, E_{22}\}$ に関する表現行列は

$$\frac{1}{|A|}\begin{pmatrix} a_{22}A & -a_{21}A \\ -a_{12}A & a_{11}A \end{pmatrix} \in \mathrm{GL}_4\mathbb{R}.$$

□

【問題 5.3】 f の $\mathcal{E}'$ に関する表現行列を $A' = (a'_{ij})$ とすると

$$f(\vec{e'}_k) = \sum_{i=1}^{n} a'_{ik}\vec{e'}_i = \sum_{i=1}^{n} a'_{ik}\left(\sum_{j=1}^{n} p_{ji}\vec{e}_j\right) = \sum_{j=1}^{n}\left(\sum_{i=1}^{n} p_{ji}a'_{ik}\right)\vec{e}_j.$$

一方

$$f(\vec{e'}_k) = f\left(\sum_{i=1}^{n} p_{jk}\vec{e}_j\right) = \sum_{i=1}^{n} p_{jk} f(\vec{e}_j) = \sum_{i=1}^{n} p_{jk}\left(\sum_{j=1}^{n} a_{ij}\vec{e}_i\right)$$
$$= \sum_{i=1}^{n}\left(\sum_{j=1}^{n} a_{ij}p_{jk}\right)\vec{e}_i.$$

したがって

$$\sum_{j=1}^{n}\left(\sum_{i=1}^{n} p_{ji}a'_{ik}\right)\vec{e}_j = \sum_{i=1}^{n}\left(\sum_{j=1}^{n} a_{ij}p_{jk}\right)\vec{e}_i = \sum_{j=1}^{n}\left(\sum_{i=1}^{n} a_{ji}p_{ik}\right)\vec{e}_j.$$

両辺の $\vec{e}_j$ 係数を比較して

$$\sum_{i=1}^{n} p_{ji}a'_{ik} = \sum_{i=1}^{n} a_{ji}p_{ik}.$$

これは $PA' = AP$ に他ならない． □

【問題 5.4】 前問を利用する．$\mathsf{E} = E_{12}$, $\mathsf{F} = E_{21}$ より $\mathrm{Ad}(A)E$ と $\mathrm{Ad}(A)F$ は前問で計算してある．$\mathsf{H} = E_{11} - E_{22}$ より

$$\mathrm{Ad}(A)\mathsf{H} = \frac{1}{|A|}\begin{pmatrix} a_{11}a_{22} + a_{12}a_{21} & -2a_{11}a_{12} \\ 2a_{21}a_{22} & -(a_{11}a_{22} + a_{12}a_{21}) \end{pmatrix}.$$

したがって表現行列は

$$\frac{1}{|A|}\begin{pmatrix} (a_{11})^2 & -(a_{12})^2 & -2a_{11}a_{12} \\ -(a_{21})^2 & (a_{22})^2 & 2a_{11}a_{21} \\ -a_{11}a_{21} & a_{12}a_{22} & a_{11}a_{22} + a_{12}a_{21} \end{pmatrix} \in \mathrm{GL}_3\mathbb{R}.$$

□

【問題 5.5】 A と一致する． □

【問題 5.9】 $X = (x_{ij}) \in \mathrm{M}_n\mathbb{R}$ を対称部分 $S = \mathrm{Sym}\,X$ と交代部分 $A = \mathrm{Alt}\,X$ に分解する．$S = (s_{ij})$, $A = (a_{ij})$ と書くと

$$\langle X, X\rangle = \mathrm{tr}\,(X^2) = \sum_{i,j=1}^{n} x_{ij}x_{ji} = \sum_{i,j=1}^{n} (s_{ij} + a_{ji})(s_{ij} - a_{ij})$$
$$= -2\sum_{i<j}(a_{ij})^2 + \sum_{i=1}^{n}(s_{ii})^2 + 2\sum_{i<j}(s_{ij})^2$$

であるから

$$\left\{\frac{1}{\sqrt{2}}(E_{ij}-E_{ji})\,(i<j), E_{ii}\,(i=1,2,\ldots,n),\ \frac{1}{\sqrt{2}}(E_{ij}+E_{ji})\,(i<j)\right\}$$

が正規直交基底を与える．符号は $(n(n+1)/2, n(n-1)/2)$.　□

【**問題 5.10**】$\varepsilon_n=\mathcal{F}(\vec{n},\vec{n})/|\mathcal{F}(\vec{n},\vec{n})|$, $\vec{e}_n=\varepsilon_n\vec{n}/|\vec{n}|$ とおく．$\vec{e}_n$ を含む $\mathbb{V}$ の正規直交基底 $\{\vec{e}_1,\vec{e}_2,\ldots,\vec{e}_n\}$ をとる．

$$\vec{v}=\sum_{i=1}^{n}\varepsilon_i v_i\vec{e}_i,\quad v_i=\mathcal{F}(\vec{v},\vec{e}_i)$$

と展開すると

$$P_{\Pi}(\vec{v})=\sum_{i=1}^{n-1}\varepsilon_i v_i\vec{e}_i,\quad P_{\Pi^{\perp}}(\vec{v})=\varepsilon_n v_n\vec{e}_n=\frac{\mathcal{F}(\vec{v},\vec{n})}{\mathcal{F}(\vec{n},\vec{n})}\vec{n}$$

であるから

$$S_{\Pi}(\vec{v})=\vec{v}-\frac{2\mathcal{F}(\vec{v},\vec{n})}{\mathcal{F}(\vec{n},\vec{n})}\vec{n}.$$

□

【**問題 5.11**】まず $(E-2\boldsymbol{n}\,{}^t\boldsymbol{n})\boldsymbol{n}=\boldsymbol{n}-2\boldsymbol{n}(\boldsymbol{n}|\boldsymbol{n})=-\boldsymbol{n}$ がわかる．次に $\boldsymbol{n}$ に直交する $\boldsymbol{p}$ に対し $(E-2\boldsymbol{n}\,{}^t\boldsymbol{n})\boldsymbol{p}=\boldsymbol{p}-2\boldsymbol{n}(\boldsymbol{n}|\boldsymbol{p})=\boldsymbol{p}$ であるから $S_{\boldsymbol{n}}$ の表現行列は $E-2\boldsymbol{n}\,{}^t\boldsymbol{n}$ である．　□

第 6 章

【**問題 6.1**】H_1, H_2 は部分群なのでどちらも e を含むので $\mathrm{e}\in H_1\cap H_2$. 次に h, $k\in H_1\cap H_2$ をとると h, $k\in H_1$ より $hk\in H_1$. 同様に $hk\in H_2$. したがって $hk\in H_1\cap H_2$.$h\in H_1\cap H_2$ に対し $h^{-1}\in H_1\cap H_2$ であることも同様に示される．

□

第 7 章

【**問題 7.1**】(1): $AX=(aE+bJ)X=aX+bJX$, $XA=X(aE+bJ)=aX+bXJ$ より $AX-XA=b(JX-XJ)$. ここで

$$JX-XJ=\begin{pmatrix}-y-z & x-w\\ x-w & y+z\end{pmatrix}\ \text{より}\ AX-XA=b\begin{pmatrix}-y-z & x-w\\ x-w & y+z\end{pmatrix}.$$

(2): X がすべての $A \in \mathbf{C}$ と可換（$AX = XA$ のこと）であるための必要十分条件は $JX - XJ = O$ に他ならない．$JX - XJ = O \Leftrightarrow z = -y$ かつ $x = w \Leftrightarrow X \in \mathbf{C}$ なので命題は真．□

【問題 7.2】 線型代数の演習書を参照．たとえば [22, p. 77]．□

【問題 7.3】 A の特性多項式 $\Phi_A(\lambda) = \det(\lambda E_{2n} - A)$ を考える．$(J_n)^2 = -E_{2n}$, $\det J_n = 1$ より $\det(JA) = 1$ であることを使うと

$$\begin{aligned}
\Phi_\lambda(A) &= \det\{{}^t(\lambda E_{2n} - A)\} = \det(\lambda E_{2n} - {}^tA) \\
&= \det(\lambda E_{2n} - {}^tA)\ \det(JA) = \det(\lambda JA - {}^tAJA) \\
&= \det(\lambda JA - J) = \det\{J(\lambda A - E)\} = \det(\lambda A - E) \\
&= (-\lambda)^{2n} \det(\lambda^{-1}E - A) \\
&= \lambda^{2n}\Phi_{\lambda^{-1}}(A)
\end{aligned}$$

であるから λ が固有値ならば $1/\lambda$ も固有値．特性根 $\lambda \in \mathbb{C}$ について $\bar{\lambda}$, λ^{-1}, $1/\bar{\lambda}$ も特性根である．したがって特性根は実軸および単位円に関して対称に分布することがわかる．□

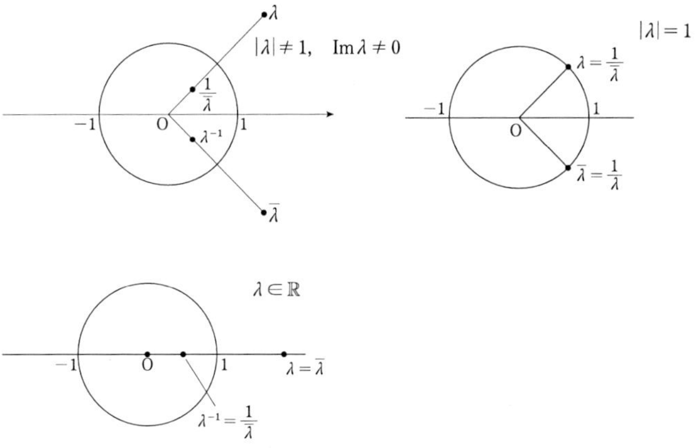

図 E.1　実シンプレクティック行列の特性根

第 8 章

【問題 8.2】 $A = \begin{pmatrix} \xi_0 & -\xi_1 \\ \xi_1 & \xi_0 \end{pmatrix}$, $B = \begin{pmatrix} \xi_2 & \xi_3 \\ \xi_3 & -\xi_2 \end{pmatrix}$ とおき問題 7.2 の結果を使えばよい． □

【問題 8.3】 $\rho(\xi,\eta) = \varphi^L_{\mathbf{H}}(\xi)\varphi^R_{\mathbf{H}}(\bar{\eta})$ に対し

$$\rho(\xi\xi',\eta\eta') = \varphi^L_{\mathbf{H}}(\xi\xi')\varphi^R_{\mathbf{H}}(\overline{\eta\eta'}) = \varphi^L_{\mathbf{H}}(\xi)\varphi^L_{\mathbf{H}}(\xi')\varphi^R_{\mathbf{H}}(\overline{\eta'})\varphi^R_{\mathbf{H}}(\overline{\eta}) = \rho(\xi,\eta)\rho(\xi',\eta')$$

であるから確かに ρ は表現．

$$\begin{aligned}
\mathtt{i}(\xi_0 + \xi_1\mathtt{i} + \xi_2\mathtt{j} + \xi_3\mathtt{k}) &= -\xi_1 + \xi_0\mathtt{i} - \xi_3\mathtt{j} + \xi_2\mathtt{k}, \\
\mathtt{j}(\xi_0 + \xi_1\mathtt{i} + \xi_2\mathtt{j} + \xi_3\mathtt{k}) &= -\xi_2 + \xi_3\mathtt{i} + \xi_0\mathtt{j} - \xi_1\mathtt{k}, \\
\mathtt{k}(\xi_0 + \xi_1\mathtt{i} + \xi_2\mathtt{j} + \xi_3\mathtt{k}) &= -\xi_3 - \xi_2\mathtt{i} + \xi_1\mathtt{j} + \xi_0\mathtt{k}
\end{aligned}$$

より R_ξ の $\{1,\mathtt{i},\mathtt{j},\mathtt{k}\}$ に関する表現行列は

$$\varphi^R_{\mathbf{H}} = \begin{pmatrix} \xi_0 & -\xi_1 & -\xi_2 & -\xi_3 \\ \xi_1 & \xi_0 & \xi_3 & -\xi_2 \\ \xi_2 & -\xi_3 & \xi_0 & \xi_1 \\ \xi_3 & \xi_2 & -\xi_1 & \xi_0 \end{pmatrix}$$

で与えられる．したがって

$$\rho(\xi,\eta) = \begin{pmatrix} \xi_0 & -\xi_1 & -\xi_2 & -\xi_3 \\ \xi_1 & \xi_0 & -\xi_3 & \xi_2 \\ \xi_2 & \xi_3 & \xi_0 & -\xi_1 \\ \xi_3 & -\xi_2 & \xi_1 & \xi_0 \end{pmatrix} \begin{pmatrix} \eta_0 & \eta_1 & \eta_2 & \eta_3 \\ -\eta_1 & \eta_0 & -\eta_3 & \eta_2 \\ -\eta_2 & \eta_3 & \eta_0 & -\eta_1 \\ -\eta_3 & -\eta_2 & \eta_1 & \eta_0 \end{pmatrix}.$$

この表示から $\operatorname{Ker}\rho = \{(1,1),(-1,-1)\}$ がわかる． □

第 9 章

【問題 9.3】 4.1 節で説明したまず行列式の展開を利用する．小行列式は複素行列についても考えられることに注意．$A = (a_{ij}) \in \mathrm{M}_n\mathbb{C}$ の (i,j) 小行列式を Δ_{ij} で表す．$\widetilde{a}_{ij} := (-1)^{i+j}\Delta_{ij}$ を A の第 (i,j) **余因子**とよぶ[*1]．このとき命題 4.1 は次のように書

[*1] 余因子の記号は本によって異なる．教科書 [21] では $\widetilde{a}_{ij}$ だが [37] では Δ_{ij} である．

き直せる．

$$\det A=\sum_{k=1}^{n}a_{kj}\widetilde{a}_{kj} \tag{E.1}$$

これを $\det A$ の第 j 列に関する**余因子展開**とよぶ（[21, p. 85], [37, p. 184] 参照）．とくに $\det A\neq 0$ のとき A^{-1} の (i,j) 成分は $\widetilde{a}_{ji}/\det A$ で与えられる（添字の順序に注意）．

公式 (4.7) と (4.5) より

$$\begin{aligned}\frac{\mathrm{d}}{\mathrm{d}s}\det F(s)&=\frac{\mathrm{d}}{\mathrm{d}s}\sum_{\sigma\in\mathfrak{S}_n}\mathrm{sgn}(\sigma)f_{\sigma(1)1}(s)f_{\sigma(2)2}(s)\cdots f_{\sigma(n)n}(s)\\&=\sum_{\sigma\in\mathfrak{S}_n}\mathrm{sgn}(\sigma)\frac{\mathrm{d}}{\mathrm{d}s}\left(f_{\sigma(1)1}(s)f_{\sigma(2)2}(s)\cdots f_{\sigma(n)n}(s)\right)\\&=\sum_{\sigma\in\mathfrak{S}_n}\mathrm{sgn}(\sigma)\sum_{k=1}^{n}\left(a_{\sigma(1)1}(s)a_{\sigma(2)2}(s)\cdots\frac{\mathrm{d}}{\mathrm{d}s}a_{\sigma(k)k}(s)\cdots a_{\sigma(n)n}(s)\right)\\&=\sum_{k=1}^{n}\sum_{\sigma\in\mathfrak{S}_n}\mathrm{sgn}(\sigma)\left(a_{\sigma(1)1}(s)a_{\sigma(2)2}(s)\cdots\frac{\mathrm{d}}{\mathrm{d}s}a_{\sigma(k)k}(s)\cdots a_{\sigma(n)n}(s)\right)\\&=\sum_{k=1}^{n}\det\left(\boldsymbol{f}_1(s)\ \boldsymbol{f}_2(s)\ \ldots\ \frac{\mathrm{d}}{\mathrm{d}s}\boldsymbol{f}_k(s)\ \ldots\ \boldsymbol{f}_n(s)\right)\end{aligned}$$

より (9.3) が得られた．この右辺を第 k 列で余因子展開すると

$$\frac{\mathrm{d}}{\mathrm{d}s}\det F(s)=\sum_{i=1}^{n}\frac{\mathrm{d}}{\mathrm{d}s}f_{ik}(s)\widetilde{f}_{ik}(s)=\det F(s)\sum_{i=1}^{n}\left(\frac{\mathrm{d}}{\mathrm{d}s}F(s)\,F(s)^{-1}\right)_{ii}$$

を得る．したがって (9.4) が得られた．ここで $A\in\mathrm{M}_n\mathbb{C}$ をとり $F(s)=\exp(sA)$ と選ぶと (9.4) より

$$\frac{\mathrm{d}}{\mathrm{d}s}\det\exp(sA)=\mathrm{tr}\,A\ \det\exp(sA).$$

$y=\det\exp(sA)$ は初期条件 $y(0)=1$ をみたす常微分方程式

$$\frac{\mathrm{d}y}{\mathrm{d}s}=\mathrm{tr}\,A\,y(s)$$

の解であるから $y(s)=\exp(sA)=\exp\{s(\mathrm{tr}\,A)\}$ を得る（[5, p. 33] 参照）．□

【問題 9.2】 (1) 問題 4.13 より写像 $f(X)={}^{t}X$ は連続である．$f(e^{X})=e^{f(X)}$ を示せばよい．f は連続であることを使うと

$$f(e^X) = f(\lim_{\ell\to\infty}\sum_{k=0}^{\ell}\frac{1}{k!}X^k) = \lim_{\ell\to\infty} f(\sum_{k=0}^{\ell}\frac{1}{k!}X^k)$$
$$= \lim_{\ell\to\infty}\sum_{k=0}^{\ell}\frac{1}{k!}f(X^k) = \lim_{\ell\to\infty}\sum_{k=0}^{\ell}\frac{1}{k!}({}^tX)^k = e^{f(X)}.$$

(2) やはり問題 4.13 より写像 $g(X) = P^{-1}XP$ は連続である．負でない整数 k に対し $(P^{-1}XP)^k = P^{-1}X^kP$ が成り立つことを利用する．

$$P^{-1}e^XP = g(e^X) = g\left(\lim_{\ell\to\infty}\sum_{k=0}^{\ell}\frac{X^k}{k!}\right) = \lim_{\ell\to\infty} g\left(\sum_{k=0}^{\ell}\frac{X^k}{k!}\right)$$
$$= \lim_{\ell\to\infty} P^{-1}\left(\sum_{k=0}^{\ell}\frac{X^k}{k!}\right)P = \lim_{\ell\to\infty}\sum_{k=0}^{\ell}\frac{1}{k!}(P^{-1}X^kP)$$
$$= \lim_{\ell\to\infty}\sum_{k=0}^{\ell}\frac{1}{k!}(P^{-1}XP)^k = \exp(P^{-1}XP).$$

□

第 10 章

【問題 10.2】 $\mathfrak{d}_n\mathbb{R} = \{\mathrm{diag}(t_1, t_2, \ldots, t_n) \mid t_1, t_2, \ldots, t_n \in \mathbb{K}\}$. □

【問題 10.3】 $Z = X + \mathtt{i}Y \in \mathfrak{gl}_n\mathbb{C}$ に対し $\mathrm{tr}\, Z = \mathrm{tr}\, X + \mathtt{i}\mathrm{tr}\, Y$ であるから $Z \in \mathfrak{sl}_n\mathbb{C} \Longleftrightarrow \mathrm{tr}\, X = \mathrm{tr}\, Y = 0$. したがって

$$\left\{\begin{pmatrix} X & -Y \\ Y & X \end{pmatrix} \middle| X, Y \in \mathfrak{sl}_n\mathbb{R}\right\} \tag{E.2}$$

が答え． □

第 11 章

【問題 11.4】 拙著 [3, §13.1] 参照. □

【問題 11.5】 球面幾何について解説してある本，たとえば [24]，[34]，[32] を参照. □

【問題 11.8】 (1) $k = 1$ のとき，$A^1 = A$ だから $p_1 = a$, $q_1 = b$, $r_1 = c$, $s_1 = d$. したがって

$$x_{n+1} = \frac{ax_n + b}{cx_n + d} = \frac{p_1x_n + q_1}{r_1x_n + s_1}.$$

$k=m$ のとき正しいと仮定する：$A^{m+1}=AA^m$ を具体的に書くと

$$\begin{pmatrix} p_{m+1} & q_{m+1} \\ r_{m+1} & s_{m+1} \end{pmatrix} = \begin{pmatrix} a & b \\ c & d \end{pmatrix} \begin{pmatrix} p_m & q_m \\ r_m & s_m \end{pmatrix} = \begin{pmatrix} ap_m+br_m & aq_m+bs_m \\ cp_m+dr_m & cq_m+ds_m \end{pmatrix}$$

である．

$$x_{n+m+1} = x_{(n+m)+1} = \frac{ax_{n+m}+b}{cx_{n+m}+d}$$

に帰納法の仮定（$k=m$ に対し (P) が正しい）と $A^{m+1}=AA^m$ を具体的に書いた式を使うと

$$\begin{aligned} x_{n+m+1} &= \frac{a\left(\frac{p_m x_n + q_m}{r_m x_n + s_m}\right)+b}{c\left(\frac{p_m x_n + q_m}{r_m x_n + s_m}\right)+d} = \frac{a(p_m x_n + q_m)+b(r_m x_n + s_m)}{c(p_m x_n + q_m)+d(r_m x_n + s_m)} \\ &= \frac{p_{m+1}x_n + q_{m+1}}{r_{m+1}x_n + s_{m+1}} \end{aligned}$$

となり $k=m+1$ のときも正しい．
(2) A^4 を計算しておけば証明できることに気づく．$A^4=-64E$ なので $x_{n+4}=x_n$.
(3) $114 = 4\times 28+2$ より $x_{114}=x_2=-3/5$.　□

この問題では 1 次分数変換を用いて定義される差分方程式 (漸化式) $x_{n+1}=T_A(x_n)$ が**周期** 4 をもつ場合，すなわち $x_{n+4}=x_n$ が常に成り立つ場合を考察している．このような差分方程式は**再帰方程式**（recurrence equation）とよばれている．一次分数変換を用いて定義される差分方程式

$$x_{n+1}=T_A(x_n), \quad A \in \mathrm{GL}_2\mathbb{R}$$

で再帰方程式となるものは，本問の方程式の他にもある．たとえば
$A=\begin{pmatrix} 1 & -1 \\ 1 & 1 \end{pmatrix}$ と選ぶと周期 4．$A=\begin{pmatrix} 1 & -1/a \\ a & 2 \end{pmatrix}$ と選ぶと周期 6 である．
再帰方程式については以下の文献を参照されたい．

R. Hirota and H. Yahagi, "Recurrence equations", an integrable system, J. Phys. Soc. Jpn. **71** (2002), no. 12, 2867–2872.

広田良吾・高橋大輔，『差分と超離散』，共立出版，2003.

【問題 11.6】 N を通らないことから $c+d\neq 0$ である．
(1)

$$\left(\frac{2u}{u^2+v^2+1}, \frac{2v}{u^2+v^2+1}, \frac{u^2+v^2-1}{u^2+v^2+1}\right).$$

(2) 点 P は Π 上にあるから

$$\frac{2au}{u^2+v^2+1}+\frac{2bv}{u^2+v^2+1}+\frac{c(u^2+v^2-1)}{u^2+v^2+1}+d=0.$$

これより円の方程式

$$\left(u+\frac{a}{c+d}\right)^2+\left(v+\frac{b}{c+d}\right)^2=\frac{a^2+b^2+c^2-d^2}{(c+d)^2}$$

を得る. □

【問題 11.9】 (1) $f'(x)=\sqrt{x^2-1}$. (2) (1) より

$$\int_1^x \sqrt{t^2-1}\,\mathrm{d}t=\frac{1}{2}\{x\sqrt{x^2-1}-\log(x+\sqrt{x^2-1})=\frac{1}{2}\{xy-\log(x+\sqrt{x^2-1})\}.$$

したがって

$$S(x)=\frac{1}{2}\log(x+\sqrt{x^2-1}).$$

(3) $t=\log(x+\sqrt{x^2-1})$ より $x=g(t)=\cosh t$.

(4)

$$長さ=\int_0^1\sqrt{1+g'(t)^2}\,\mathrm{d}t=\int_0^1\sqrt{1+(\sinh t)^2}\,\mathrm{d}t=\int_0^1\cosh t\,\mathrm{d}t=\sinh 1.$$

本問より $\cosh^{-1}x=\log(x+\sqrt{x^2-1})$ がわかる. また双曲線 $x^2-y^2=1$ の一葉 $(x>0)$ の径数表示 $x=\cosh t$, $y=\sinh t$ における径数 t が下図の領域の面積を与えることもわかる.

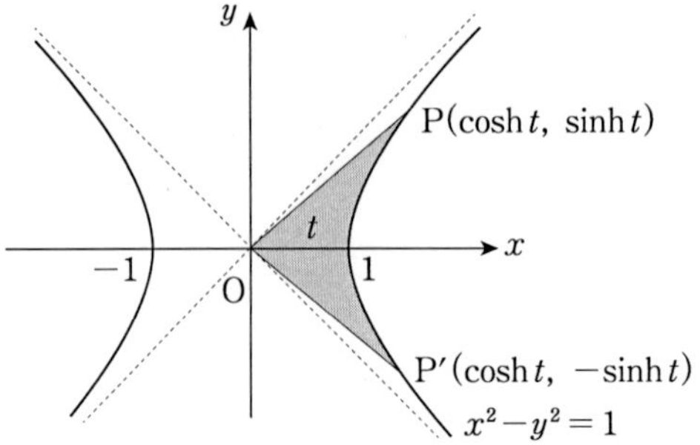

図 E.2 径数 t の図形的な意味

【問題 11.10】 (1) 条件 (イ) より $y=x$ 上の点 $(x,y)=(t,t)$ は

$$\begin{pmatrix} a & b \\ c & d \end{pmatrix}\begin{pmatrix} x \\ y \end{pmatrix}=\begin{pmatrix} (a+b)t \\ (c+d)t \end{pmatrix}$$

に写るから $(a+b)t=(c+d)t$ がすべての実数 t に対し成立する．つまり $a+b=c+d$. 次に条件 (ロ) より $y=-x$ 上の点 $(x,y)=(t,-t)$ は

$$\begin{pmatrix} a & b \\ c & d \end{pmatrix}\begin{pmatrix} x \\ y \end{pmatrix}=\begin{pmatrix} (a-b)t \\ (c-d)t \end{pmatrix}$$

に写るから $(a-b)t=-(c-d)t$ がすべての実数 t に対し成立する．つまり $a-b=-c+d$. 条件 (ハ) より x 軸上の点 $(x,y)=(t,0)$ は

$$\begin{pmatrix} a & b \\ c & d \end{pmatrix}\begin{pmatrix} t \\ 0 \end{pmatrix}=\begin{pmatrix} at \\ ct \end{pmatrix}.$$

したがって $k(at)=ct$ がすべての実数 t について成立する．すなわち $c=ka$. 以上より行列 C は

$$C=\begin{pmatrix} a & ka \\ ka & a \end{pmatrix}$$

という形をしていることがわかる．C の行列式 $\det C=ad-bc$ は 1 なので

$$1=ad-bc=a^2-(ka)^2=(1-k^2)a^2$$

である．もし $a=0$ なら $\det C=0$ となってしまうので，$a\neq 0$ であることに注意すると

$$1-k^2=\frac{1}{a^2}>0,\ \text{すなわち}\ -1<k<1.$$

(2) $a^2=1/(1-k^2)$ なので，$a=\pm 1/\sqrt{1-k^2}$. したがって

$$C=\begin{pmatrix} a & b \\ c & d \end{pmatrix}=\frac{\pm 1}{\sqrt{1-k^2}}\begin{pmatrix} 1 & k \\ k & 1 \end{pmatrix}.$$

□

註 E.1 (亜複素数) 虚数単位 $\mathtt{i}$ は $\mathtt{i}^2=-1$ をみたすものとして導入された．ここで $\mathtt{i}'$ を $(\mathtt{i}')^2=+1$ をみたすものとして $\mathbb{C}'=\{c=a+b\mathtt{i}' \mid a,b\in\mathbb{R}\}$ という集合を考える．ただし 1 と $\mathtt{i}'$ は $\mathbb{R}$ 上, **線型独立**と定める．すなわち

$$a+b\mathtt{i}'=0 \Longleftrightarrow a=b=0.$$

言い換えると

$$a + b\mathtt{i}' = \tilde{a} + \tilde{b}\mathtt{i}' \iff a = \tilde{a} \text{ かつ } b = \tilde{b}$$

ということ．$\mathbb{C}'$ の要素を**亜複素数**とか**パラ複素数**とよぶ． スプリット複素数ともよばれている．複素数のときと同じ要領で，亜複素数の加法・減法・乗法・除法を定義する．また $c = a + b\mathtt{i}'$ の**共軛亜複素数**を $\hat{c} = a - b\mathtt{i}'$ で定義する．複素数のときとの大きな違いは

$$c\hat{c} = (a + b\mathtt{i}')(a - b\mathtt{i}') = a^2 - b^2$$

なので $c\hat{c}$ が**非負とは限らない**ことである．また $c \neq 0$ でも $c\hat{c} = 0$ と，なりうることに注意．実際，実数 $a \neq 0$ に対し $c = a \pm a\mathtt{i}'$ とおけば $c \neq 0$ だが $c\hat{c} = 0$.

複素平面と同様に亜複素平面を考える．つまり亜複素数 $c = a + b\mathtt{i}'$ を数平面 $\mathbb{R}^2$ の点 (a, b) だと思うことにしよう．

$\mathtt{i}'$ を亜複素数 $z = x + y\mathtt{i}'$ にかける操作を $f_{\mathtt{i}'}$ で表す．$f_{\mathtt{i}'}(z) = \mathtt{i}'(x + y\mathtt{i}') = y + x\mathtt{i}'$ であるから，亜複素平面上では $f_{\mathtt{i}'}$ はベクトル (x, y) を (y, x) に写している．$f_{\mathtt{i}'}$ は $\mathbb{R}^2$ の線型変換であり，基底 $\{\boldsymbol{e}_1 = (1, 0), \boldsymbol{e}_2 = (0, 1)\}$ に関する表現行列は

$$J' = \begin{pmatrix} 0 & 1 \\ 1 & 0 \end{pmatrix}$$

である．より一般に $c = a + b\mathtt{i}'$ をかける操作で決まる線型変換の表現行列は $aE + bJ'$ であることを確かめてみよ．亜複素数に対して

$$a + b\mathtt{i}' \longmapsto aE + bJ',$$

と対応させれば，亜複素数の全体 $\mathbb{C}'$ は

$$\mathbf{C}' = \left\{ \begin{pmatrix} a & b \\ b & a \end{pmatrix} \mid a, b \in \mathbb{R} \right\}$$

と対応する．

$$\det(aE + bJ') = a^2 - b^2 = (a + b\mathtt{i}')(a - b\mathtt{i}')$$

であるから次の命題が得られる．

命題 E.1 $aE + bJ'$ が正則（逆行列をもつ）$\iff a^2 \neq b^2$.

【問題 11.10 の解答への補足】 行列 C に対し，$\det C = ad - bc = 1$ を一旦忘れて条件（イ）と（ロ）だけを考えてみると

$$C \in \mathrm{M}(2, \mathbb{R}) \text{ が条件（イ）と（ロ）をみたす} \iff C \in \mathbb{C}' \iff CJ' = J'C$$

である．では改めて $\det C = \det(aE + bJ') = 1$ を仮定しよう．$\det C = a^2 - b^2 = 1$ なので $a \neq 0$ であることに注意．さて行列式が 1 である $C \in \mathbf{C}'$ の定める 1 次変換で x 軸はどこに移るかというと

$$\begin{pmatrix} a & b \\ b & a \end{pmatrix}\begin{pmatrix} t \\ 0 \end{pmatrix} = \begin{pmatrix} at \\ bt \end{pmatrix}$$

より直線 $y = (b/a)t$ に写る．つまり条件 (ロ) は，ここまでに仮定していた 3 つの条件 ($\det C = 1$，(イ)，(ロ)) に，さらに条件を追加しているのではなく，「b/a を k とおけ」という指示でしかない．

問題 11.10 により

$$\{C \in \mathbf{C}' \mid \det C = 1\} = \left\{ \frac{\pm 1}{\sqrt{1-k^2}} \begin{pmatrix} 1 & k \\ k & 1 \end{pmatrix} \mid 0 \leq k < 1 \right\}$$

と表示できることがわかった．

$$\{xE + yJ' \in \mathbf{C}' \mid \det(xE + yJ') = 1\}$$

は亜複素平面内の双曲線 $x^2 - y^2 = 1$ に対応している．そこで

$$a = \pm\cosh t = \pm\frac{e^t + e^{-t}}{2}, \quad b = \sinh t = \frac{e^t - e^{-t}}{2}$$

とおくと

$$\frac{\pm 1}{\sqrt{1-k^2}} \begin{pmatrix} 1 & k \\ k & 1 \end{pmatrix} = \pm \begin{pmatrix} \cosh t & \sinh t \\ \sinh t & \cosh t \end{pmatrix}$$

と書き換えられ $k = \tanh t$ $(t \geq 0)$ であることがわかる．

ところで複素数の場合には $\{C \in \mathbf{C} \mid \det C = 1\}$ は平面の回転群 SO(2) を定めていた．亜複素数の場合 $\{C \in \mathbf{C}' \mid \det C = 1\}$ はブースト群に他ならない．

亜複素数や亜四元数の取り扱いについては [43] がよい参考書である（ただし [43] では亜複素数は split 複素数とよばれている）．

複素函数論を既に学んだ読者のために亜複素数函数の微分について紹介しておく．

定義 E.1 $\mathcal{D}$ を亜複素平面内の領域とする．函数 $f : \mathcal{D} \to \mathbb{C}'$ が点 $z = x + y\mathrm{i}' \in \mathcal{D}$ において**亜複素微分可能**であるとは，以下の条件をみたす亜複素数 $\alpha(z)$ が存在するときをいう：

$$f(z+h) - f(z) = \alpha(z)h + \sigma(z,h)(h_1^2 + h_2^2).$$

ただし $h = h_1 + h_2\mathrm{i}' \in \mathbb{C}'$ とし $\sigma(z,h)$ は $\lim_{h\to 0} \sigma(z,h) = 0$ をみたす．すべての点 $z \in D$ で亜複素微分可能であるとき，f は D で亜複素微分可能であるという．

この定義に基づき，亜複素微分可能函数（パラ正則函数ともよばれる）が研究されている[*2]. □

第 12 章

【問題 12.2】

$$R(\theta)B(t) = \begin{pmatrix} e^t\cos\theta & -e^{-t}\sin\theta \\ e^t\sin\theta & e^{-t}\cos\theta \end{pmatrix} = \begin{pmatrix} 1 & -\frac{\sqrt{3}}{4} \\ \sqrt{3} & \frac{1}{4} \end{pmatrix} = A \text{（とおく）}$$

より $e^t\cos\theta = 1$, $e^t\sin\theta = \sqrt{3}$. したがって $e^{2t} = (e^t\cos\theta)^2(e^t\sin\theta)^2 = 4$. 以上より $t = \log 2$. $\cos\theta = 1/2$, $\sin\theta = \sqrt{3}/2$ となる θ を $0 \leq \theta \leq \pi$ で求めると $\theta = \pi/3$. この組 $\{\theta = \pi/3,\ t = \log 2\}$ は

$$-e^{-t}\sin\theta = -\frac{\sqrt{3}}{4},\quad e^{-t}\cos\theta = \frac{1}{4}$$

もみたしているので $\boxed{ア} = \pi/3$, $\boxed{イ} = \log 2$ である.

$A = R(\theta)B(t)$ の転置行列は

$${}^tA = {}^t(R(\theta)B(t)) = {}^tB(t)\,{}^tR(\theta) = B(t)R(-\theta)$$

と計算でき，この右辺は ${}^tA$ の岩澤分解を与えている. $n(A) = E$, $a(A) = B(t)$, $k(A) = R(-\theta)$ である. □

【問題 12.3】 (1) $\mathrm{tr}(P^{-1}R(\theta)P) = k + n$ より $|k+n| = |2\cos\theta| \leq 2$. $P = E$, $\theta = 0$ と選べば $|k+n| = 2$ となるから $|k+n|$ の最大値は 2. $0 < \theta < \pi$ のとき $-1 < \cos\theta < 1$. $-1 < \cos\theta = (k+n)/2 < 1$ で k と l が整数であることより $\cos\theta = -1/2, 0$ または $1/2$ となるしかない. すなわち $\theta = 2\pi/3, \pi/2$ または $\pi/3$.

(2) (a) a, d が整数で $|a+d| < 2$ をみたすから $a + d = -1$, 0 または 1. ハミルトン・ケーリーの公式より $a + d = -1$ のとき $A^2 = -A - E$, $a + d = 0$ のとき $A^2 = -E$. $a + d = 1$ のとき $A^2 = A - E$.

[*2] 興味の沸いた読者は次の文献を参照されたい. P. M. Gadea, J. M. Masqué, A-differentiability and A-analyticity, Proc. Amer. Math. Soc. **124** (1996), 1437–1443.

V. Cruceanu, P. Fortuny, P. M. Gadea, A survey on paracomplex geometry, Rocky Mountain J. Math. **26** (1996), 83–115.

(b) $P^{-1}AP = \mathrm{diag}(\alpha, 1/\alpha)$ となる P が存在すると仮定しよう．両辺の固有和を計算すると $\mathrm{tr}(P^{-1}AP) = \mathrm{tr}\,A = a + d < 2$．一方 $\mathrm{tr}\,\mathrm{diag}(\alpha, 1/\alpha) = \alpha + 1/\alpha$．ここで $\alpha > 0$ のとき $a + d = \alpha + (1/\alpha) \geq 2\sqrt{\alpha \cdot (1/\alpha)} = 2$ となり矛盾．$\alpha < 0$ のとき $a + d = -(|\alpha| + |1/\alpha|) \leq -2$ となり矛盾．

次に $P^{-1}AP = \pm \begin{pmatrix} 1 & \alpha \\ 0 & 1 \end{pmatrix}$ だとしたら $a + d = \pm 2$ となり矛盾．　□

本問題では成分がすべて整数である $A \in \mathrm{SL}_2\mathbb{R}$ に対し $|\mathrm{tr}\,A| < 2$ であれば A は回転行列に相似，すなわち $P^{-1}AP \in \mathrm{SO}(2)$ であることを述べている．

参考文献

[1] 足助太郎，線型代数，東京大学出版会，2012.
[2] 井ノ口順一，幾何学いろいろ，日本評論社，2007.
[3] 井ノ口順一，曲線とソリトン，朝倉書店，2010.
[4] 井ノ口順一，リッカチのひ・み・つ，日本評論社，2010.
[5] 井ノ口順一，常微分方程式，日本評論社，2015.
[6] 井ノ口順一，曲面と可積分系，朝倉書店，2015.
[7] 井ノ口順一，幾何学と可積分系，[35]，第 4 章.
[8] 井ノ口順一，可視化のための微分幾何（仮題），森北出版，刊行予定.
[9] 井ノ口順一，ベクトルで学ぶ幾何学（仮題），現代数学社，刊行予定.
[10] 岩堀長慶，線型不等式とその応用．線型計画法と行列ゲーム，岩波オンデマンドブックス，2019.
[11] 岩堀長慶，復刻版 初学者のための合同変換群の話．幾何学の形での群論演習，現代数学社，2020.
[12] 大森英樹，無限次元リー群論，紀伊國屋数学叢書，1978.
[13] 笠原晧司，線型代数と固有値問題，現代数学社，増補版，2005.
[14] 河田敬義・三村征雄，現代数学概説 II，岩波書店，1965.
[15] 小林昭七，ユークリッド幾何から現代幾何へ，日本評論社，1990.
[16] 小林昭七，曲線と曲面の微分幾何〔改訂版〕，裳華房，1995.
[17] 小林真平，曲面とベクトル解析，日本評論社，2016.
[18] 小林俊行・大島利雄，リー群と表現論，岩波書店，2005.
[19] 小山昭雄，経済数学教室 4. 線型代数と位相（下），岩波書店，1994.
[20] W. P. サーストン，3 次元幾何学とトポロジー，（小島定吉［監訳］），培風館，1999.
[21] 齋藤正彦，線型代数入門，東京大学出版会，1966.
[22] 齋藤正彦，線型代数演習，東京大学出版会，1985.
[23] 佐武一郎，リー環の話，日本評論社，2002.
[24] G. ジェニングス，幾何再入門（伊理正夫・伊理由美［訳］），岩波書店，1996.
[25] 島和久，連続群とその表現，岩波書店，1981.
[26] 島和久・江沢洋，群と表現，岩波書店，2009.
[27] 杉浦光夫，解析入門 I，東京大学出版会，1980.

[28] 杉浦光夫, 解析入門 II, 東京大学出版会, 1985.
[29] 杉浦光夫・横沼健雄, ジョルダン標準形・テンソル代数, 岩波書店, 2002.
[30] 竹山美宏, ベクトル空間, 日本評論社, 2016.
[31] 田坂隆士, 2 次形式, 岩波書店, 2002.
[32] 谷口雅彦・奥村善英, 双曲幾何学への招待. 複素数で視る, 培風館, 1996.
[33] 谷崎俊之, リー代数と量子群, 共立出版, 2002.
[34] 中岡稔, 双曲幾何学入門, サイエンス社, 1993.
[35] 中村佳正, 高崎金久, 辻本諭, 尾角正人, 井ノ口順一, 解析学百科 II. 可積分系の数理, 朝倉書店, 2018.
[36] 広田良吾, 直接法によるソリトンの数理, 岩波書店, 1992.
[37] 松坂和夫, 線型代数入門, 岩波書店, 1980.
[38] 松島与三, リー環論, 共立出版, 1956. 復刊, 2010.
[39] 三輪哲二・神保道夫・伊達悦朗, ソリトンの数理, 岩波書店, 2007.
[40] 森田純, Kac-Moody 群講義, 上智大学数学講究録, No. 44, 2001.
[41] 山内恭彦・杉浦光夫, 連続群論入門, 培風館, 1960.
[42] 横田一郎, 群と位相, 裳華房, 1971.
[43] 横田一郎, 古典型単純リー群, 現代数学社, 1990. 復刊, 2013.
[44] 横田一郎, 例外型単純リー群, 現代数学社, 1992. 復刊, 2013.

洋書

[45] K. Anjyo, H. Ochiai, *Mathematical Basics of Motion and Deformation in Computer Graphics*, Morgan & Claypool, 2014.

[46] S. Helgason, *Differential Geometry, Lie Groups, and Symmetric Spaces*, Graduate Studies in Mathematics 34, American Mathematical Society, Providence, RI, 2001.

[47] J. E. Humphreys, *Introduction to Lie Algebras and Representation Theory*, Graduate Text in Mathematics, vol. 9. Springer-Verlag, 1972.

[48] V. G. Kac, *Infinite dimensional Lie Algebras*, Cambridge Univ. Press, (3rd edition), 1990.

[49] P. Kellersch, *Eine Verallgemeinerung der Iwasawa Zerlegung in Loop Gruppen*, Ph. D. Thesis, Technische Universität München, 1999.

[50] H. Ochiai, K. Anjyo, Mathematical formulation of motion and deformation and its applications, in: *Mathematical Progress in Expressive Image Synthesis* I, Mathematics for Industry 4, Springer Japan, 2014, pp. 123–129.

[51] H. Omori, *Infinite-dimensional Lie Groups*, Translations of Mathematical Monographs, 158, American Mathematical Society, Providence, RI, 1997.

[52] B. O'Neill, *Semi-Riemannian Geometry with Application to Relativity*, Pure and Applied Mathematics, 103, Academic Press, 1983.

[53] A. Pressley and G. Segal, *Loop Groups*, Oxford Math. Monographs, Oxford University Press, 1986.

[54] H. Weyl, *The Classical Groups. Their Invariants and Representations*, Princeton University Press, 1939.

文献案内を兼ねたあとがき

この本は書名『はじめて学ぶリー群』が示すように本格的なリー群の本を読む前に基本的な考え方と予備知識を備えるために書かれたものである．リー群についてはすでに多くの名著がある中でこの本の特色や存在意義があるとすれば「**ユーザー視点で書かれた本**」と言えるだろうか．著者は可積分幾何（integrable geometry）という分野の研究に取り組んでいる．可積分幾何では「解ける仕組み」をもった微分方程式を扱うが，それらの方程式の解ける仕組みは**対称性**（symmetry）とよばれる．そして対称性は主にリー群の作用によって説明される．そのため研究に取り組む上でつねにリー群・リー環を活用している．つまりリー群論・リー環論のユーザーなのである．この本の内容は，リー群論・リー環論のユーザーである著者がリー群の基本事項を身につけるために行った工夫の紹介である．

著者が高校生のとき，分厚いが叙述の丁寧な高校物理の参考書があった[*3]．この参考書のように「かゆいところに手が届く」を目指して執筆したがどこまで目標を達成できただろうか．

リー群論について本格的に学びたい読者のために文献案内をしよう．なお参考文献表は姉妹書『リー環』と共通にしてある．

線型代数

この本ではリー群・リー環を学ぶために必要な線型代数の知識を丁寧に解説してきたが，網羅したというわけではない．

線型代数全般については足助 [1]，齋藤 [21, 22]，松坂 [37]，竹山 [30] を推薦しておこう．スカラー積（2 次形式）については田坂 [31] が詳しい．

微分積分

この本で引用した微分積分の定理は杉浦 [27, 28] で見ることができる．もし手持ちの本に出ていない定理などがあったときは [27, 28] を見てほしい．

[*3] 書名は『親切な物理』．著者が使ったものは『四訂版 親切な物理 I・II』（上下），正林書院，1978（1983 年，19 刷）．『親切な物理』（上下），1995 の復刻版が復刊ドットコム（ブッキング）より販売されている（2003）．

リー群

この本はリー群の入門書ではあるが，表現論についての入門書ではない．リー群の表現について学びたい読者にまず薦めたいのは名著の誉れ高い，山内・杉浦 [41] である．[41] に続けて読む本としては島 [25] がある．この本の改訂版として島・江沢 [26] もある．リー群について本格的に学びたい読者には，小林・大島 [18] を薦めておこう．$\mathrm{O}(n)$, $\mathrm{U}(n)$, $\mathrm{Sp}(n)$ の位相空間としての性質に興味がある読者には [42] を紹介しておこう．

幾何学

合同変換群 E(2) および E(3) を詳しく調べることはユークリッド幾何の理解を深める上で重要である．またこれらのリー群の部分リー群を調べることも大切である．この本では詳しく述べる余裕がなかったが，幸いにして岩堀 [11] に詳しく解説されている．

球面幾何についてはジェニングス [24] を見ると良い．双曲幾何については谷口・奥村 [32] を見てほしい．小林 [15] も参考になる．双曲幾何の実現問題（3 次元ユークリッド空間 $\mathbb{E}^3$ 内に特異点付曲面として実現する方法）については [8] を見てほしい．クライン幾何については拙著 [2] に解説がある．

（ユークリッド幾何における）平面曲線の取り扱いについてはベクトル解析（たとえば [17]）や微分幾何の教科書（小林 [16]）を見てほしい．等積幾何や相似幾何における平面曲線についてはこの本で述べることはできなかった．関心のある読者は拙著 [3] を見てほしい．サーストン幾何については

阿原一志，パリコレで数学を，日本評論社，2017

ジェフェリー・R・ウィークス（J. R. Weeks)，曲面と 3 次元多様体を視る（三村護・入江晴栄［訳]），現代数学社，1996（原著，1985）

を紹介しておく．より本格的にサーストン幾何を学びたい読者にはサーストンの講義を整理した [20] がよい．

3 次元リー群に左不変計量を与えて得られる 3 次元等質空間内の曲線や曲面の微分幾何も活発に研究されている．以下の論文を手がかりにされるとよい[*4]．

- J. Inoguchi, S. Lee, A Weierstrass representation for minimal surfaces in Sol., Proc. Amer. Math. Soc. **136** (2008), no. 8, 2209–2216.
- J. Inoguchi, H. Naitoh, Grassmann geometry on the 3-dimensional uni-

*4 このように実際にリー群を使って研究活動を行っている．

modular Lie groups I, Hokkaido Math. J. **38** (2009), no. 3, 427–496.
- J. Inoguchi, H. Naitoh, Grassmann geometry on the 3-dimensional unimodular Lie groups II, Hokkaido Math. J. **40** (2011), no. 3, 411–429.
- J. F. Dorfmeister, J. Inoguchi, S.-P. Kobayashi, A loop group method for minimal surfaces in the three-dimensional Heisenberg group, Asian J. Math. **20** (2016), no. 3, 409–448 (`ArXiv` で入手可).
- J. Inoguchi, H. Naitoh, Grassmann geometry on the 3-dimensional non-unimodular Lie groups, Hokkaido Math. J. **48** (2019), no. 2, 385–406.

4 番目の論文では Nil_3 内の極小曲面を曲面のスピン構造と無限次元リー群（ループ群）を用いて構成する方法を与えている．スピン構造はスピン群を用いて定義される（多様体上の）構造である．スピン群とループ群については姉妹書『リー環』で簡単な紹介をしているので参照してほしい．

リー群 G 上の左不変リーマン計量の全体像も幾何学の立場からは興味深い．この観点からの研究については次の文献を見るとよい．

- K. Y. Ha, J. B. Lee, Left invariant metrics and curvatures on simply connected three-dimensional Lie groups, Math. Nachr. **282** (2009), no. 6, 868–898.
- H. Kodama, A. Takahara, H. Tamaru, The space of left-invariant metrics on a Lie group up to isometry and scaling, Manuscripta Math. **135** (2011), 229–243.

リーマン多様体，ローレンツ多様体と一般相対性理論については [52] を紹介しておく．

対称空間論

この本は「はじめてリー群を学ぶ」という趣旨で執筆し位相幾何学的取り扱いや微分幾何学的取り扱いは避けてきた．リー群は群構造と多様体構造の双方を備えており両者が噛み合っていることで豊かな理論を展開できる．ゆえに多様体論を駆使してリー群および等質空間を扱うことも学んでおくことが望ましい．多様体については

藤岡敦，具体例から学ぶ多様体，裳華房，2017

を紹介しておこう．この本とその参考文献（ブックガイド）を参考にして多様体を学んでほしい．等質空間（とくに対称空間とよばれる等質空間）について本格的に学ぶには Helgason [46] を読むとよい．

索引

著者紹介：

井ノ口　順一（いのぐち・じゅんいち）

略歴

千葉県銚子市生まれ．

東京都立大学大学院理学研究科博士課程数学専攻単位取得退学．

福岡大学理学部，宇都宮大学教育学部，山形大学理学部を経て，

現在，筑波大学数理物質系教授．

教育学修士（数学教育），博士（理学）

専門は可積分幾何・差分幾何．算数・数学教育の研究，数学の啓蒙活動も行っている．

日本カウンセリング・アカデミー本科修了，星空案内人®（準案内人），日本野鳥の会会員．

著　書　『幾何学いろいろ』（日本評論社，2007），
『リッカチのひ・み・つ』（日本評論社，2010），
『どこにでも居る幾何』（日本評論社，2010），
『曲線とソリトン』（朝倉書店，2010），
『曲面と可積分系』（朝倉書店，2015），
『常微分方程式』（日本評論社，2015）．

はじめて学ぶリー群

―線型代数から始めよう―

2017 年　7 月 20 日　　初版 1 刷発行
2020 年 11 月 10 日　　初版 3 刷発行

著　者　　井ノ口順一
発行者　　富田　淳
発行所　　株式会社　現代数学社
〒 606-8425 京都市左京区鹿ヶ谷西寺ノ前町 1
TEL 075 (751) 0727　　FAX 075 (744) 0906
http://www.gensu.co.jp/

印刷・製本　　山代印刷株式会社

本文イラスト　　Ruruno

ISBN 978-4-7687-0470-7